浙江省高水平专业群建设项目系列教材
校企合作新形态教材

3D打印与创意设计

主　编 ◎ 郑月婵　徐立鹏
副主编 ◎ 孙艳艳　陈建君　许　灿
参　编 ◎ 高云荣　张冬松　张　全　孟令宾
　　　　　陈　光　刘　强

清華大學出版社
北　京

内 容 简 介

本书结合3D打印新技术、校企合作成果编写而成，内容翔实，同时配有大量3D打印全彩高清实体图，具有较强的科学性、实用性和可操作性。本书首先从整体上介绍了3D打印的发展脉络、趋势，以及在各个行业的应用前景，全面、系统地介绍了3D打印技术的原理、工艺以及材料选择，重点介绍了当前主流的3D打印技术，如基于光固化的3D打印技术、材料喷射式的3D打印技术、粉末床的3D打印技术、叠层技术的3D打印技术以及复合式3D打印技术；其次从制造的角度如文创IP形象、晶格结构运动鞋中底、食品、珠宝、智能设计、逆向设计等深度讲解3D打印的设计、生产及应用实践，能使读者轻松、快速掌握3D打印、三维建模实际应用能力与技巧。

本书可供从事机电产品设计、机械制造及其自动化、材料科学与工程等专业的科技人员和在校师生使用，也可供从事3D打印材料研发、设计、生产、应用的科研、工程技术人员参考阅读。

图书在版编目（CIP）数据

3D打印与创意设计 / 郑月婵，徐立鹏主编 . — 北京：清华大学出版社，2024.5

ISBN 978-7-302-64854-3

Ⅰ. ①3… Ⅱ. ①郑… ②徐… Ⅲ. ①快速成型技术—教材 Ⅳ. ①TB4

中国国家版本馆CIP数据核字（2023）第212717号

责任编辑：徐永杰
封面设计：汉风唐韵
责任校对：王荣静
责任印制：沈　露

出版发行：清华大学出版社
网　　址：https://www.tup.com.cn，https://www.wqxuetang.com
地　　址：北京清华大学学研大厦A座　**邮　　编**：100084
社 总 机：010-83470000　**邮　　购**：010-62786544
投稿与读者服务：010-62776969，c-service@tup.tsinghua.edu.cn
质量反馈：010-62772015，zhiliang@tup.tsinghua.edu.cn
印 装 者：三河市天利华印刷装订有限公司
经　　销：全国新华书店
开　　本：185mm×260mm　**印　　张**：12.5　**字　　数**：250千字
版　　次：2024年6月第1版　**印　　次**：2024年6月第1次印刷
定　　价：69.80元

产品编号：101810-01

3D 打印技术是一种区别于传统制造工艺的先进技术，它可以将 3D 数字模型转变为真实的实物模型，还可以帮助人类实现许多设想。因为 3D 打印个性化服务和数字化制造的技术特点非常契合我国发展先进制造业的目标与要求，且它可以与物联网、云计算、机器人等实现融合发展，因此它迅速成为高端装备制造行业的关键环节。它不仅是“工业 4.0”时代的核心技术，也是推进实施“中国制造 2025”战略的重要技术之一。

党的二十大报告提出，坚持把发展经济的着力点放在实体经济上，推进新型工业化，加快建设制造强国、质量强国、航天强国、交通强国、网络强国、数字中国。这对于增材技术的高质量发展具有重要的指导意义，为 3D 打印的普及应用与深化发展提供了一个良好的平台。随着 3D 打印技术在我国的不断发展和普及，行业及应用领域对相关人才的需求也在急剧增长。3D 打印技术专业人才的匮乏也在一定程度上限制了 3D 打印产业的进一步发展。在此背景下，浙江农业商贸职业学院借教学改革之东风，与绍兴拓升凌威科技有限公司、杭州屹行三维科技有限公司、浙江理工大学科技与艺术学院等行业院校紧密合作，进行 3D 打印增材制造技术教材的开发，以满足全国职业院校培养专业 3D 打印技术人才的需求。

本书对 3D 打印技术的基础原理、行业应用、发展前景、创意实践、就业岗位进行了介绍，可为后期深入学习相关核心知识和技能打下基础，并对未来可以从事的职业领域和岗位进行了介绍，以便学生为自己的职业发展作出合理的规划。

本书共两大部分，第一部分为 3D 打印快速成型，第二部分为 3D 打印创意设计实践，采用了模块化的编写方式，在编写过程中力求体现趣味性、易学性的特点，加入丰富的案例和图片，结合职业院校学生的学习特点，每个模块都安排有相关视频教程和课后练习等环节，非常适合职业院校的学生进行探究式学习。本书共分为七个模块：模块一主要介绍了 3D 打印技术的产生和发展、基础原理和发展趋势；模块二剖析了目前主流的 3D 打印技术；模块三介绍了主要的 3D 打印材料及其性能；模块四介绍了 3D 打印的应用领域及范围；模块五介绍了 3D 打印的流程；模块六通过创意案例深度讲解

3D 打印的设计、生产及应用实践；模块七介绍了 3D 打印行业主要岗位及其职业能力要求。

本书主要采用了理实一体化教学模式、项目化教学贯穿始终的教学方法，训练学生将 3D 打印知识与专业技能融合运用，掌握产品设计的全过程，训练学生的综合实践能力，重在培养学生的创造性思维以及创新、创意能力。

由于编者水平有限，书中难免存在不足之处，竭诚希望广大读者对本书提出宝贵意见，以促使我们不断改进。

编者

2024 年 3 月

目录

第一部分　3D 打印快速成型

第二部分　3D 打印创意设计实践

第一部分

3D 打印快速成型

模块一
认识 3D 打印

导语

本模块主要介绍3D打印技术的概念及其发展状况，介绍3D打印技术的优点与缺点以及3D打印的发展趋势，分析3D打印技术的分类。

思维导图

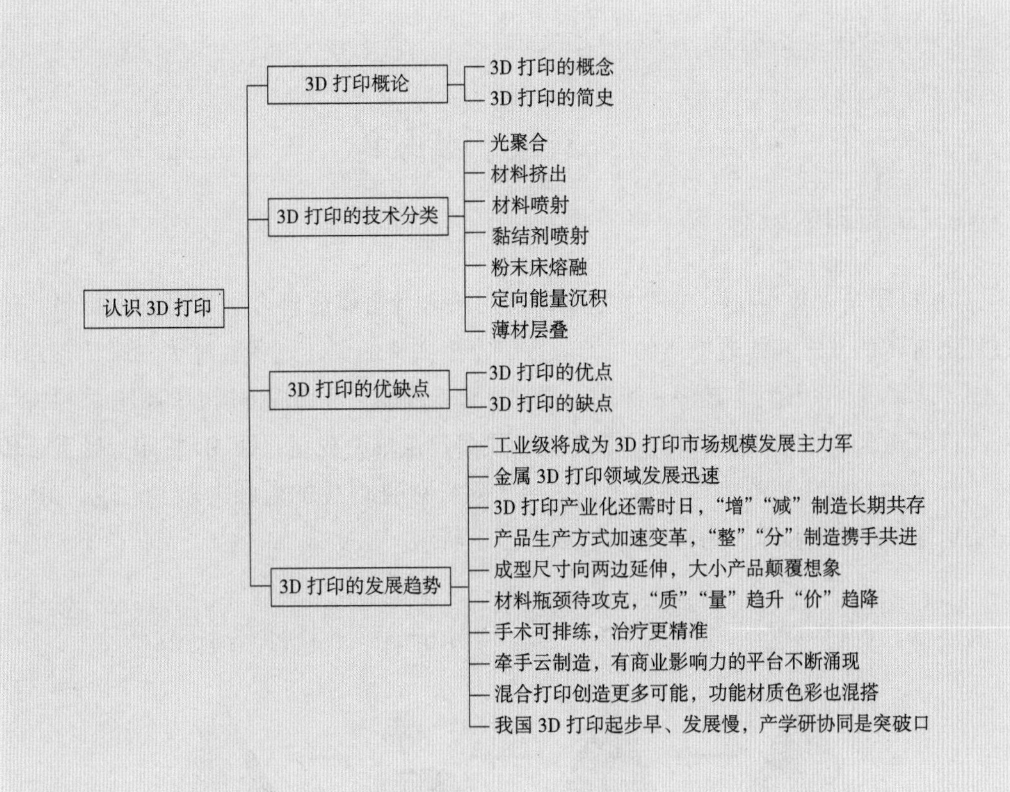

学习目标

1. 了解 3D 打印产生的背景；
2. 了解 3D 打印的发展状况；
3. 了解 3D 打印的原理；
4. 了解 3D 打印的优点及缺点。

思政目标

1. 树立正确的价值观，弘扬中国科技精神；
2. 了解中国文化基本特征，产生政治认同、文化认同。

建议学时

4 学时。

相关知识

一、3D 打印概论

（一）3D 打印的概念

3D 打印是以数字模型文件为基础，运用粉末状金属或聚合物等可黏合材料，通过逐层打印的方式来构造物体的技术。数字模型文件的创建过程被称为三维建模，即 CAD（计算机辅助设计）建模，运用分层软件将设计的文件切成薄层，即切片，再将切片文件发送到 3D 打印机，由打印软件控制设备逐层堆叠成型，即 3D 打印。区别于传统 CNC（数控机床）等机械制造工艺采用去除材料的加工方式（即减材制造），3D 打印采用逐层累加的技术（增材制造），如图 1–1 所示。

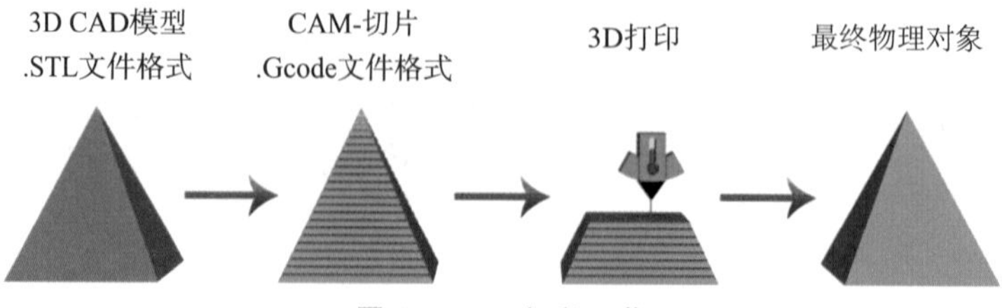

图 1–1　3D 打印工艺

3D 打印设备类型繁多。从桌面的熔融聚合物成型 3D 打印机，到工业级利用激光选区高温熔化金属的 3D 打印机，其成型原理、打印耗材、打印效率和应用均有不同。通常，经过 3D 打印的零件还需要后处理（打磨、抛光、上色等）操作，才能成为可用于快速原型或最终产品的制造。用于 3D 打印的材料十分丰富，可分为聚合物、金属、陶瓷和建筑材料四大类。聚合物原料细分为光敏树脂、热塑性长丝、热塑性粉末。

其中，SLA（立体光固化成型）3D 打印的零件精度高（尺寸公差≤ 0.05 mm），并且具有十分光洁的表面，打印成型零件尺寸大，可超 1 m，已经成为工业应用领域使用最为广泛的增材制造技术之一。

专业、低成本的桌面 3D 打印机的出现，加速了创新并支持各个行业的业务，包括工程、制造、牙科、医疗保健、教育、娱乐、珠宝和听力学。

（二）3D 打印的简史

虽然 3D 打印技术在近几年才迅猛发展，得到广泛的认可和应用，但它其实已经有 40 多年的发展历史了。

3D 打印思想起源于 19 世纪末的美国。

1979 年，美国科学家 R. F. Housholder 获得类似“快速成型”技术的专利，可惜没有被商业化。

世界上第一台 3D 打印机由查克・赫尔（Chuck Hull）在 1983 年发明，这是一种被称为“立体光刻”的 3D 打印工艺，即 SLA。在 US4575330A 专利中（现已过期）（图 1–2），立体光刻技术被定义为“通过连续打印紫外线固化材料的薄层制成固体物体的方法和设备”，该专利描述为仅用于可光固化液体进行打印。赫尔 1986 年成立了

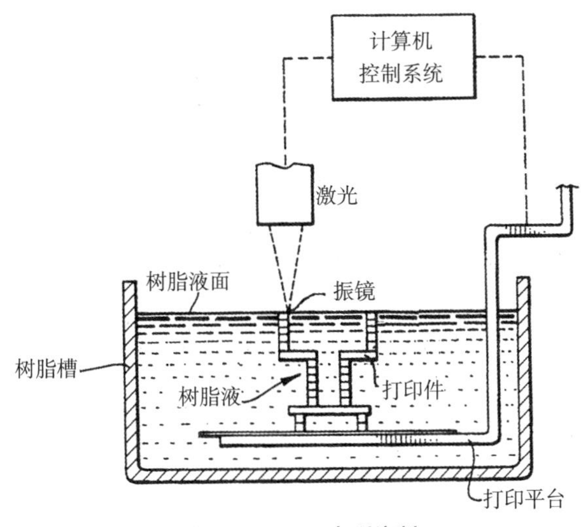

图 1–2　SLA 专利资料

“3D Systems”公司（现今是全球最大的两家 3D 打印设备生产商之一），但他很快意识到他的技术不应该仅限于液体，于是将其打印材料定义为“任何能够固化的材料或能够改变其物理状态的材料”。为此，他建立了我们今天所知道的增材制造（AM）或 3D 打印的基础，因此他也被称为“3D 打印之父”。值得一提的是，现如今被广泛应用于 3D 打印的工业标准接口文件格式 STL（标准三角语言）也是由赫尔设计的。

20 世纪 80 年代，3D 打印已初具雏形，其学名为“快速成型”。20 世纪 80 年代中期，SLS（selective laser sintering，选择性激光烧结）被在美国得克萨斯州大学奥斯汀分校的卡尔·德卡德（Carl Deckard）博士开发出来并获得专利，项目由美国国防高级研究计划局（DARPA）赞助，之后，他合伙成立了全球首家 SLS 公司 Nova Automation。其关键技术专利于 2014 年过期。

1989 年，Stratasys 公司（全球另一家最大的 3D 打印设备生产商）联合创始人斯科特·克鲁普（Scott Crump）提交了熔融沉积成型（fused deposition modeling，FDM）的专利，该专利保护期已于 2009 年届满。基于开放源代码 RepRap 模型的入门级 FDM 设备（图 1-3），已经成为今天使用数量最多的 3D 打印设备。

1991 年，Helisys 公司推出第一台 LOM（laminated object manufacturing，分层实体制造法）快速成型打印设备。

1992 年，Stratasys 公司在成立 3 年后，推出了第一台基于 FDM 技术的 3D 工业级打印机。

1992 年，DTM 公司推出首台选择性激光烧结（SLS）打印机。

1993 年麻省理工学院（MIT）教授伊曼纽尔·赛琪（Emanuel Sachs）和约翰·S. 哈格蒂（John S. Haggerty）等人发明的 3DP（three-dimensional printing）专利被授权，即三维打印技术，又称喷墨黏粉式技术、黏合剂喷射成型，美国材料与测试协会增材制造技术委员会（ASTM F42）将 3DP 的学名定为 binder jetting（BJ，黏结剂喷射）。3DP 专利是非成型材料微滴喷射成型范畴的核心专利之一。

1995 年，麻省理工学院创造了“三维打印”一词，当时的毕业生 Jim Bredt 和 Tim Anderson 修改了喷墨打印机方案，采用把约束溶剂挤压到粉末床的方案，而不是采用把墨水挤压在纸张上的方案。麻省理工学院把这项技术授权给由这两个学生创立的 Z Corporation 进行商业应用。Z Corporation 自 1997 年以来陆续推出一系列 3DP 打印机（图 1-4），后来该公司被 3D Systems 收购，并被开发成为 3D Systems 的 ColorJet 系列打印机。

1998 年，Optomec 成功开发 LENS（激光近净成型）激光烧结技术。

2005 年，Z Corporation 推出世界第一台彩色 3D 打印机 Spectrum Z510（图 1-5），标志着 3D 打印从单色迈向多色时代。

2003 年，EOS 开发 DMLS（直接金属激光烧结）技术。

图 1-3　入门级 FDM 设备

图 1-4　3DP 原始机

2008 年，第一款开源的桌面级 3D 打印机 RepRap 发布，其目的是开发一种能自我复制的 3D 打印机。桌面级的开源 3D 打印机为轰轰烈烈的 3D 打印普及化浪潮揭开了序幕。随着越来越多的制造商的追随，原本需要花费 20 万美元的 3D 打印机突然变得低于 2 000 美元，3D 打印市场在 2009 年起飞。MakerBot 公司 FDM 3D 打印机 Replicator+ 如图 1-6 所示。

图 1-5　首台彩色 3D 打印机 Spectrum Z510
资料来源：https://www.cdstm.cn。

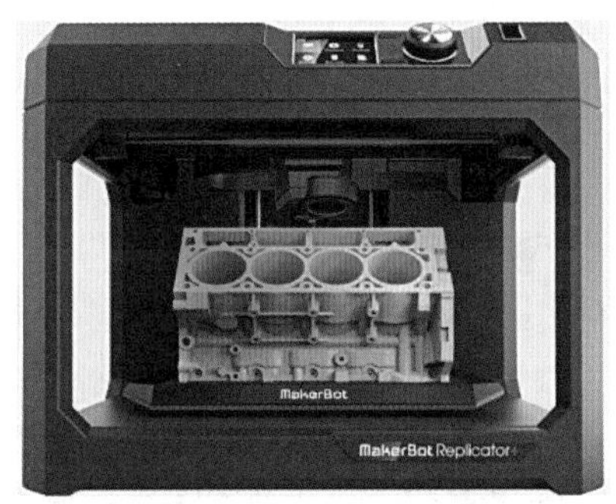

图 1-6　MakerBot 公司 FDM 3D 打印机 Replicator+
资料来源：https://digital3d.com.au。

2008 年，Objet Geometries 公司推出其革命性的 Connex500™ 快速成型系统，它是有史以来第一台能够同时使用几种不同的打印原料的 3D 打印机（图 1-7）。

2010 年 12 月，Organovo 公司，一个注重生物打印技术的再生医学研究公司，公开第一个利用生物打印技术打印完整血管的数据资源。Organovo 生物 3D 打印机如图 1-8 所示。

2011 年 7 月，英国研究人员开发出世界上第一台 3D 巧克力打印机。

2012 年 10 月，来自 MIT 的团队成立了 Formlabs 公司，并发布了世界上第一台廉价且高精度的 SLA 个人 3D 打印机 Form 1。国内的创客也由此开始研发基于 SLA 技术的个人 3D 打印机。

图 1-7　多材料 3D 打印机 Connex500™

资料来源：https://www.yesky.com。

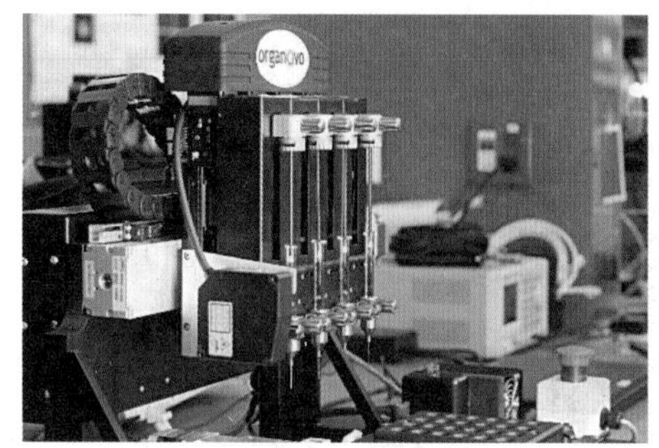

图 1-8　Organovo 生物 3D 打印机

2013 年，美国的两位创客（父子俩）开发出基于液体金属喷射打印（LMJP）工艺的消费级金属 3D 打印机，其价格低于 10 000 美元。同年，美国的另外一个创客团队开发了一款名为 Mini Metal Maker（小型金属制作者）的桌面级金属 3D 打印机，主要打印一些小型的金属制品，比如珠宝、金属链、装饰品、小型金属零件等，售价仅为 1 000 美元。

2014 年 7 月，美国南达科他州一家名为 Flexible Robotic Environments（FRE）的公司公布了开发的全功能制造设备 VDK6000，兼具金属 3D 打印（增材制造）、车床（减材制造，包括铣削、激光扫描、超声波检具、等离子焊接、研磨 / 抛光 / 钻孔）及 3D 扫描功能。

2015 年 3 月，美国 Carbon3D 公司发布一种新的光固化技术——连续液态界面制造（continuous liquid interface production，CLIP）：利用氧气和光连续地从树脂材料中逐出模型（图 1-9）。该技术比当时任意一种 3D 打印技术要快 25~100 倍。CLIP 3D 打印机如图 1-10 所示。

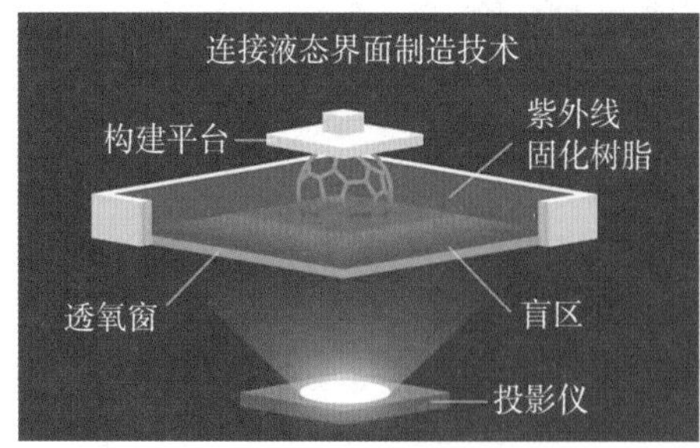

图 1-9　CLIP 技术原理

图 1-10　CLIP 3D 打印机

2017 年 11 月，美国劳伦斯 · 利弗莫尔国家实验室与伍斯特理工学院合作研发金属直写技术（direct metal writing）。该技术所使用的打印材料不是金属粉末，而是由金属铸块加热而成的半固体状材料，材料中的固体金属颗粒被液体金属所包围，呈现出膏体一样的状态。像膏体一样的金属材料在压力的作用下，通过打印喷嘴挤出。这是一

种剪切稀化材料，当材料静止时，固体金属颗粒聚集，从而使结构变为固态。当材料流动时，固体颗粒就会断裂，从而使材料变得像液体基质一样。这种材料在冷却时变得坚硬，因而在金属直写技术 3D 打印的零件中氧化物更少、残余应力更小（图 1-11）。

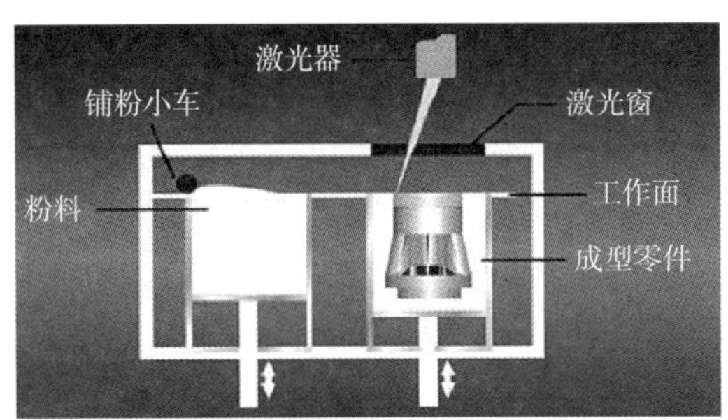

图 1-11　金属直写技术工作原理

同年 11 月，意大利 DWS 公司推出全球首台无须后道处理的生产型 3D 打印机 X CELL，该设备集自动打印、清洗和固化于一体，同时，该设备创新性地研发出可自主供应和回收材料的系统，并方便快速换料，这种颠覆性的创新标志着 3D 打印即将迈向批量生产和制造。

2018 年，NASA（美国航空航天局）宣布与 Autodesk 合作，借助 AI（人工智能）和 3D 打印两项先进技术打造了史上最复杂的行星着陆器“Spider”，从而使外部结构质量减小 35%、性能提高 30%。

2019 年 4 月，以色列科学家使用患者的细胞 3D 打印出一颗“可跳动的心脏”；5 月，美国莱斯大学与华盛顿大学的研究团队 3D 打印出“可呼吸的肺”；这一年，3D 打印出可生长的骨头、可呼吸的肺，3D 打印在生物医疗领域大放异彩。

2020 年 5 月，长征五号 B 载人飞船试验船上搭载了一台完全由中国科研团队自主研发的新型装备——“3D 打印机”。这标志着中国成为全球首个成功实现连续碳纤维增强复合材料的太空 3D 打印的国家。

3D 打印尚未达到发展极限，还有许多令人惊叹的项目在默默地研发当中。

3D 打印技术发展史时间轴如图 1-12 所示。

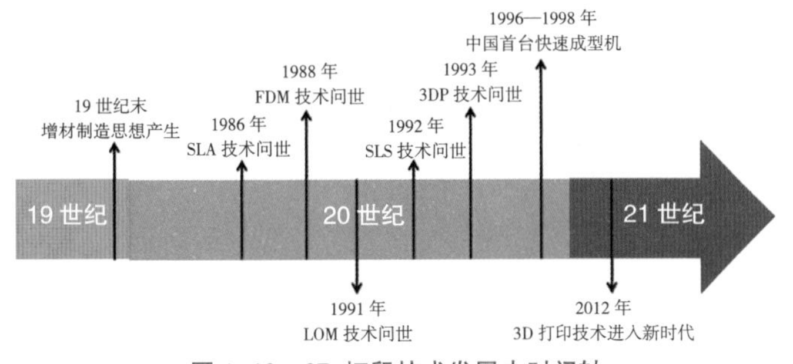

图 1-12　3D 打印技术发展史时间轴

二、3D 打印的技术分类

3D 打印技术总体可分为七大类，如图 1-13 所示。

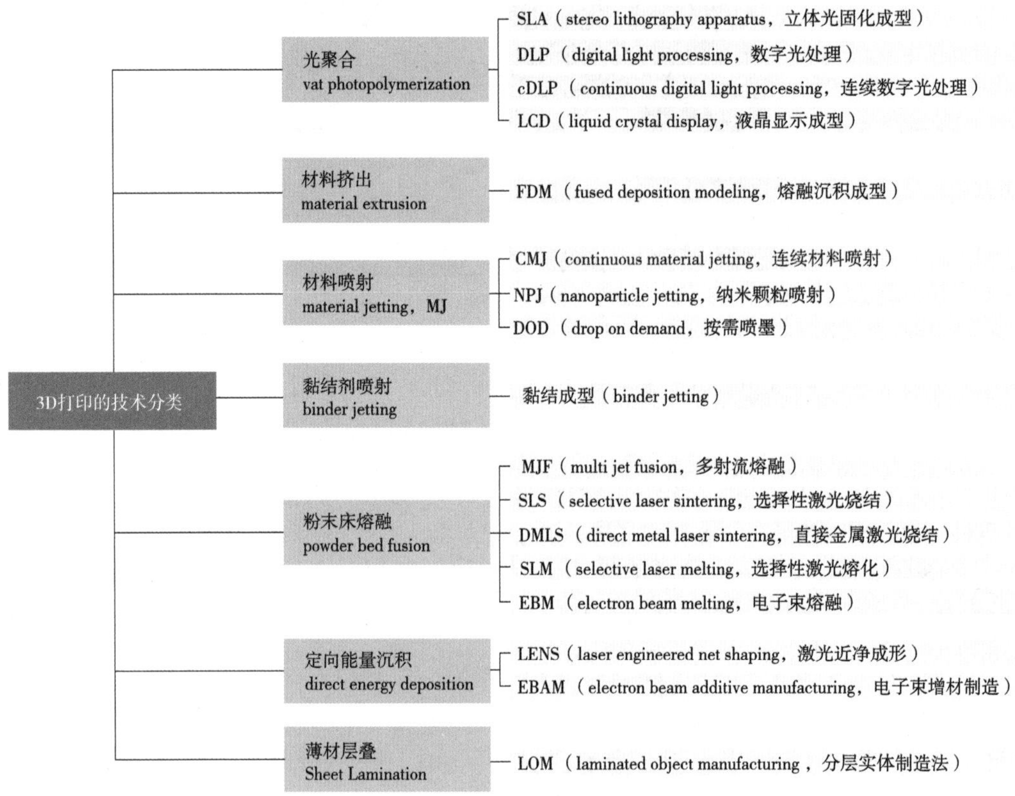

图 1-13　3D 打印技术分类

（一）光聚合

光聚合指光固化液态光敏聚合物（树脂），包括 SLA、DLP、cDLP，此处，编者认为应该增加 LCD，而 cDLP 其实是快速 DLP 的一种，可分到 DLP 中。

（二）材料挤出

材料挤出指通过加热喷嘴沉积熔融热塑性塑料（长丝），含 FDM 一个子类。

（三）材料喷射

材料喷射指将液态光敏熔剂液滴沉积在粉末床上并经过光固化，包含 CMJ、NPJ、DOD。

（四）黏结剂喷射

黏结剂喷射指液体黏合剂液滴沉积在颗粒材料床上，随后烧结在一起。

（五）粉末床熔融

粉末床熔融指通过高能量源融合粉末颗粒，包含 MJF、SLS、DMLS/SLM、EBM。

（六）定向能量沉积

定向能量沉积指熔融金属同时沉积和熔化，包含 LENS、EBAM。

（七）薄材层叠

薄材层叠指将单层材料切割成型并层压在一起，含一个子类 LOM。

三、3D 打印的优缺点

3D 打印技术是制造业领域高速发展的新兴技术，具有很多优点，也存在一些缺点，落后于传统的制造工艺。我们应该充分明白它的优缺点，扬长避短，这将帮助我们更好地应用这项技术。

（一）3D 打印的优点

1. 制造复杂的物品

一是可制造传统工艺无法生产的复杂物品；二是制造物品的成本不随零件形状的复杂程度的提升而增加。某些零件具有复杂的形状和特殊的功能要求，并不能通过传统制造工艺获得，而 3D 打印技术的出现突破这种局面，弥补了传统制造工艺的不足。另外，对传统制造工艺而言，物体形状越复杂，制造成本就越高；而对 3D 打印来说，制造物品形状的复杂程度并不会使生产成本增加，也就打破了制造复杂物品增加成本的传统定价模式。

2. 产品个性化定制

使用 3D 打印技术，任何人都可以制造他们想要的产品。传统的加工以批量生产的方式来降低成本，使消费者可以买到便宜的商品，但同时也缺失了商品的多样性；反过来说，制造少量不同的商品意味着成本的上升，这样不利于商品的销售，就像服饰一样。一台 3D 打印机可以打印出不同形状的模型，就像工匠可以制造不同形状的物品。制造不同的产品时，我们只需要更改数字设计，无须额外的工具或复杂的制造工艺。于是，3D 打印使每个项目都可以实现个性化定制，以满足不同用户的需求。

3. 降低生产成本

首先，节省材料成本，3D 打印是一种增材制造技术，不产生额外的浪费；其次，节省工艺成本，传统制造工艺每次新产品的制造，使用金属铸造或塑料注射成型时，都需要一个新模具，另外，装配时还需要额外的夹具，这些都增加了制造成本，而 3D 打印则不需要这些工具；再次，节省人工成本，由于 3D 打印能使产品一体化成型，无须装配，摒弃了生产线，因此 3D 打印启动后可无人值守；最后，降低仓储成本，通过 3D 打印，只有销售的产品才需要生产，因此库存过剩的现象明显减少。

4. 快速制造 & 降低风险

由于 3D 技术可以立即制造产品，产品可以更快地从设计转变为实际的原型，大大缩短了产品的研发周期。3D 打印可以按需打印，不需要额外的生产工具及设备，对于想要研发新品进行市场测试或小批量生产运行的设计师或者是前期缺少资金的企业而言（例如通过 Kickstarter 这样的众筹网站启动他们的产品的创造者），在这个阶段，使用 3D 打印使设计变更容易实现，制造多个不同产品也不会增加成本。在投资昂贵的成型工具之前，通过 3D 打印验证测试原型，然后更改设计，对于那些正在创新的人来说，3D 打印为其提供一条降低风险的途径。

5. 减少浪费

许多传统的制造工艺都是减材制造的：从一块坯料开始，切割、加工、磨削，最终制造成想要的产品。对于许多产品（如飞机支架）来说，在此过程中会浪费 90% 的原材料；使用 3D 打印是一个增材制造的过程，是逐层累加进行制造的工艺，原材料并不会被浪费，此外，3D 打印的原材料大部分是可以循环利用的，是一种可持续发展的方式。

3D 打印的优势

（二）3D 打印的缺点

1. 大批量生产成本高

虽然 3D 打印有众多优势，但仍然最适合生产小批量的产品，当涉及规模时，3D 打印工艺尚不具有竞争力，传统制造工艺更有效率、更便宜。在大部分情况下，这个转折点在 1 000 ~ 10 000 单位，这取决于材料和设计。随着 3D 打印设备和原材料的价格不断下降，增材制造有效生产的范围有望进一步扩大。

2. 原料限制较多

3D 打印原料的限制主要体现在两个方面：较少的材料选择；有限的强度和耐力。

（1）较少的材料选择。3D 打印技术的局限和瓶颈主要体现在材料上。目前，打印材料主要是塑料、树脂、石膏、陶瓷、砂和金属等，能用于 3D 打印的材料非常有限。尽管已经开发了许多应用于 3D 打印的优质材料，但是开发新材料的需求仍然存在，一些新的材料正在开发中，这种需求包含两个层面：一是需要对已经得到应用的材料—工艺—结构—特性关系进行深入研究，以明确其优点和限制；二是需要开发新的测试工艺和方法，以扩展可用材料的范围。

（2）有限的强度和耐力。在一些 3D 打印技术中，由于逐层制作工艺，部件强度不均匀。因此，3D 打印的零件通常比传统制造的零件更弱，再现性也需要改进；在不同设备上制作的零件可能具有稍微性质变化，相信随着新的连续 3D 打印流程（如 Carbon3D）的技术改进，这些限制在不久的将来可能会消失。

3. 产品精度较低

虽然 3D 打印技术能以 20 ~ 100 μm 的精度打印模型，但与传统模具制造的产品打印成型零件的精度（包括尺寸精度、形状精度和表面粗糙度）无法相比，如 iPhone 手机所控制的公差精度。

3D 打印的缺点和存在的问题

3D 打印为制作具有很小公差及设计细节的用户提供了一个很好的方法；但对于具有更多工作部件和更细微的产品来说，其很难与某些传统制造工艺的高精度相竞争，如 iPhone 上的静音开关。

四、3D 打印的发展趋势

20 世纪 80 年代后期，3D 打印的诞生开启了增材制造新时代。3D 打印作为一种先进的制造技术，作为工业 4.0 中实现“智能生产”和“智能工厂”的方式，英国《经济学人》杂志认为它将与其他数字化生产模式一起推动实现新的工业革命，美国《时代》周刊则将 3D 打印产业列为“美国十大增长最快的工业”。目前，3D 打印处于高速发展期，世界各国纷纷将其作为未来产业发展新的增长点加以培育。

当前，全球 3D 打印市场主要由美国、欧洲和亚洲的制造商主导。中国在 3D 打印领域已经取得了一定的技术积累和产业基础，未来有望成为全球最大的 3D 打印市场。

（一）工业级将成为 3D 打印市场规模发展主力军

近几年，桌面 3D 打印机由于其低廉的售价及成熟的技术，受到越来越多用户的欢迎，销量呈现大幅增长，而工业级 3D 打印机则略显惨淡。

但经过多年的发展，桌面级市场竞争已近“白热化”，加之利润小、精度低、实用性不佳，“天花板”效应明显。而工业级市场契合了智能制造的理念，可广泛运用于汽车、航空航天、机械工业、医疗等市场需求大、发展潜力大的领域，随着技术的逐渐成熟和成本的不断降低，将会爆发出难以想象的巨大能量。

目前，虽然消费级 3D 打印设备的出货量远远高于工业级设备，但工业级设备占整个市场的销售收入则远远高于消费级。全球 3D 打印下游行业应用中，工业级 3D 打印的应用规模远远超过消费级 3D 打印，汽车行业应用规模最大，其次是消费产品行业；再加上工业级设备关键专利解禁及其高附加值，工业级设备正逐渐独占鳌头。2015 年底，全球 3D 打印巨头 3D Systems 公司宣布停产消费级桌面 3D 打印机，转向利润更高的专业级市场和工业级市场。

（二）金属 3D 打印领域发展迅速

金属 3D 打印被称为“3D 打印王冠上的明珠”，是门槛最高、前景最好、最前沿的技术之一。

在汽车制造、航空航天等高精尖领域，有些零部件形状复杂、价格高昂，传统铸造锻造工艺生产不出来或损耗较大，而金属 3D 打印则能快速制造出满足要求、重量较轻的产品。另外，医疗器械、核电、造船等领域对金属 3D 打印的需求也十分旺盛，应用端市场正逐渐打开。

（三）3D 打印产业化还需时日，“增”“减”制造长期共存

3D 打印采用增材制造技术，是对以减材制造、等材制造为基础的传统制造业的创新与挑战，但并不是非此即彼的关系，而是并存互补的关系。

从历史看，传统制造业经过了几千年的积累和发展，技术、工艺、材料等已经非常成熟，而 3D 打印则是一个新生事物，只有 30 多年的发展历程，在速度、精度、强度等方面还有诸多限制，研发周期更短、用料更省，在小批量、个性化定制等方面表现出更明显的优势，虽然不能完全替代减材制造、等材制造，但作为传统制造技术的有益补充，将极大地推动制造业的转型升级。

（四）产品生产方式加速变革，“整”“分”制造携手共进

3D 打印是工业 4.0 时代最具发展前景的先进制造技术之一，它从两个方面改变了产品的生产方式。

（1）传统制造业以“全球采购、分工协作”为主要特征，产品的不同部件往往在不同的地方进行生产，再运到同一地方进行组装。而 3D 打印则是“整体制造、一次成

型”，省去了物流环节，节约了时间和成本。

（2）传统制造业以生产线为核心、以工厂为主要载体，生产设备高度集中。而 3D 打印则体现了以大数据、云计算、物联网、移动互联网为代表的新一代信息技术与制造业的融合，生产设备分散在各地，实现了分布式制造，从而省去了仓储环节。“整体制造”和“分布式制造”在字面上看似矛盾，但在 3D 打印技术上则实现了统一，前者强调生产过程，后者强调生产行为，共同推动产品生产方式的变革。

（五）成型尺寸向两边延伸，大小产品颠覆想象

随着 3D 打印应用领域的扩展，产品成型尺寸正走向两个极端。

一个往“大”处跨，从小饰品、鞋子、家具到建筑，尺寸不断被刷新，特别是汽车制造、航空航天等领域对大尺寸精密构件的需求较大，如 2016 年珠海航展上西安铂力特公司展示的一款 3D 打印航空发动机中空叶片，总高度达 933 mm。

另一个向“小”处走，可达到微米、纳米水平，在强度、硬度不变的情况下，大大减小产品的体积、减轻产品的重量，如哈佛大学和伊利诺伊大学的研究员 3D 打印出比沙粒还小的纳米级锂电池，其能够提供的能量却不少于一块普通的手机电池。

未来，3D 打印的成型尺寸将不断延伸，“只有想不到的，没有做不到的”。

（六）材料瓶颈待攻克，“质”“量”趋升“价”趋降

“巧妇难为无米之炊。”3D 打印材料是 3D 打印技术发展不可或缺的物质基础，也是当前制约 3D 打印产业化的关键因素。近年来，随着 3D 打印需求的增加，3D 打印材料种类得到了迅速拓展，主要包括高分子材料、金属材料、无机非金属材料三大类。但与传统材料相比，3D 打印材料种类依然偏少。以金属 3D 打印为例，可用材料仅有不锈钢、钛合金、铝合金等为数不多的几种。

另外，3D 打印对材料形态也有着严格要求，一般为粉末状、丝状、液体状等，相比普通材料价格较昂贵，无法满足个人与工业化生产的需要。足够多“买得起”的材料才能为技术的发展提供足够多的选择空间、为应用的扩展提供足够多的想象空间。

接下来，3D 打印材料将成为研究开发的焦点、资本涌入的风口，材料种类、形态将得到进一步拓展，价格下降可期，精度、强度、稳定性、安全性也更加有保障。

（七）手术可排练，治疗更精准

3D 打印的“个性化定制”与医疗行业的“对症下药”有着天然的契合性，二者的结合主要体现在以下四个方面。

（1）术前演练。利用 3D 打印技术还原出病患部位模型，让医生更直观地了解病理结构，提高了手术的成功率。

（2）医疗器械。其包括助听器、护具、假肢等外部设备以及关节、软骨、支架等内植物。

（3）“量身”制药。根据患者的生理特点、具体需要调配药物，提高了药物的有效性。

（4）生物打印。用人造血管、心脏、神经、皮肤等来修复、替代和重建病损组织和器官。

尽管 3D 打印在医疗领域的应用还受材料、成本、精度、标准等制约，市场规模也较小，但考虑到巨大的需求潜力与极小的需求弹性，3D 打印在医疗领域的应用将不断扩展，在实施更为精准的诊疗方案、提供更为充足的移植器官等方面大显身手。

（八）牵手云制造，有商业影响力的平台不断涌现

全球已经进入高度的信息化时代，互联网作为信息化的重要工具，正在重新定义各行各业。3D 打印设备尚未普及，技术使用也不“傻瓜”，没有设备、没有技术的普通人该怎样实现自己的设计想法呢？基于互联网的 3D 打印平台可担当服务供应商和需求用户之间的“红娘”，解决用户的这个“痛点”。现在有很多 3D 公司在其网站平台上提供线上服务，如未来工场、魔猴网、e 键打印等。

“互联网 +3D 打印”开拓了一种全新的商业模式——“云打印”，并将共享经济的思维引进来，闲置的 3D 打印机得到了有效使用，客户也能选择称心如意的设备和供应商。

（九）混合打印创造更多可能，功能材质色彩也混搭

随着 3D 打印技术的发展，人们对 3D 打印机的期望越来越高，早已不满足于单一功能、单一材质、单一色彩等。

3D 打印机可实现 3D 打印技术与传统数控机床技术（或不同 3D 打印技术）的自由切换，实用性将变得更强；3D 打印机的“口粮”更加丰富，金属、塑料、橡胶等多种材料（或不同属性的材料）的混合使用，将加工出结构更为复杂的产品，打印出的产品也会五彩缤纷。

日本研发出的一款五轴混合 3D 打印机，能够在现有工业级 5 轴控制技术的基础上连续进行挤出式 3D 打印和铣削作业；MIT 研发的 MultiFab 3D 打印机能同时处理包括晶状体、纺织物、光纤等 10 种材料；加拿大的 ORD Solutions 公司推出的一款 3D 打印机，可以使用 5 种不同颜色的线材打印出多彩作品。

（十）我国 3D 打印起步早、发展慢，产学研协同是突破口

我国 3D 打印的研究起步于 20 世纪 90 年代，在 3D 打印产业发展的整个过程中，如何协同、优化各类资源的配置，避免重复研发、低端产业聚集是决定 3D 打印行业有序发展的核心问题之一，而构建 3D 打印“产学研用”一体化协同创新平台可能就是有效途径之一。平台发挥“雷达”作用，及时共享市场信息，以客户需求为导向，集聚技术、人才、项目等行业优势资源，牵头联合企业联动融合、优势互补，最终实现产业深度融合、互利共赢。例如，山东省快速制造产业（3D 打印）创新中心联合省内多家重点院校、科研院所和制造业企业，解决 3D 打印产业发展中存在的共性关键技术瓶颈和产业发展难点等难题，并最终结合上下游传统企业共同建立 3D 打印发展生态圈。

通过协同创新，形成一个优质的技术研发平台、成果转化平台和产业推动平台，全面汇集产业专家资源和基础设施资源，形成涵盖技术、人才、平台及国际合作高度融合的协同创新系统和完善的技术开发产业链，为行业发展起到重要的支撑作用。

3D 打印的发展趋势

3D 打印机的控制系统

复习思考题

1. 3D 打印技术与传统剪裁技术的差别是什么？
2. 3D 打印常见的分类方式有哪些？

模块二
3D 打印主流技术

导语

快速原型制造（rapid prototype manufacturing，RPM）技术是综合利用 CAD 技术、数控技术、材料科学、机械工程、电子技术及激光技术，以实现从零件设计到三维实体原型制造一体化的系统技术。它是一种基于离散堆积成型思想的新兴成型技术，是由 CAD 模型直接驱动的快速完成任意复杂形状三维实体零件制造的技术的总称。本模块将一一介绍 RPM 技术几种主流的 3D 打印制造技术。

思维导图

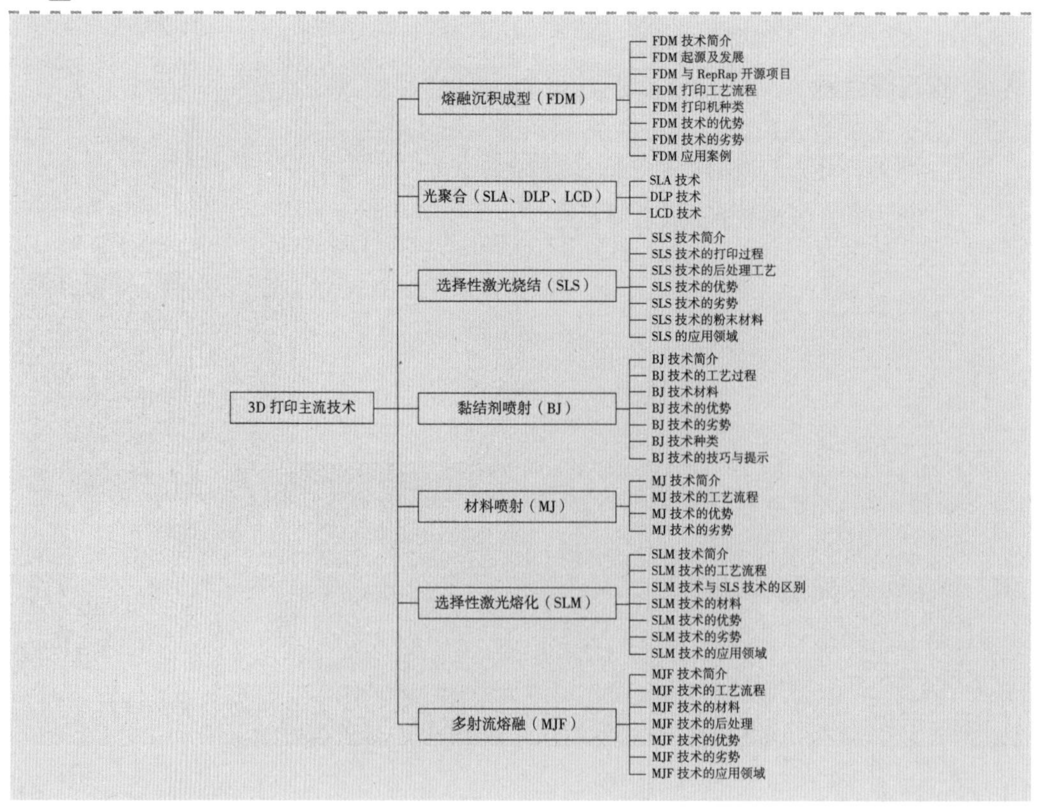

学习目标

分别介绍主流的 3D 打印技术，包括熔融沉积成型（FDM）、光聚合（SLA、DLP、LCD）、选择性激光烧结（SLS）、黏结剂喷射（BJ）、材料喷射（MJ）、选择性激光融化（SLM）和多射流熔融（MJF）的工作原理、工艺流程、优势与劣势及技术应用。

思政目标

1. 立足东方美学，激发学生设计自信；
2. 树立科学世界观，培养学生职业自信；
3. 尊重知识，了解民族与世界，激发学生文化自信。

建议学时

24 学时。

相关知识

一、熔融沉积成型（FDM）

（一）FDM 技术简介

FDM 通俗来讲就是利用高温将材料熔化成液态，通过打印头挤出后固化，最后在立体空间上排列形成立体实物。FDM 打印机结构如图 2-1 所示。

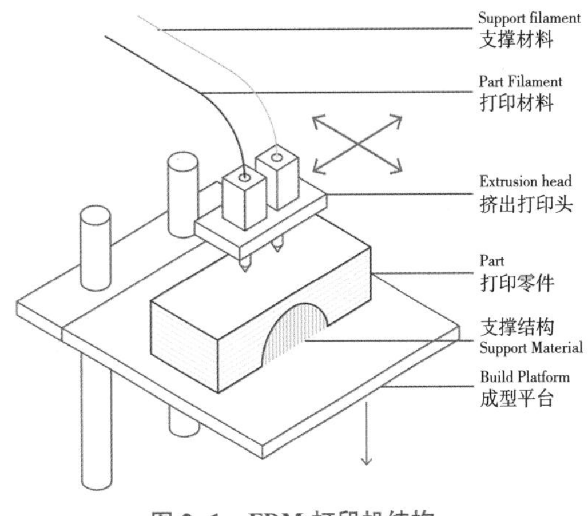

图 2-1　FDM 打印机结构

FDM 工作原理是加热头把热熔性材料 [ABS（丙烯腈 - 丁二烯 - 苯乙烯）树脂、尼龙（PA）、蜡等] 加热到临界状态，呈现半流体性质，在计算机控制下，沿 CAD 确定的二维几何信息运动轨迹，喷头将半流动状态的材料挤压出来，凝

固形成轮廓形状的薄层。当一层完毕后，通过垂直升降系统降下新形成层，进行固化。这样层层堆积黏结，自下而上形成一个零件的三维实体。

（二）FDM 起源及发展

这项 3D 打印技术由美国学者克鲁普于 1988 年研制成功，次年他成立了 Stratasys 公司。1992 年，第一台基于熔融沉积成型技术的 3D 打印产品出售。FDM 技术于 1989 年被 Stratasys 公司注册专利，不过该专利已在 2009 年到期，由于企业不再支付高昂的专利使用费，最终 3D 打印机价格被拉低，从过去的 10 000 美元下降到不足 1 000 美元，并得益于 RepRap 开源项目迅速推动技术成熟，市场迎来开源 FDM 3D 打印机的爆发，随后涌现出 MakerBot 和 UltiMaker 这些打印机，为 3D 打印走向大众化铺平了道路，而现在 300 美元就可以买到 3D 打印机。FDM 打印机已成为使用最为普遍的 3D 打印机，如浙江闪铸三维科技有限公司推出的消费级 FDM 3D 打印机闪铸冒险者 4，售价才 2 500 元（图 2–2）。

图 2–2　FDM 3D 打印机闪铸冒险者 4

资料来源：https://3dp.zol.com.cn。

（三）FDM 与 RepRap 开源项目

RepRap 开源运动充分体现开源项目的核心精神：自由、分享、互惠，从软件到硬件，各种资料都是免费和开源的，这意味着任何人出于任何目的，都能够自由地改进和制造 RepRap。RepRap 降低了 FDM 设备的生产成本，从而促使 FDM 3D 打印设备成为市场上应用数量最多的打印机。

RepRap 项目和在线社区是由英国巴斯大学的机械工程高级讲师阿德里安·鲍耶尔（Adrian Bowyer）博士于 2005 年创建的。该项目希望通过“自我复制打印”让越来越多的人拥有 3D 打印机，RepRap 打印机可打印出大部分自身的零部件，从而可以极低的成本再组装一台。

RepRap 项目包含很多领域的知识：软件、电子、固件、机械、化学及其他范畴。截至 2010 年 12 月，该项目已经发布了四个版本的 3D 打印机：2007 年 3 月发布的“达尔文”（Darwin），2009 年 10 月发布的“孟德尔”（Mendel），2010 年发布的“Prusa Mendel”和“赫胥黎”（Huxley）。开发者采用了著名生物学家的名字来命名，是因为“RepRap 就是复制和进化”，如图 2–3 所示。

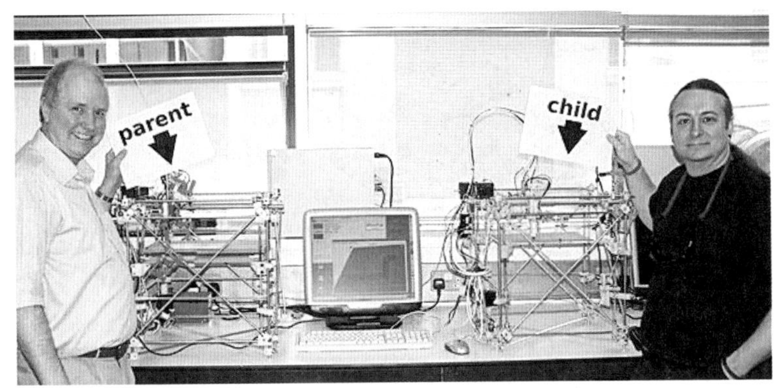

图 2-3　RepRap FDM 打印机 Darwin 原型机与复制机

资料来源：https://www.reprap.org/wiki/RepRap。

（四）FDM 打印工艺流程

FDM 打印工艺流程为：FDM 切片软件自动将 3D 数模（由 SolidWorks 或 UG、ProE 等三维设计软件得到）分层，生成每层的模型成型路径和必要的支撑路径。材料的供给分为模型材料和支撑材料，相应的热头也分为模型材料喷头和支撑材料喷头（消费级设备一般为单喷头）。热头会把 PLA（聚乳酸）材料加热至 210 ℃成熔融状态喷出，成型室（热床）保持 60 ℃，该温度下熔融的 PLA 材料，既可以有一定的流动性，又可以保证很好的精度。一层成型后，机器工作台下降一个高度（即分层厚度）再成型下一层。如此直到工件完成，如图 2-4 所示。

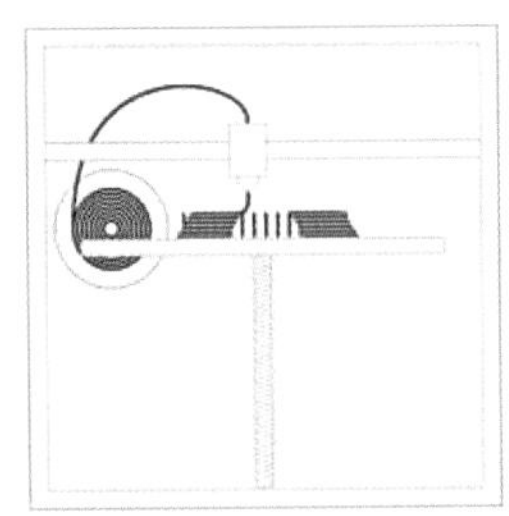
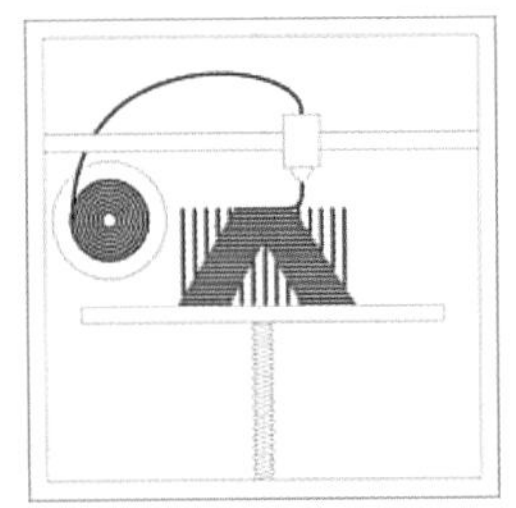

图 2-4　FDM 打印流程

其具体流程步骤如下。

（1）建立成型件的三维 CAD 模型。三维 CAD 模型数据是对成型件真实信息的虚拟描述，也是 3D 打印系统的输入信息，所以在 3D 打印之前要先使用计算机软件设计好成型件的三维 CAD 模型（图 2-5）。

（2）三维 CAD 模型的近似处理。一般我们采用 STL 格式文件对模型进行近似描述（图 2-6），由于生成 STL 格式文件方便、快捷，且数据存储方便，目前这种文件格式已经在 3D 打印成型制造过程中得到广泛的应用。

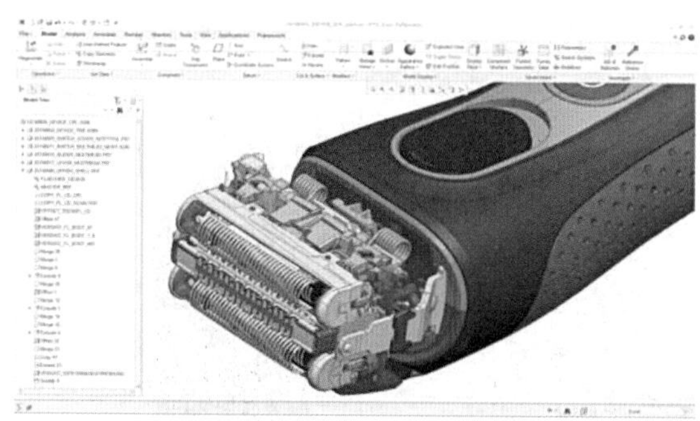

图 2-5 SolidWorks 建立的 CAD 模型

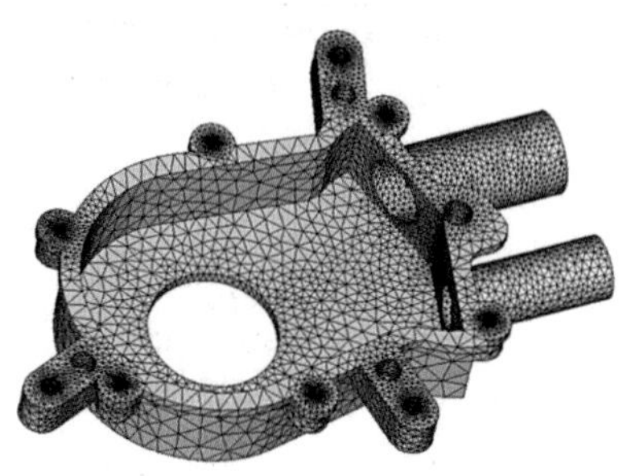

图 2-6 CAD 模型的 STL 文件转换

（3）三维 CAD 模型数据的切片处理。对近似处理后的模型进行切片处理，从而提取出每层的截面信息，并生成数据文件，最后再将数据文件导入快速成型机中，如图 2-7 所示。

（4）实际加工成型。在打印软件控制下，3D 打印机打印头根据数据文件所获得的每层数据信息逐层打印，一层一层地堆积，最终完成整个成型件的加工（图 2-8）。

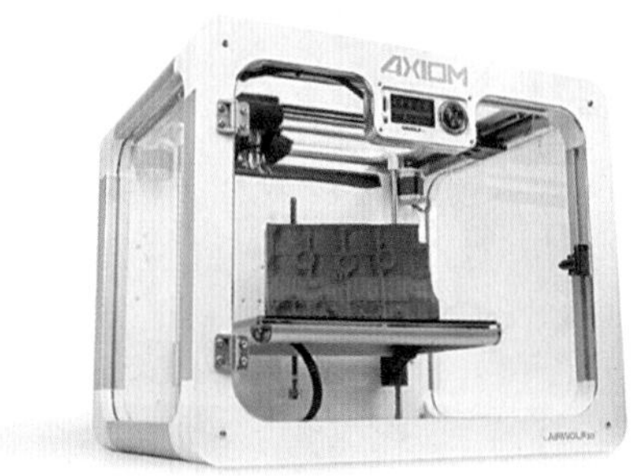

图 2-7 数据模型的切片

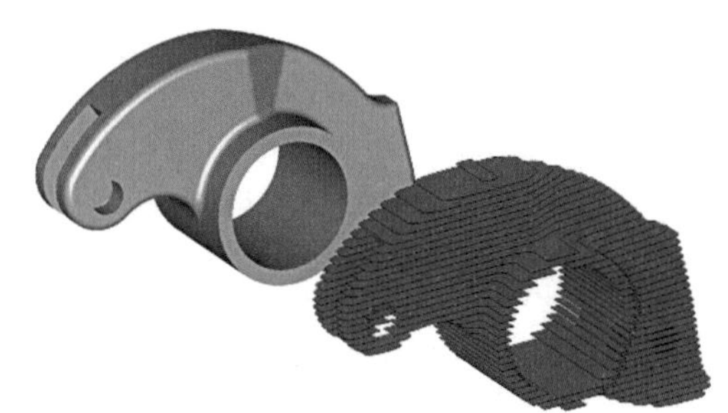

图 2-8 3D 打印实际加工成型

（5）成型件的后处理。从打印机中取出的成型件，还要进行去支撑、打磨、抛光等处理，进一步提高质量，如图 2-9 ~ 图 2-11 所示。

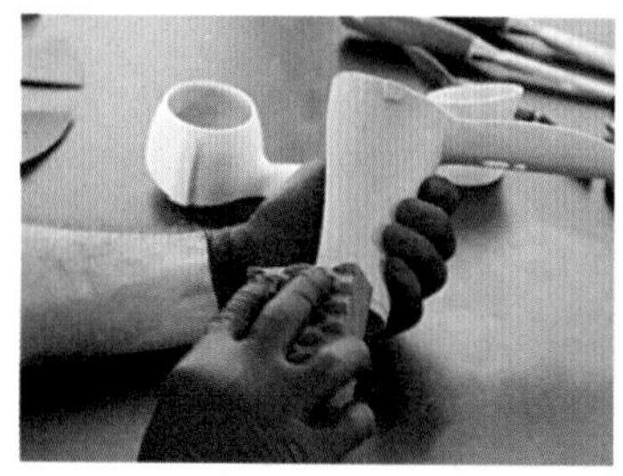

图 2-9 FDM 成型件打磨

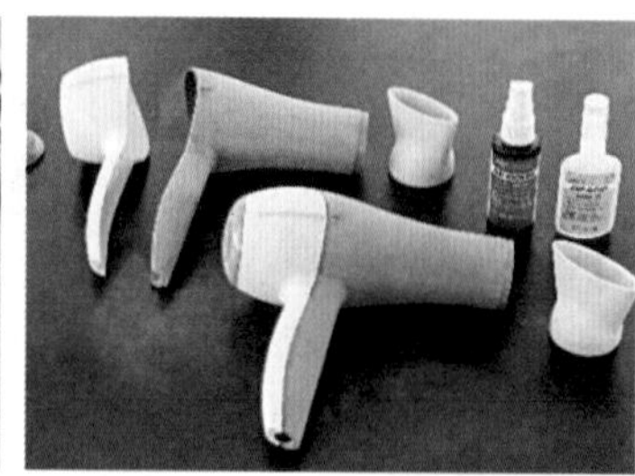

图 2-10 FDM 成型件胶合

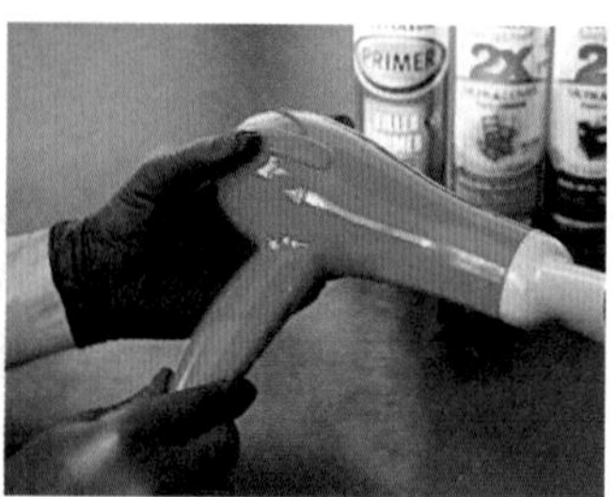

图 2-11 FDM 成型件上色

（五）FDM 打印机种类

按设备打印精度及价格，FDM 打印机可分为桌面级（消费级）和工业级。

桌面级 FDM 3D 打印设备外形尺寸紧凑，通常放置于桌面上使用。桌面级设备由于成本低、易于被个人消费者接受，可选打印耗材也十分丰富。其缺点是打印面积小，打印精度通常不高。因此，设备非常适合学校教育、家庭 DIY（自己动手做）、小型模型制作的场合，整体操作简单，容易上手，已成为消费数量最多的 3D 打印机。

大多数桌面级 FDM 设备采用 0.4 mm 口径标准的单喷头，打印温度不超过 220 ℃，打印实物层厚为 0.2 ~ 0.3 mm，最小特征尺寸 0.5 mm，打印精度 ±0.5%（±0.5 mm），少数机型支持 0.1 mm 层厚以下打印。不同的打印精度如图 2–12 所示。

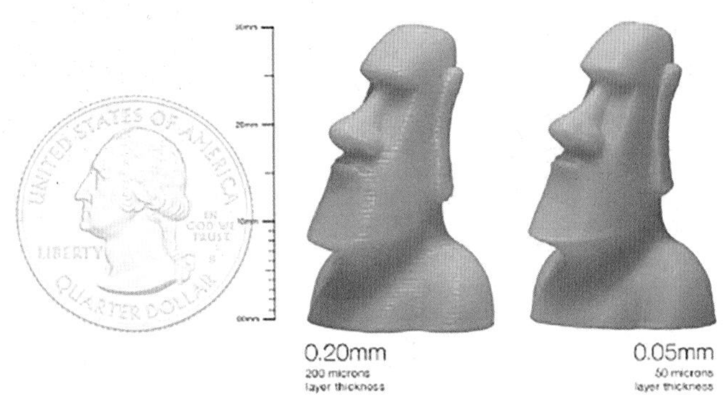

图 2–12　0.2 mm 与 0.05 mm 层厚打印的模型表面光滑度对比

资料来源：https://3dp.zol.com.cn。

工业级 FDM 机器一般往高精度、高温、大尺寸方向发展。高精度工业级 FDM 以 Stratasys 公司的设备为代表，打印精度可达 50 μm 的 *Z* 轴精度，打印模型表面细腻，细节明显，但价格较高。大尺寸工业级 FDM 3D 打印机普遍采用 CoreXY 型结构，打印尺寸可达 1 m^2 以上，能满足工业应用中大尺寸工件的打印需求。高温工业级打印机打印温度可超过 390 ℃（图 2–13），能打印多种高性能的聚合物材料，包括 PEEK（聚醚醚铜）、PVDF（聚偏氟乙烯）、POM–C（共聚甲醛）及 PEI（聚醚酰亚胺）等。

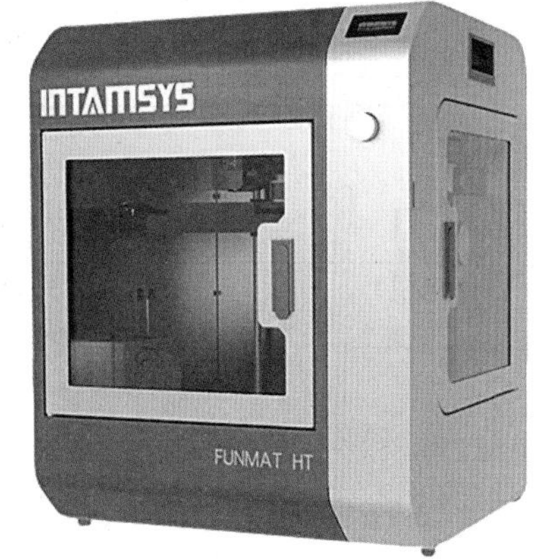

图 2–13　远铸智能的高温 FDM 3D 打印机

资料来源：https://www.intamsys.com。

按设备传动方式，FDM 打印机可分为 XYZ 型、CoreXY 型和 Delta 型。

XYZ 型 FDM 打印机（图 2–14）运动轴是基于直角（笛卡儿）坐标系运行的，三轴相互独

立，由三个电机分别控制，结构简单，打印稳定，是 FDM 中最多的机型。但存在挤出头设计问题导致的无法快速散热、冷却效果低、经常出现堵头的现象。

CoreXY 型由双电机控制 *X* 轴和 *Y* 轴，具有打印速度快的特点，通常广泛应用于工业 FDM 的设备架构中。

Delta 型（图 2–15）同样打印尺寸下成本最低、速度最快、性价比最高，缺点是调平复杂、稳定性差，前期在消费市场具有较高的人气，随着 3D 打印技术的高速发展，由于成本差距日渐缩小，以及自身较高的操作门槛，慢慢被市场淘汰。

图 2–14　XYZ 坐标式 FDM

资料来源：https://www.nanjixiong.com。

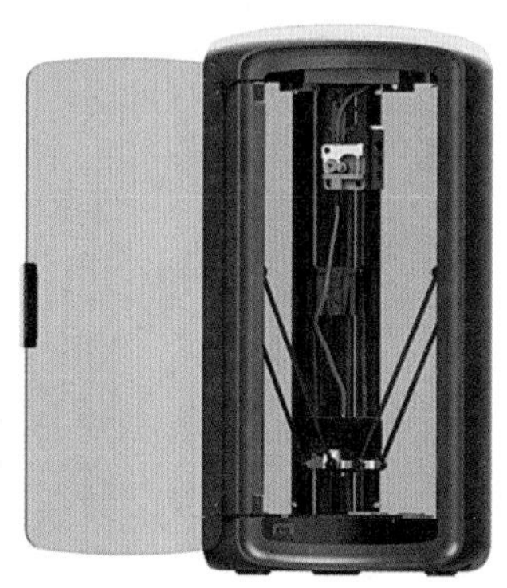

图 2–15　Delta 并联式 FDM

资料来源：https://www.nanjixiong.com。

CoreXY 结构是由 Hbot 结构改进来的（图 2–16），继承了 Hbot 结构的各种优点，也是目前 FDM 打印机使用最多的结构。在此结构中，两个传送皮带表面看上去是相交的，其实是在两个平面上，一个上，一个下；而 *X*、*Y* 方向移动的滑架上则因为安装了两个步进马达，滑架的移动更加精确而稳定，如图 2–17 所示。

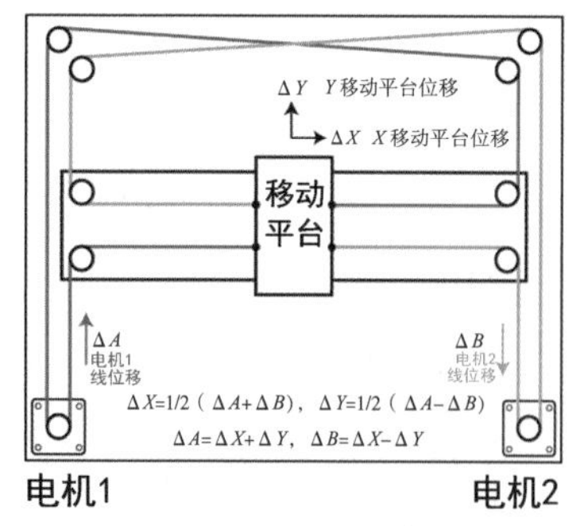

图 2–16　CoreXY 传动示意图

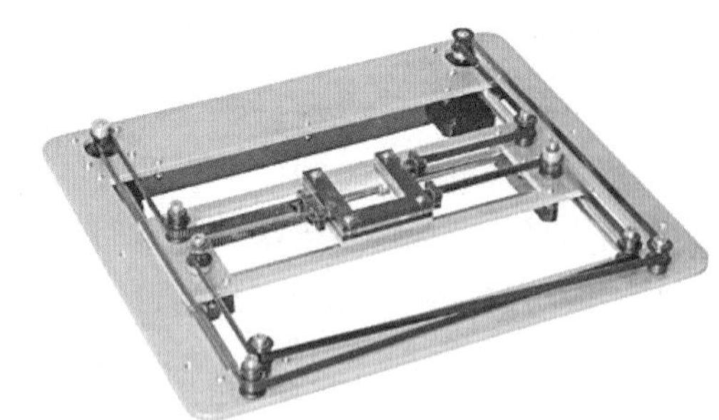

图 2–17　CoreXY 结构实物图

相比 XYZ 结构，CoreXY 结构更为紧凑，在同样体积的情况下，可实现相对较大的打印尺寸，打印面积占比更高；CoreXY 结构 *XY* 平面内运动的两个电机都是固定的，这样降低了运动部件的重量，进而降低了运动部件的惯性，增加了打印设备的稳定性；采用 XY 联动结构（除了 *Z* 轴以外，*X*、*Y* 轴都是两个步进电机协调配合进行传动），相

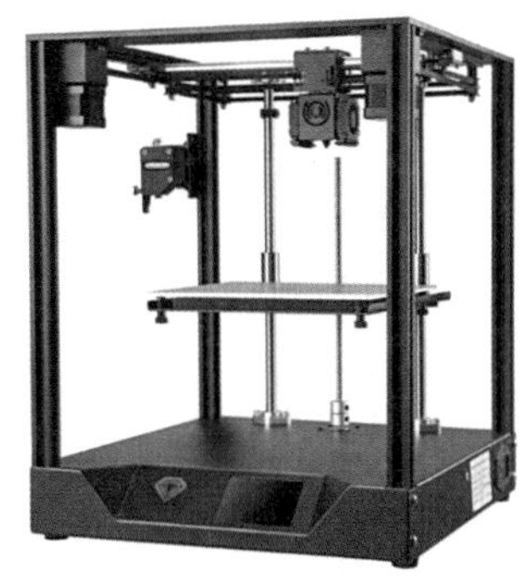
图 2-18 CoreXY 打印机
资料来源：https://www.nanjixiong.com。

当于驱动力倍增，运动也更加敏捷，传动效率更高，设计出的 3D 打印机更加低功耗，如图 2-18 所示。

FDM 设备按材料形状，可分为长丝、颗粒、浆料 FDM 打印机。长丝 FDM 打印机最常用的就是卷轴的 PLA 长丝耗材，利用喷头加热挤出成型（图 2-19）。颗粒 FDM 打印机将打印喷头设计成螺杆挤出，使料仓中的聚合物颗粒融化挤出成型（图 2-20）。浆料 FDM 打印机利用黏土、陶泥或水泥等“糊状”材料，挤出堆叠成型（图 2-21）。

图 2-19 PLA 长丝耗材

图 2-20 创想颗粒料 3D 打印机 G5
资料来源：https://www.creality.cn/product-56.html。

图 2-21 威布三维巧克力 3D 打印喷头 LuckyBot
资料来源：https://luckybot.wiiboox.net。

FDM 打印机随着发展越来越智能化及多样化，出现了实时监控、质量检测、自动化上下料、远程控制、丝料监测、空气过滤、彩色打印等新功能，甚至衍生出不少的智能配套设备，如模型抛光机、丝料回收挤出机、多彩打印的外置混料机等，消费者可以根据自己的需要搭配不同的配套设备。

基于 FDM 打印技术深入开发也诞生了一些新的 3D 打印设备，如陶泥 3D 打印机、食品 3D 打印机及建筑 3D 打印机等，此类设备关键技术突破在于喷头结构的改进及材料特性的研究。

（六）FDM 技术的优势

在 3D 打印技术中，FDM 的机械结构最简单，设计也最容易，制造成本、维护成本和材料成本也最低，更容易被消费级市场接受。

（1）低成本。熔融沉积成型技术用热融挤压头代替激光器，配件费用低；热融挤压头系统构造原理和操作简单，维护成本低，系统运行安全；另外，打印耗材的利用效率高且价格便宜。

（2）安全。制造系统可用于办公环境，无毒气或危险的化学物质。

（3）快速。FDM 可快速构建复杂的内腔、中空零件以及一次成型的装配结构件等任意复杂程度的零件。

（4）材料。

① 原材料在成型过程中无化学变化，制件的翘曲变形小。

② 材料强度、韧性优良，可以装配进行功能测试。

③ 材料选择性多。材料种类多、色彩丰富，工程塑料有 ABS、PC（聚碳酸酯）、PPS（聚苯硫醚）、碳纤维等，医用材料有 PEEK 等。

④ 用蜡成型的原型零件，可以直接用于熔模铸造。

⑤ 采用水溶性支撑材料，使得去除支架结构简单易行。

⑥ 原材料以卷轴丝的形式提供，易于搬运和快速更换。与其他使用粉末和液态材料的工艺相比，塑材、卷材更易清洁、保存，不会在设备中或附近形成粉末或液态污染。

（七）FDM 技术的劣势

大部分 FDM 机型制作的产品边缘都有分层沉积产生的“台阶效应”，较难达到所见即所得的 3D 打印效果，所以对精度要求较高的快速成型领域较少采用 FDM。

（1）原型的表面有较明显的条纹，较粗糙，不适合高精度、精细小零件的应用。

（2）与截面垂直的方向强度小 / 沿成型轴垂直方向的强度比较弱。

（3）需要设计和制作支撑结构。

（4）成型速度相对较慢，不适合构建大型零件。需要对整个截面进行扫描涂覆，成型时间较长。

（5）喷头容易发生堵塞，不便维护。

（八）FDM 应用案例

FDM 应用案例如图 2-22、图 2-23 所示。

图 2-22　3D 打印汽车 Strati，相当拉风

资料来源：https://wonderfulengineering.com。

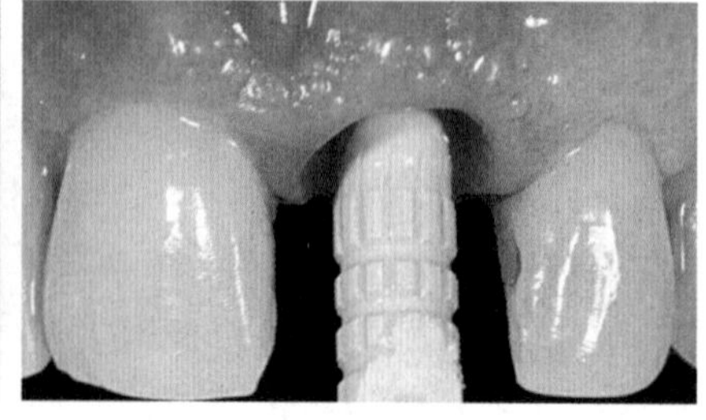

图 2-23　3D 打印 PEEK 材料的种植体

资料来源：https://www.nanjixiong.com。

二、光聚合（SLA、DLP、LCD）

（一）SLA 技术

1. SLA 技术原理

SLA 即立体光固化（光刻）成型，是指使用紫外激光束选择性照射液态光敏树脂，使其发生光聚合反应，逐层固化并生成三维实体的成型方式。SLA 打印的工件精度高、表面光洁度高，是第一个出现的 3D 打印技术，于 1986 年获得专利。SLA 打印机 Down-Top（自下而上）结构和 Top-Down（自上而下）结构如图 2-24、图 2-25 所示。

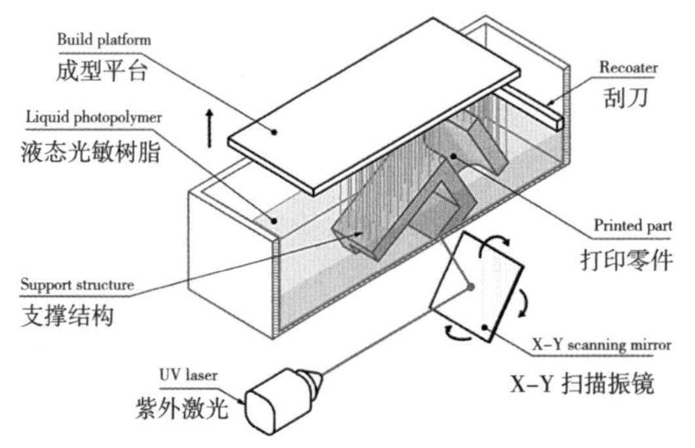

图 2-24　SLA 打印机 Down-Top 结构

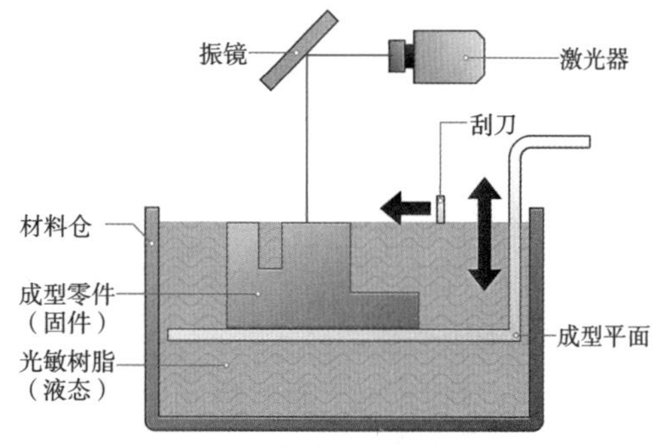

图 2-25　SLA 打印机 Top-Down 结构

2. SLA（自上而下）工艺过程

（1）前处理。通过 CAD 软件设计出三维数字模型，利用离散程序将模型进行切片处理，设置扫描路径，产生的数据将精确控制激光扫描器和升降台的运动。

（2）原型制作。激光光束通过数控装置控制的扫描器，按设计的扫描路径照射到液态光敏树脂表面，使表面特定区域内的一层树脂固化，当一层加工完毕，就生成零件的一个截面；升降台下降一定距离，固化层上覆盖另一层液态树脂，再进行第二层

扫描，第二固化层牢固地黏结在前一固化层上，这样一层层叠加而成三维工件原型。

（3）后处理。将原型从树脂中取出后，进行最终固化，再经打光、电镀、喷漆或着色处理即得到要求的产品。

3. SLA 技术的优势

（1）最早出现的 3D 打印技术，经过长时间的检验，工艺成熟。

（2）数字直接制造，加工速度快，产品生产周期短，无须切削工具与模具。

（3）成型精度高，层厚可达 25 μm，尺寸精度 ±0.15%（±0.001 mm）。

（4）成型件具有非常光滑的表面（$Ra < 0.1$ μm）。

（5）设计自由，不受传统加工限制，可制作任何复杂结构零件。

（6）成型过程自动化程度高，可联机操作、远程控制，后处理简单（点支撑易去除）。

（7）光敏树脂材料丰富，材料利用率高，几乎 100%。

4. SLA 技术的劣势

（1）设备造价高，激光器寿命短（只有 3 000 h），使用和维护成本较高。

（2）工作环境要求高。SLA 系统是需要对液体进行精密操作的设备，激光器要专门配备工业冷却水箱，保证工作温度≤ 25 ℃，要配智能吸湿器，保证工作环境湿度≤ 50%。

（3）预处理软件与驱动软件运算量大，一般使用 Magics 软件，需要专业培训才能处理模型及切片。

（4）成型件为树脂类，强度、刚度、耐热有限，不利于长期保存。

（5）光敏树脂有轻微毒性，固化过程产生刺激性气体，刺激敏感皮肤。

（6）成型速度比面成型 DLP/LCD 光固化设备慢。

5. SLA 打印机种类

在早期的 SLA 技术中，光源都是位于树脂槽上方（Top），每固化一层，打印平台会向下移动 (Down)，所以称为 Top-Down 结构，也称为自由液面式结构或自上而下结构（图 2-25）。Down-Top 结构是基于 Top-Down 结构的改进（图 2-24）。在这种结构中，光源都是位于树脂槽下方（Down）。每固化一层，打印平台会向上移动（Top），所以被称为 Down-Top 结构或自下而上结构（也叫 Bottom-Up 结构）。

（1）桌面级 SLA 打印机。Down-Top 桌面级 SLA 设备以美国 Formlabs 公司生产的 3D 打印产品 Form 2 为例，其最大 3D 打印尺寸为 145 mm × 145 mm × 175 mm，激光器功率为 250 mW，打印最小层厚为 25 μm，同时配备了滑动剥离机构、刮液器和即热的树脂盒、自动加液系统和一个清洗套件等，市场售价为 3 499 美元，打印材料光敏树脂最低售价 149 美元，可选材料丰富，如图 2-26 所示。

Top-Down 桌面级 SLA 设备以陕西非凡士三维科技有限公司的 Form 2 为例（图 2-27），其打印尺寸为 130 mm × 130 mm × 180 mm，采用工业级数字振镜与激光器，激光功率 150 mW，光斑直径≤ 0.1 mm，最小打印层厚 30 μm，成型精度 ±0.1 mm，同

图 2-26 桌面级 SLA 打印系统（设备、软件、耗材、整理套件）

时使用 CLLS 高精度液位传感器闭合控制，液位重复定制精度 ±0.005 mm，并配备真空铺涂装置，有效消除材料表面气泡，市场售价 18 980 元人民币，打印材料光敏树脂售价每千克 480 元。

Top-Down 打印方式相对于 Down-Top，使树脂在固化过程中无外力干扰，极大地提高了打印成功率，不存在离型膜，无离型力，激光器寿命长。

（2）工业级 SLA 3D 打印机。工业级 SLA 3D 打印机以迅实科技的 Mars Pro 600 为例（图 2-28），其打印构建体积为 600 mm × 600 mm × 400 mm，采用 00 级大理石运动平台，激光器、激光液位仪、电气控制组件等关键部件由知名品牌提供。设备配备自主研发的控制软件，利用智能可变光斑技术，旨在满足工业量需求，如家电、电子消费品、汽车零部件的制造，也可应用于医疗领域、生产术前排练、康复器械及手术导板。

图 2-27 桌面级 SLA 打印机 Form 2

资料来源：https://formlabs.com。

图 2-28 工业级 SLA 打印机 Mars Pro 600

资料来源：https://formlabs.com。

6. 技术对比

从打印精度来看，工业级设备打印精度更高，消费级 SLA 能够生产出具有 150~300 μm 公差的零件，零件越大，精度越高，而工业机器对于任何构造尺寸的公差

能够低至 30 μm。一般工业级 SLA 设备采用 365 nm 波长的固化材料（图 2–29），而桌面级 SLA 设备则采用 405 nm 波长的固化材料（图 2–30）。两种设备打印的材料体系不一样，365 nm 波长的环氧系树脂理论上要比丙烯酸类的树脂固化线收缩率小很多，这是精度差异的原因之一。

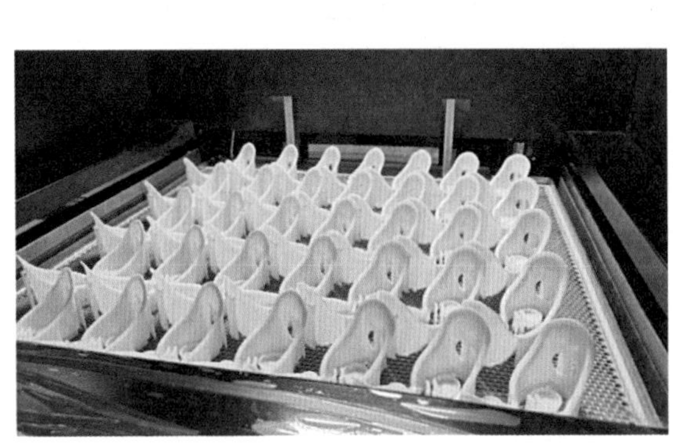

图 2–29　工业级 SLA

图 2–30　桌面级 SLA

从打印的材料范围来讲，工业级 SLA 更为广泛。虽然桌面级打印机也可以打印柔性树脂，但工业级 SLA 可打印柔性树脂更为丰富，每种柔性树脂都具有不同的机械性能（如邵氏硬度、耐温性等）。当前，SLA 打印是所有 3D 打印技术中具有可打印材料最广泛的工艺，如图 2–31 所示。

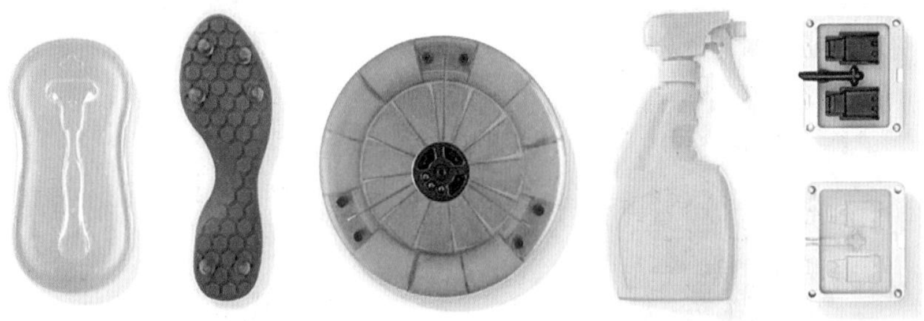

图 2–31　生物兼容性、韧性、高强度、耐久性、耐高温材料成型件

从光源的投影方式分析，桌面级主要是下照式的投影方式，即光源从下往上投影，模型成型在上方的成型平台上，打印需要剥离；而工业级 SLA 光源是下照式，成型平台（网板）位于下方。故从打印稳定性上来讲，工业级设备更胜一筹。

从生产力来对比，工业级 SLA 设备则更具优势。工业级 SLA 设备成型面积更大，一次可生产更多或更大的成型件。工业级 SLA 还能够打印出较细的点接触支撑，桌面级 SLA 设备由于模型是倒挂在打印平台上的，点支撑强度无法克服剥离力，而需要更粗的支撑；工业级 SLA 设备的点支撑也更容易去除，从而减少后处理的时间。因此，桌面级 SLA 设备更适用于小批量、个性化定制的打印场合。

既然桌面级 SLA 设备各个方面都不如工业级，那是否就失去了使用桌面级 SLA 的必要了，那就错了，因为你忽略了一个最重要的因素——价格，与动辄几十万元、几百万元的工业级 SLA 设备相比，几万元的桌面级 SLA 设备更具有性价比。

综上，对于要求平滑表面的小型、精确可视化的原型，桌面级 SLA 打印机提供快速、低成本的解决方案。对于追求高性能或更高精度的大型零件，工业级 SLA 打印设备是最佳解决方案，如表 2-1 所示。

表 2-1　桌面 Down-Top SLA 与工业 Top-Down SLA 的比较

项目	桌面 Down-Top SLA	工业 Top-Down SLA
优点	+ 成本更低 + 广泛可用	+ 非常大的构建尺寸 + 更快的打印速度
缺点	- 构建尺寸小 - 材料范围小 - 需要更多的后处理	- 成本更高 - 需要专业操作员 - 更换材料需清空整个树脂缸
SLA 制造商	Formlabs（美国）	厦门威斯坦
构建尺寸	高达 335 mm × 200 mm × 300 mm 型号：Form 3L	高达 2 400 mm × 800 mm × 800 mm 型号：SLA2400-DLC
典型层高	26~100 μm	26~160 μm
尺寸精度	± 0.5%（下限：± 0.01~0.25 mm）	± 0.15%（下限 ± 0.01~0.03 mm）

7. SLA 技术的应用案例

SLA 技术的应用案例如图 2-32、图 2-33 所示。

图 2-32　New Balance 3D 打印的鞋

资料来源：https://www.digitaltrends.com。

图 2-33　Form 2 打印的柔性瓶子

（二）DLP 技术

1. DLP 技术简介

DLP 技术由德州仪器开发，主要是通过投影仪来逐层固化光敏聚合物液体，从而创建出 3D 打印对象。其由于具备紫外光投影特性，得到了快速的发展，成为又一种新的快速成型技术。

2. DLP 技术的工艺流程

DLP 打印设备（图 2-34、图 2-35）包含一个可以储存树脂的液槽，即树脂槽。树脂槽被用于盛放可被特定波长（如 405 nm）的紫外光照射后固化的树脂。DLP 投影成像系统置于树脂槽下方，投影系统焦平面则位于树脂槽底部离型膜上，然后通过能量及图形控制，每次可固化一定厚度及形状的薄层树脂（该层树脂与预先切分所得的截面外形完全相同）。树脂槽上方装配一个升降机构，每次截面曝光完成后，向上提拉一定高度（该高度与分层厚度一致），使得当前固化完成的固态树脂与树脂槽底面分离并黏接在成型平台或上一次成型的树脂层上。如此，DLP 打印工艺通过逐层曝光并提升成型平台来生成三维实体，如图 2-36 所示。

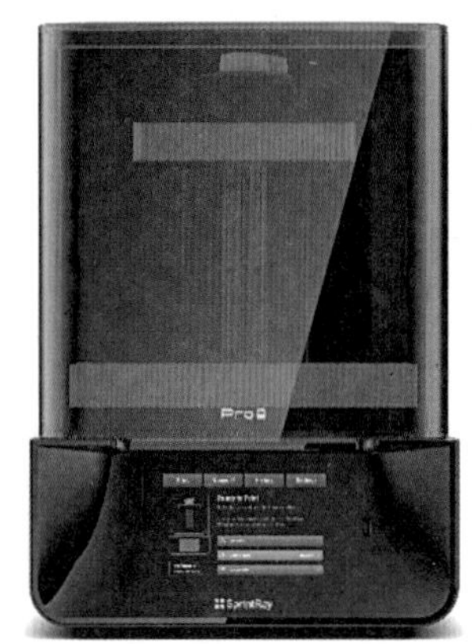

图 2-34　DLP 3D 打印机

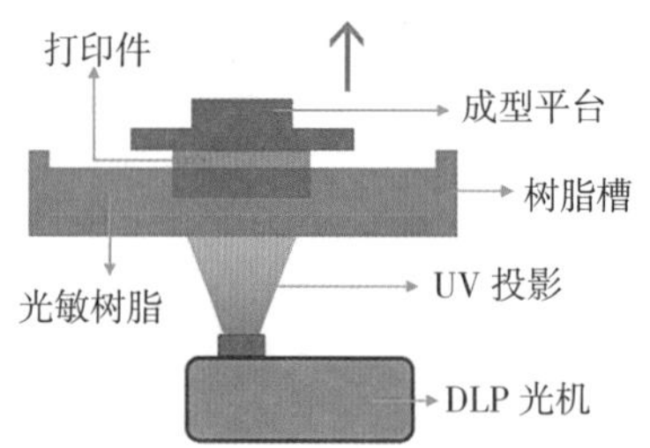

图 2-35　DLP 技术设备结构

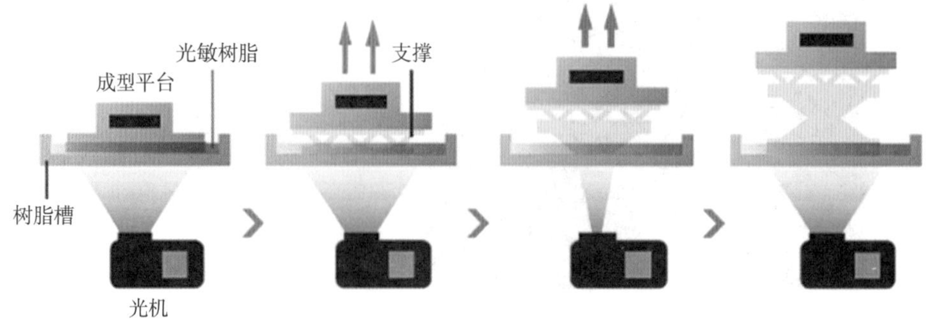

图 2-36　DLP 工艺过程

3. DLP 技术的优势与劣势

图 2-37　DLP 打印机 MoonRay-D

相比市面上的其他 3D 打印设备，DLP 设备由于其投影像素块（*XY* 分辨率精度）能够做到 50 μm 左右的尺寸，能够打印细节精度要求更高的产品，其加工件尺寸垂直精度可以达到 20~30 μm（即 *Z* 轴分辨率精度），如图 2-37 所示。面投影的特点也使其在加工同面积截面时更为高效。设备的投影机构多为集成化，使得层面固化成型功能模块更为小巧，因此设备整体尺寸更小。其成型的特点主要体现在以下几点：固化速率高（在 405 nm 光效率高）、低成本、高分辨率及高可靠性。

1）DLP 技术的优势

（1）高速的空间光调制器，显示速率高达 32 kHz。

（2）光效率高，微镜反射率达 88% 以上。

（3）窗口透射率大于 97%。

（4）微镜的光学效率不受温度影响。

2）DLP 技术的劣势

（1）需要设计支撑结构。

（2）树脂材料价格较高，成型后强度、刚度、耐热性有限，不利于长时间保存。

（3）由于是光敏树脂材料，温度过高会融化或变形，工作温度不能超过 100 ℃，固化后较脆，易断裂，加工性不好。

（4）成型件易吸湿膨胀，抗腐蚀能力不强。

4. DLP 成型技术分解

（1）设备结构。DLP 设备主要由光源投影机构、液槽成型机构、垂直升降机构（*Z* 轴）及机架组成。光源投影机构是成型系统中最重要的环节，目前市面上多数 DLP 设备主要以投射 405 nm 蓝紫光的光机作为光源，打印设备的其他结构则主要是以 DLP 光机为基础搭建的（图 2-38）。树脂槽设计需要充分考虑蓝紫光的透过性及成型面的剥离效果。*Z* 轴垂直升降机构较为简单，一般采用带驱动器的步进电机带动丝杠转动即可实现功能。打印系统的上位机软件被要求能够进行模型的切片成图处理，这样下位机软件就能够简易化实现切片的成型，DLP 设备架构如图 2-39 所示。

图 2-38　DLP 光机
资料来源：https://www.nanjixiong.com。

（2）光源投影硬件。目前市面上有提供现成 DLP 投影硬件的厂商，通常采用 DLP 系

列控制芯片，结合半导体光开关 DMD（数字微镜器件）组件实现 LED（发光二极管）光源投射效果，图 2–40 所示为 DLP 投影硬件电路组成原理图。通常，发光器件工作时发热较为严重，故 DLP 投影硬件的大部分区域为散热组件，硬件可以与不同镜头进行组合，并通过前期调节效果来固化镜头焦距，最终将该组件融合到设备内，构成 DLP 设备的能量源系统。

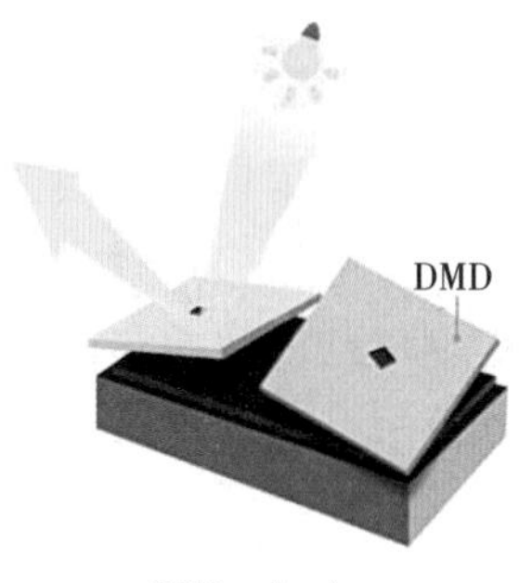

图 2–39　DLP 设备架构

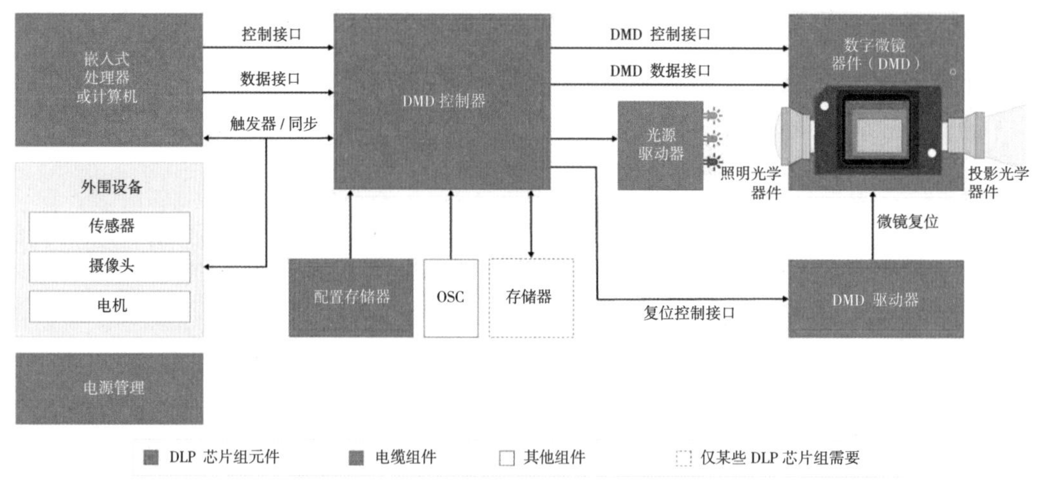

图 2–40　DLP 投影硬件电路组成原理图

半导体光开关 DMD 组件构成固化切片图形，如图 2–41 所示，每一个小镜片具备开、关两种模式，通过镜片的翻转来表示亮暗的绝对值。当前也有研究在分析一定程度的亮度对成型切片的影响以优化器边缘的台阶纹理。

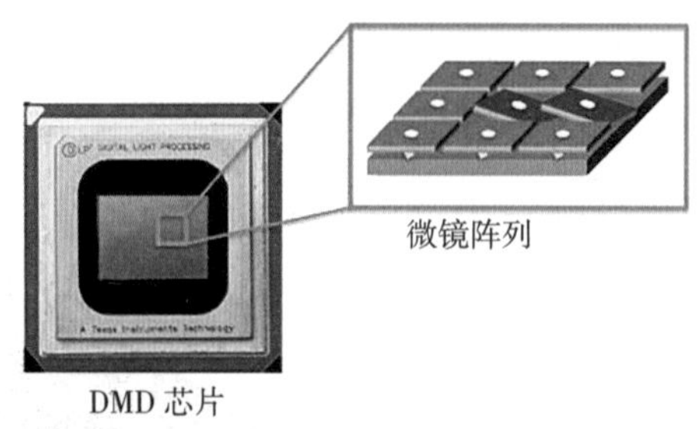

图 2–41　DMD 微型数字镜片组

（3）打印材料——光敏树脂。市面上 DLP 技术所采用的光敏树脂与 SLA 技术一致，主要成型紫外光波段为 405 nm。大部分材料都是以丙烯酸类为基材进行改性处理，配置出不同性能，如具备铸造性能、短时间耐高温、力学性能好的特点，并且根据需要选择合适的颜色配比，透明度也可以根据实际情况进行调整。

5. DLP 技术的市场应用

DLP 对于 3D 打印的需求主要体现在高精度、高表面质量，以及产品的适应性、加工效率、加工成本等方面。

（1）珠宝行业。DLP 技术已经广泛应用于珠宝行业，珠宝行业制造主要集中于广州番禺与深圳水贝，蜡模制造大多数都是使用喷蜡方式，国外进口设备及材料价格高昂、故障率高，大大限制了 3D 打印技术在该领域的应用。通过 DLP 技术实现珠宝首饰的快速成型如图 2–42 所示，其中虚线部分即可通过该技术进行替代。

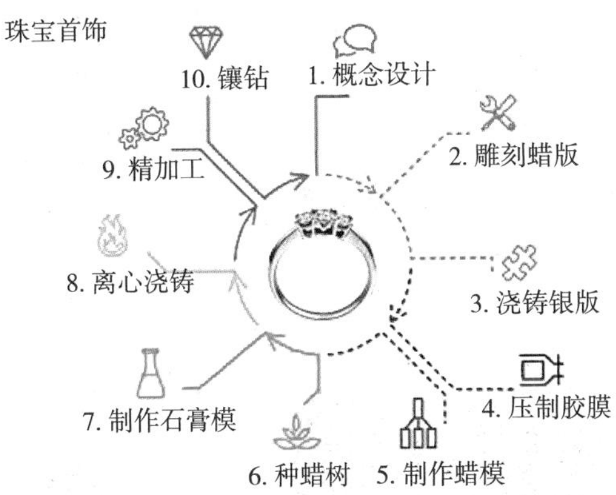

图 2–42　DLP 技术在珠宝行业中的应用流程

注：虚线部分可直接用 3D 打印取代。

3D 打印技术不仅使设计及生产变得更为高效、便捷，更重要的是数字化的制造过程使制造环节不再成为限制设计师发挥创意的瓶颈。

（2）牙科医疗。数字牙科是指借助计算机技术和数字设备辅助诊断，设计、治疗、信息追溯，如图 2–43 所示。

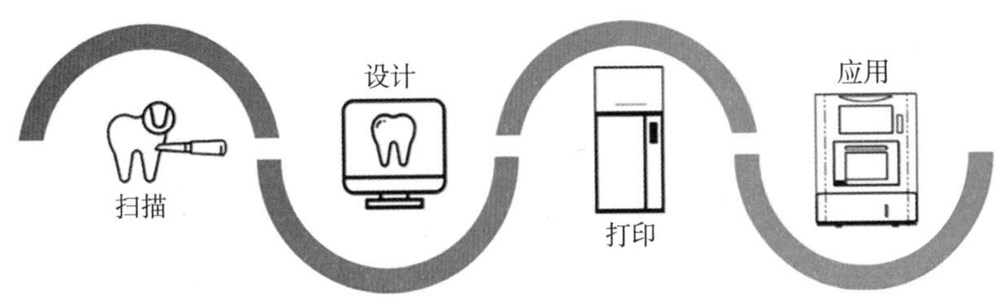

图 2–43　DLP 技术在牙科行业中的应用流程

通过三维扫描、CAD/CAM（计算机辅助制造）设计，牙科实验室可以准确、快速、高效地设计牙冠、牙桥、石膏模型和种植导板、矫正器等，将设计的数据通过 3D 打印技术直接制造出可铸造树脂模型，实现整个过程的数字化，3D 打印技术的应用，进一步简化了制造环节的工序，大大缩短了口腔修复的周期。

（3）其他行业。DLP 技术更多的应用可以与其他 3D 打印技术通用，如新产品的初始样板快速成型、精细零件样板，同时随着光敏树脂复合材料的不断丰富，如类 ABS、耐热树脂、陶瓷树脂等新材料的开发，越来越多的应用将会被引入 DLP 3D 打印技术中，图 2-44、图 2-45 所示为应用玩具、模型行业的案例。

图 2-44　高精度模型的 DLP 细节呈现

资料来源：https://www.nanjixiong.com。

图 2-45　用于展示的高精度模型

6. SLA 和 DLP 的区分

以下以桌面级设备进行详细对比。

（1）打印速度：DLP 优于 SLA。SLA 是通过激光扫描来固化材料的，属于点成型；而 DLP 则每一层都是一次性曝光的，属于面成型，故理论上打印一些部件 DLP 实现更短的打印时间，如图 2-46 所示。

（2）打印尺寸：两者均差不多。

（3）打印精度：DLP 优于 SLA。一般打印精度取决于 *XY* 平面光源像素点的密度。SLA 打印所采用的激光机器通常具有约 300 μm 的固定激光光斑尺寸，而 DLP 投影仪可定制打印一般为 50 μm 的像素大小，所以在打印精度方面 DLP 更胜一筹，如图 2-47 所示。

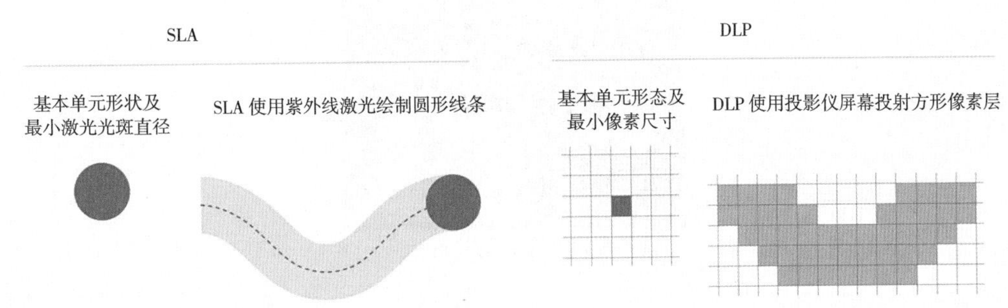

图 2–46　点成型与一次性曝光

（4）表面光洁度：SLA 优于 DLP。在表面光洁度方面，由于物体由 3D 打印中的层组成，3D 打印通常具有可见的水平层线，DLP 设备可以通过软件抗锯齿或像素移位来移除像素化，但会牺牲一定的打印精度。然而，因为 DLP 使用矩形体素渲染图像，所以也有垂直体素线的显现，随着切片层厚的降低而改善，如图 2–48 所示。

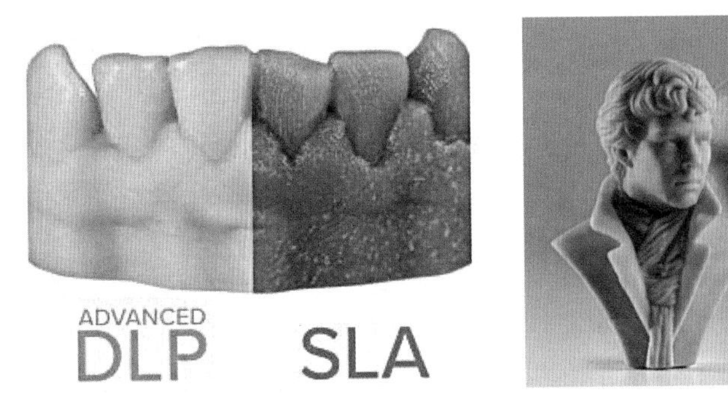

图 2–47　打印件分模精度对比
资料来源：https://v1-3d.com。

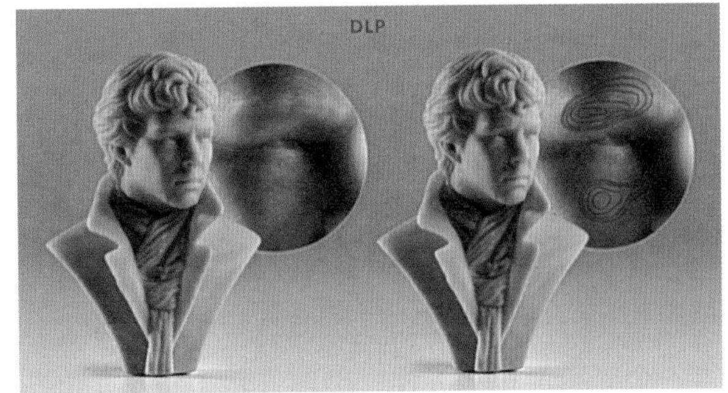

图 2–48　打印件表面光洁度对比
资料来源：https://v1-3d.com。

另外，DLP 技术完全开源，所有技术细节免费共享，开源和创客运动能帮助该技术向更高质量及更低成本发展。

（三）LCD 技术

1. LCD 技术介绍

液晶显示成型 UV（紫外线）LED 光源通过聚光镜，均分布光源，通过由微型计算机及显示屏驱动电路驱动，计算机程序提供图像信号，LCD 液晶屏控制透光区域，投影掩膜图案至打印料槽底部，光敏树脂受到 UV 光照射发生光聚合化学反应，固化成型在打印平台，Z 轴移动，重复固化每一层直至打印完成整个模型，如图 2–49 所示。

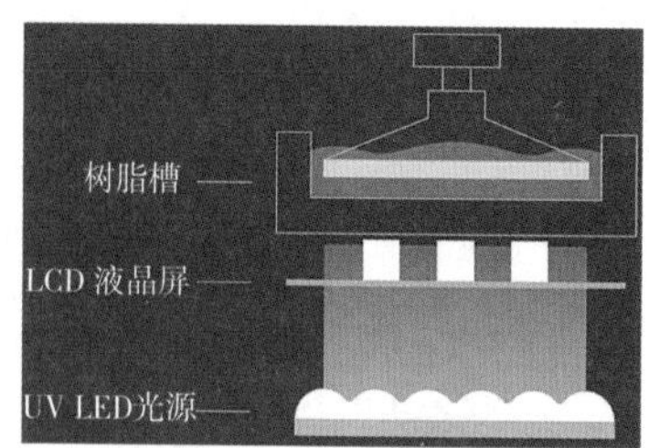

图 2-49　LCD 打印机结构

2. LCD 技术的优势

（1）价格便宜。消费级 LCD 3D 打印机价格便宜，低至 2 000 元以下。

（2）打印精度高。*XY* 分辨率可达 28.5 μm。

（3）结构简单。无投影光机或激光振镜，易于维修和组装。

（4）成型速度快。面曝光 LCD 技术，打印效率提升。

（5）材料丰富。光敏树脂种类丰富、类型齐全。

3. LCD 技术的劣势

（1）液晶屏受到 UV LED 高温烘烤，寿命短，属于易耗品。

（2）打印树脂工程性能差，不耐高温，易开裂。

（3）树脂带微毒性，打印易挥发。

（4）后处理操作相对比较麻烦，需要清洗及后固化。

4. LCD 技术的市场应用

LCD 3D 打印机（图 2-50、图 2-51）主要应用于手办模型行业，其较大的打印成型面积、较高的精度、较快的打印速度及相对便宜的市场价格，对于模型手办又能获得一个光滑的模型表面，迅速占领了整个手办模型的加工行业，包含各类个人模型手办制作爱好者。其他对于精度要求不高的光固化 3D 打印应用领域也可胜任，毕竟价格低了，大家都有动力，如珠宝、齿科、医疗器械、工业夹具、电子产品外壳等。

图 2-50　LCD 打印的头雕
资料来源：https://v1-3d.com。

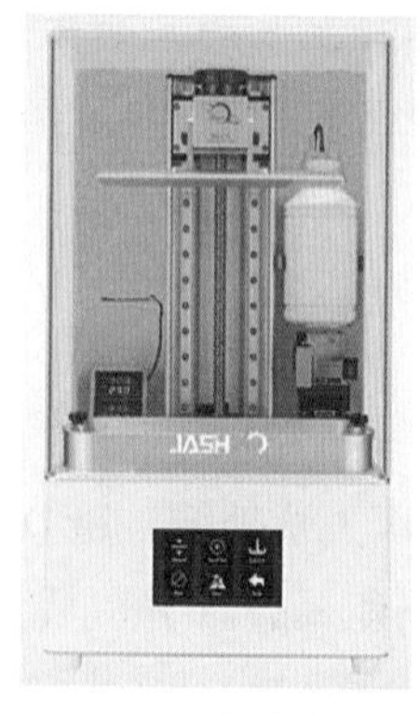

图 2-51　LCD 3D 打印机 Pegasus 8k
资料来源：https://www.youtube.com。

相关视频

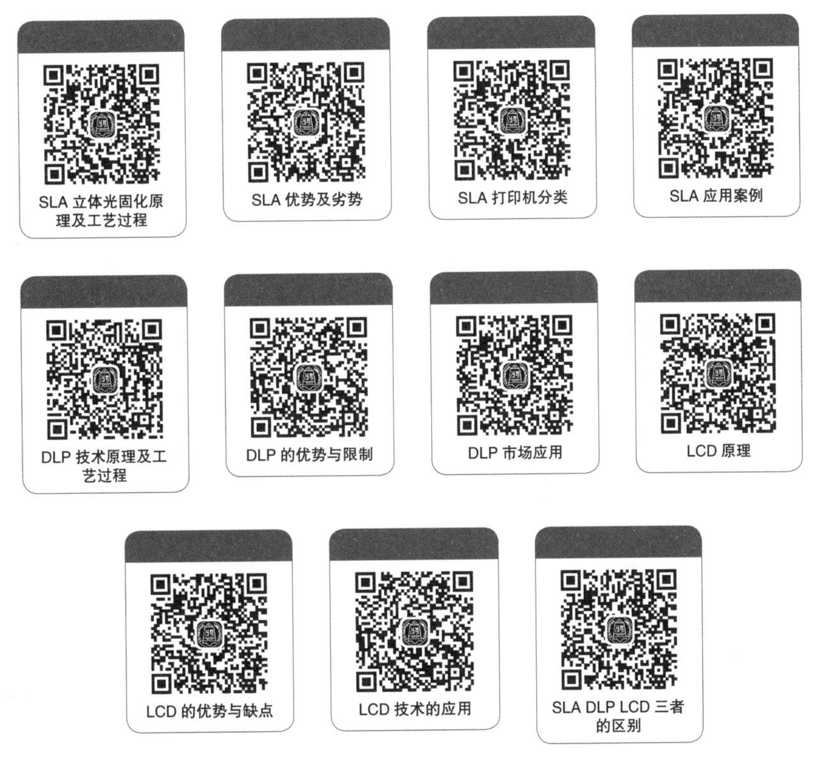

三、选择性激光烧结（SLS）

（一）SLS 技术简介

选择性激光烧结，主要是利用粉末材料在激光照射下高温烧结的基本原理，通过计算机控制光源定位装置实现精确定位，然后逐层烧结堆积成型。SLS 3D 打印技术最初由美国得克萨斯大学的德卡德提出，并于 1989 年研制成功。凭借这一核心技术，他组建了 DTM 公司，直到 2001 年被 3D Systems 公司完整收购。几十年来，得克萨斯大学的 DTM 公司的科研人员在 SLS 领域做了大量的研究工作，并在设备研制、工艺和材料研发上取得了丰硕的成果。

国内方面，已有多家单位开展了对 SLS 的相关研究工作，如华中科技大学、南京航空航天大学、西北工业大学以及北京和湖南的 3D 打印企业，取得了许多重大成果。SLS 的主要特点如表 2-2 所示。

表 2-2　SLS 的主要特点

材料	热塑性塑料（通常是尼龙）
尺寸精度	± 0.3%（下限 ± 0.3 mm）
典型构建尺寸	300 mm × 300 mm × 300 mm（最大 750 mm × 550 mm × 550 mm）
常用层厚	100~120 μm
支撑	不需要

（二）SLS 技术的打印过程

SLS 技术的打印过程都是基于粉末床进行的，利用激光烧结粉末，如图 2-52 所示。

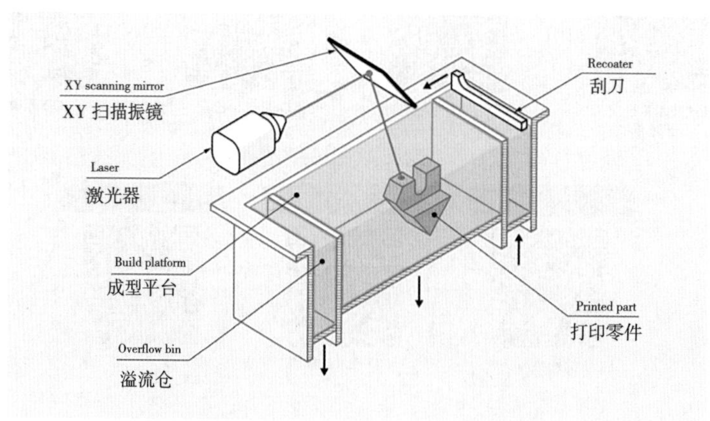

图 2-52　SLS 成型工艺原理图

（1）粉末仓和构建区域首先被加热到刚好低于聚合物的熔化温度。

（2）刮刀在构建平台上散布一层薄薄的粉末。

（3）CO_2 激光扫描打印模型切片截面的轮廓，并选择性地烧结（熔合在一起）聚合物粉末的颗粒。

（4）当一层完成时，构建平台向下移动，刮刀重新涂布覆盖表面。然后重复该过程，直到整个部分完成。

（5）打印后，零件完全封装在未烧结的粉末中。在拆开零件之前，粉末仓必须冷却，这可能需要相当长的时间，有时长达 12 h。

（6）用压缩空气或其他喷砂介质对零件进行清洁，即可使用或进一步后处理。

（三）SLS 技术的后处理工艺

SLS 3D 打印生产的零件具有易染色的粉状、颗粒状表面光洁度。SLS 打印部件的

外观可以通过各种后处理方法（如介质抛光、染色、喷漆和上漆）提到非常高的标准。它们的功能也可以通过应用防水涂层或金属镀层来增强。

（四）SLS 技术的优势

（1）可使用材料广泛。可使用材料包括尼龙、聚苯乙烯等聚合物，以及陶瓷、覆膜砂等。

（2）成型效率高。由于 SLS 技术并不完全熔化粉末，而仅是将其烧结，因此制造速度快，非常适合中小批量生产。

（3）材料利用率高。未烧结的材料可重复使用，材料浪费少，成本较低。

（4）无须支撑。由于未烧结的粉末可以对模型的空腔和悬臂部分起支撑作用，不必像 FDM 和 SLA 工艺那样另外设计支撑结构，因此可用于创建任何其他方法无法制造的自由几何形状。

（5）应用面广。由于成型材料的多样化，可以选用不同的成型材料制作不同用途的烧结件，可用于制造原型设计模型、模具母模、精铸熔模、铸造型壳和型芯等。

（6）层间结合力强。打印部件具有几乎各向同性的机械性能。

（五）SLS 技术的劣势

（1）制造和维护成本高。使用了大功率激光器，除了本身的设备成本，还需要很多辅助保护工艺，整体技术难度大。

（2）成型零件表面粗糙。由于原材料是粉状的，原型建造是由材料粉层经过加热熔化实现逐层黏结的。具有颗粒状表面光洁度和内部孔隙，因而表面质量不高。如果需要光滑的表面或水密性，则可能需要后处理。

（3）加工时间长。加工前，要有 2 h 的预热时间；零件构建后，要花 5~10 h 冷却，才能从粉末缸中取出。

（4）容易收缩和翘曲。随着新烧结层的冷却，其尺寸减小并且内部应力增加，将下面的层向上拉。SLS 的典型收缩率为 3%~3.5%，可对尺寸进行补偿设计。

（5）容易过度烧结。当辐射热将未烧结的粉末熔化在特征周围时，就会发生过度烧结。这可能会导致小特征（如槽和孔）的细节丢失。

（六）SLS 技术的粉末材料

从理论上来说，任何加热后能够形成原子间黏结的粉末材料都可以被用来作为 SLS 的成型材料，目前，已可成熟运用于 SLS 设备打印的材料主要有石蜡、尼龙、陶瓷粉末和它们的复合材料。

1. 高分子材料

在高分子材料中，经常使用的材料包括聚碳酸酯、聚苯乙烯粉（PS）、ABS、尼龙、尼龙与玻璃纤维的混合物、蜡等。高分子材料具有较低的成型温度，烧结所需的激光功率小，熔融黏度较高，没有金属粉末烧结时较难克服的“球化”效应，因此，高分子粉末是目前应用最多也是最成功的 SLS 材料。

最广泛使用的 SLS 材料是聚酰胺 12（PA 12），也称为尼龙 12。尼龙材料具有强度高、耐磨性好、易于加工等优点。聚酰胺粉末可以填充各种添加剂（碳纤维、玻璃纤维或铝等），以改善生产的 SLS 零件的机械性能、耐磨性能、尺寸稳定性能和抗热变形性能。但填充有添加剂的材料通常更脆，并且具有高度的各向异性行为。高分子材料打印的工业制件如图 2-53、图 2-54 所示。

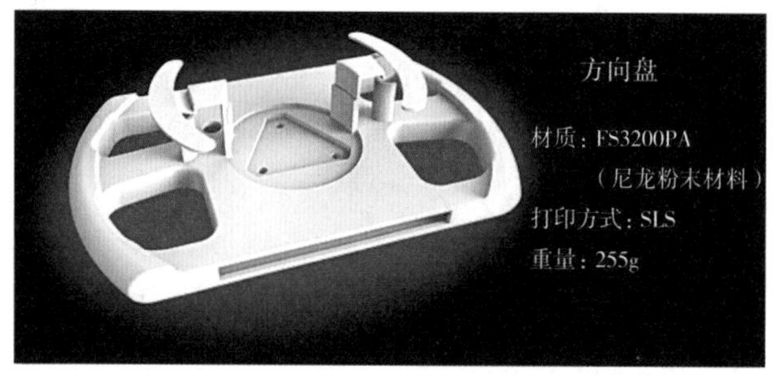

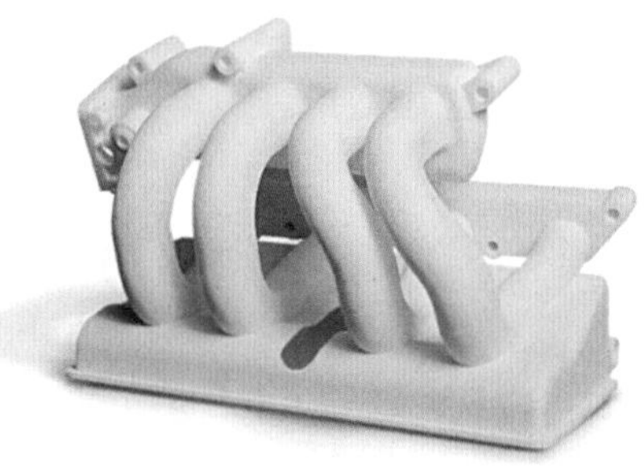

图 2-53　SLS 尼龙粉末打印的工业制件

图 2-54　CastForm（聚苯乙烯粉末）材料打印的工业制件

资料来源：https://nanjixiong.com。

2. 陶瓷粉末

与金属合成材料相比，陶瓷粉末材料有更高的硬度和更高的工作温度，也可用于复制高温模具。由于陶瓷粉末的熔点很高，所以在采用 SLS 工艺烧结陶瓷粉末时，需要在陶瓷粉末中加入低熔点的黏合剂。激光烧结时首先将黏合剂熔化，然后通过熔化的黏合剂将陶瓷粉末黏结起来成型，最后通过后处理来提高陶瓷零件的性能，如图 2-55 所示。

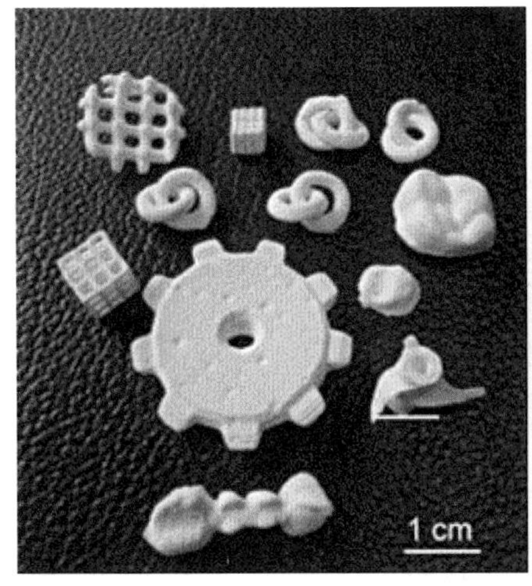

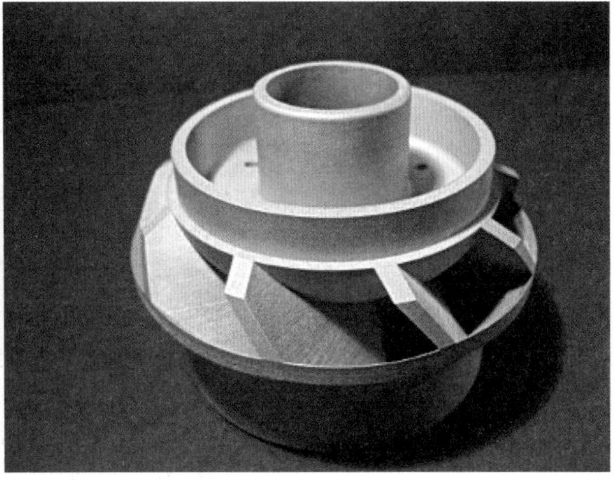

图 2–55　SLS 激光烧结制成的陶瓷制件

资料来源：https://nanjixiong.com。

目前所用的纯陶瓷粉末原料主要有 Al_2O_3 和 SiC，而黏结剂有无机黏结剂、有机黏结剂和金属黏结剂三种。由于工艺过程中铺粉层的原始密度低，因而制件密度也低，故多用于铸造型壳的制造。

（七）SLS 的应用领域

（1）快速原型制造。SLS 工艺能够快速制造模型，从而缩短从设计到看到成品的时间，可以使客户更加快速、直观地看到最终产品的原型。

（2）新型材料的制备及研发。采用 SLS 工艺可以研制一些新兴的粉末颗粒，以加强复合材料的强度。

（3）小批量、特殊零件的制造加工。当遇到一些小批量、特殊零件的制造需求时，利用传统方法制造往往成本较高，而利用 SLS 工艺可以快速、有效地解决这个问题，从而降低成本。

（4）快速模具和工具制造。目前，随着工艺水平的提高，SLS 制造的部分零件可以直接作为模具使用。

（5）逆向工程（reverse engineering，RE）。利用三维扫描工艺等技术，可以利用 SLS 工艺在没有图纸和 CAD 模型的条件下按照原有零件进行加工，根据最终零件构造成原型的 CAD 模型，从而实现逆向工程应用。

（6）在医学上的应用。由于 SLS 工艺制造的零件具有一定的孔隙率，因此可以用于人工骨骼制造，已经有临床研究证明，这种人工骨骼的生物相容性较好。

相关视频

SLS- 影响最深远的 3D 打印技术

SLS 技术原理及工作流程

SLS 的优势与局限

四、黏结剂喷射（BJ）

（一）BJ 技术简介

黏结剂喷射，从工作方式来看，与传统二维喷墨打印最接近。与 SLS 工艺一样，BJ 也是通过将粉末黏结成整体来制作零部件，不同之处在于，它不是通过激光熔融的方式黏结，而是通过喷头喷出的黏结剂。黏合剂喷射是一系列增材制造工艺。在黏合剂喷射中，黏合剂选择性地沉积在粉末床上，将这些区域黏合在一起，一次一层地形成固体部件（图 2–56）。黏合剂喷射常用的材料是颗粒状的金属、沙子和陶瓷。

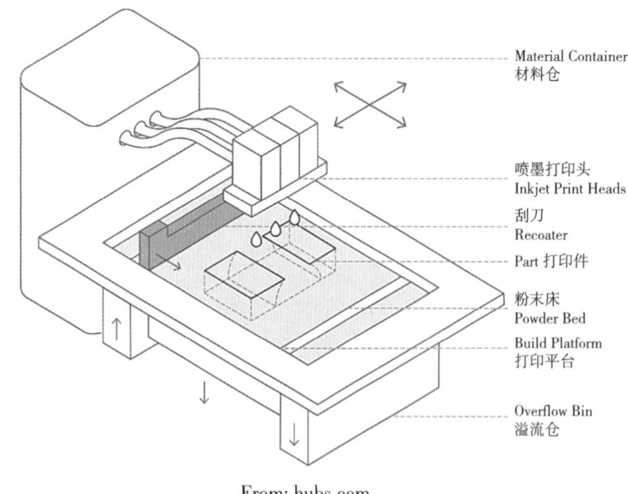

From: hubs.com

图 2–56　黏合剂喷射 3D 打印机的示意图

BJ 技术是美国麻省理工学院赛琪等人开发的。BJ 技术改变了传统的零件设计模式，真正实现了由概念设计向模型设计的转变。BJ 技术的特征如表 2–3 所示。

表 2-3　BJ 的主要特点总结

材料	金属、陶瓷（砂）
尺寸精度	金属：± 2% 或 0.2 mm（低至 ± 0.5% 或 ± 0.05 mm） 全彩：± 0.3 mm 砂型：± 0.3 mm
典型构建尺寸	金属：400 mm × 250 mm × 250 mm（最高 800 mm × 500 mm × 400 mm） 全彩：200 mm × 250 mm × 200 mm（最高 500 mm × 380 mm × 230 mm） 砂型：800 mm × 500 mm × 400 mm（最高 2 200 mm × 1 200 mm × 600 mm）
常用层厚	金属：35~50 μm 全彩：100 μm 砂型：200~400 μm
支撑	不需要

美国 Z Corporation 与日本 RIKEN Institute 于 2000 年研制出基于喷墨打印技术的、能够做出彩色原型件的三维打印机。该公司生产的 Z400、Z406 及 Z810 打印机是采用 MIT 发明的基于喷射黏结剂黏结粉末工艺的 BJ 设备。

2000 年年底，以色列的 Object Geometries 公司推出了基于结合 3D Ink-Jet 与光固化工艺的三维打印机 Quadra。美国 3D Systems、荷兰 TNO 以及德国 BMT 公司等都生产出自己研制的 BJ 设备。

黏结剂喷射用于各种应用，包括制造全彩原型（如小雕像）、生产大型砂型铸造型芯和模具以及制造低成本 3D 打印金属零件。

（二）BJ 技术的工艺过程

（1）刮刀在构建平台上涂抹一层薄薄的粉末。

（2）带有喷墨喷嘴（类似于桌面 2D 打印机中使用的喷嘴）的托架通过喷射黏合剂（胶水）液滴，选择性地沉积将粉末颗粒黏合在一起的。在全彩黏合剂喷射中，彩色墨水也在此步骤中沉积。每个液滴的直径约为 80 μm，因此可以实现良好的分辨率。

（3）首层完成后，构建平台向下移动，刮刀重新覆盖表面。然后重复该过程，直到整个部分完成。

（4）打印后，零件被封装在粉末中，固化并获得强度。然后将零件从粉末箱中取出，并通过压缩空气清洁未结合的多余粉末。

（5）根据材料的不同，通常需要后处理步骤。例如，金属黏合剂喷射部件需要烧结（或以其他方式热处理）或用低熔点金属（通常是青铜）渗透。全彩原型还渗入亚克力胶水并进行涂层处理，以提升色彩的活力。砂型铸造型芯和模具通常在 3D 打印后立即使用。这是因为零件在离开打印机时处于“生坯”状态。处于生坯状态的黏合剂喷射部件机械性能差（它们非常脆）和高孔隙率，如图 2–57 所示。

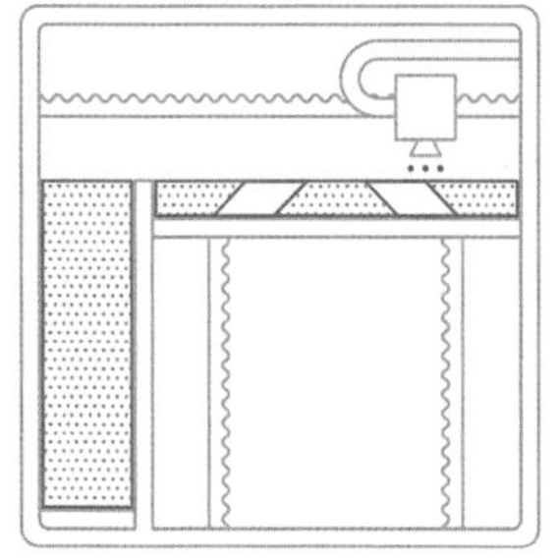
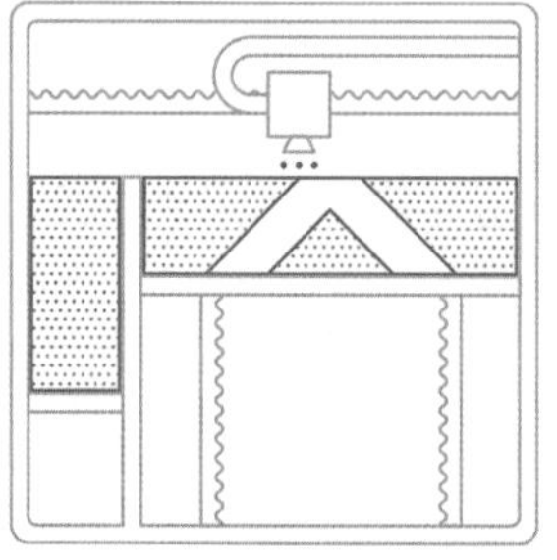
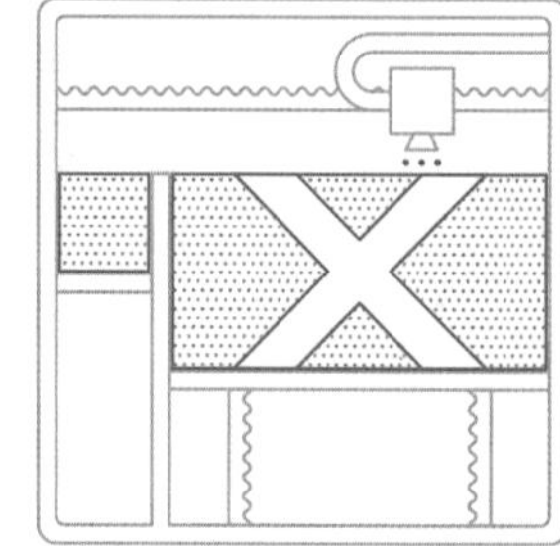

图 2–57　黏合剂喷射工艺

（三）BJ 技术材料

理论上讲，任何可以制作成粉末状的材料都可以用 BJ 工艺成型，材料选择范围很广。目前，此技术发展的最大阻碍就在于成型所需的材料，主要包括粉末和黏结剂两部分。零件的最终应用决定了最合适的粉末。陶瓷粉末的成本通常很低。金属粉末比 DMLS/SLM 材料更昂贵，但更经济。与 SLS 3D 打印工艺不同，100% 未黏合的粉末可以回收利用，从而节省更多材料，如表 2–4 所示。

表 2–4　BJ 打印的粉末材料及特征

材料	特征
全彩砂岩	全彩非功能机型 很脆
硅砂	非常高的热阻 非常适合砂型铸造应用
不锈钢（渗铜）	良好的机械性能 可加工 10% 内部孔隙率
不锈钢（烧结）	非常好的机械性能 高耐腐蚀性 内部孔隙率
铬镍铁合金（烧结）	优异的机械性能 耐温性好 高耐化学性
碳化钨（烧结）	非常高的硬度 用于生产切削工具

（四）BJ 技术的优势

（1）可选择的材料种类很多，开发新材料的过程相对简单。由于 BJ 的成型过程主要依靠黏合剂和粉末之间的黏合，因此众多材料都可以被黏合剂黏成型。

（2）适合处理一些使用激光或电子束烧结（或熔融）有难度的材料。例如，一些材料有很强的表面反射性，所以很难吸收激光能量或对激光波长有严格的要求；再如一些材料导热性极强，很难控制熔融区域的形成，会明显影响成品的质量。

（3）成型过程中不会产生任何残余应力，因为不会熔化粉末而是可完全通过粉床来支撑悬空结构而无须任何额外的支撑结构，也不需要在打印过程中将整个零件固定在粉末底部的基座上（与 SLS 类似），所以在结构设计上具备更大的自由度，打印完成后也无须去除支撑这一步。

（4）黏合剂喷射可以制造非常大的零件和复杂的金属几何形状，因为它不受任何热效应（如翘曲）的限制。

（5）设备成本相对低廉。比起动辄百万美元级的金属 3D 打印机，ExOne 的打印机售价则低很多。

（6）适合中小批量生产。

（五）BJ 技术的劣势

（1）直接制造金属或陶瓷材料密度低（孔隙率高）。与金属喷射铸模或挤压成型等粉末冶金工艺相比，BJ 成型的初始密度较低，最终产品经过烧结后密度也很难达到 100%。但借助后处理，很多金属还是可以达到 100% 密度的。由于孔隙率较高，金属黏合剂喷射零件的机械性能低于 DMLS/SLM 零件。

（2）BJ 先成型再烧结的过程烦琐，流程耗时较长。

（3）BJ 只能打印粗略的细节，因为这些零件在生坯状态下非常脆，并且在后处理过程中可能会断裂。

（4）材料有限。与其他 3D 打印工艺相比，BJ 提供的材料选择有限。

（六）BJ 技术种类

1. 全彩黏合剂喷射

BJ 由于成本低廉，通常用于 3D 打印小雕像和地形图。

全彩模型使用砂岩粉末或 PMMA（聚甲基丙烯酸甲酯）粉末打印。图 2-58 为砂岩粉末打印的全彩零件，主打印头首先喷射黏合剂，而辅助打印头喷射彩色墨水。可以将不同颜色的墨水组合起来产生非常大的颜色阵列，类似于 2D 喷墨打印机。

打印后，部件会涂上氰基丙烯酸酯（强力胶）或不同的浸润剂，以提升部件强度并增强颜色的活力。也可以添加第二层环氧树脂以进一步提升强度和颜色外观。即使有这些额外的步骤，全彩黏合剂喷射部件也很脆，不推荐用于功能性应用。

要制作全彩色打印件，必须提供包含颜色信息的 CAD 模型。可以通过两种方法将颜色应用于 CAD 模型：基于每个面和作为纹理贴图。为每个面应用颜色既快速又容易实现，但使用纹理贴图可以实现更多控制和更多细节。

2. 砂型铸造型芯和模具

大型砂型铸造模型的生产是黏结剂喷射最常见的用途之一。该工艺的低成本和速度使其成为使用传统技术很难或不可能生产的精细图案设计的绝佳解决方案。

砂型铸造型芯和模具通常用沙子或二氧化硅印刷。打印后，模具通常可以立即进行铸造。铸造的金属部件通常在铸造后通过打破模具从中取出。尽管这些模具只使用一次，但与传统制造相比，时间和成本节省是可观的，如图 2–59 所示。

图 2–58　黏合剂喷射在砂岩中打印全彩零件

图 2–59　k 涡轮机外壳砂模铸造成型

3. 金属黏合剂喷射

金属黏合剂喷射比其他金属 3D 打印工艺（DMLS/SLM）的经济性高 10 倍。此外，BJ 的构建尺寸相当大，并且生产的零件在打印过程中不需要支撑结构，从而可以创建复杂的几何形状。这使得金属黏合剂喷射成为中低金属生产非常有吸引力的技术。

金属黏合剂喷射零件的主要缺点是它们的机械性能不适合高端应用。尽管如此，所生产的零件的材料性能与金属注塑成型生产的金属零件相当，金属注塑成型是金属零件大批量生产最广泛使用的制造方法之一。

金属黏合剂喷射部件需要在打印后进行二次加工，如渗透或烧结，以实现其良好的机械性能，因为打印后的部件基本上由金属颗粒与聚合物黏合剂黏合在一起。

（1）渗透。打印后，将零件放入熔炉中，其中黏合剂被烧掉，留下空隙。此时，零件的孔隙率约为 60%。然后使用青铜通过毛细作用渗入空隙，从而产生具有低孔隙率和良好强度的零件，如图 2–60 所示。

（2）烧结。打印完成后，将零件放入高温炉中，其中黏合剂被烧掉，剩余的金属颗粒烧结（黏合）在一起，导致零件孔隙率非常低。

图 2–60　电机定子不锈钢打印渗入青铜

金属黏合剂喷射的精度和公差可能会因模型而有很大差异，并且很难预测，因为它们在很大程度上取决于几何形状。例如，长度达 25~75 mm 的零件在渗透后会收缩 0.8%~2%，而较大的零件估计平均收缩率为 3%。对于烧结，零件收缩率约为 20%。零件的尺寸由机器的软件补偿收缩，但不均匀收缩可能是一个问题，必须在设计阶段与 BJ 机器操作员合作解决。

后处理步骤也可能是不准确的根源。例如，在烧结过程中，零件被加热到高温并变得更软。在这种较软的状态下，不受支撑的区域可能会在自身重量下变形。此外，由于零件在烧结过程中收缩，炉板与零件下表面之间存在摩擦，这可能导致翘曲。同样，与黏合剂喷射机操作员的沟通是确保最佳结果的关键。

烧结或渗透 BJ 金属部件将具有内部孔隙（烧结产生 97% 的致密部件，而渗透率约为 90%）。这会影响金属黏合剂喷射部件的机械性能，因为空隙会导致裂纹萌生。疲劳和断裂强度以及断裂伸长率是受内部孔隙率影响最大的材料特性。先进的冶金工艺 [如热等静压（HIP）] 可用于生产几乎没有内部孔隙的零件。但是，对于机械性能至关重要的应用，DMLS/SLM 是推荐的解决方案。

与 DMLS/SLM 相比，金属黏合剂喷射的一个优势是所生产零件的表面粗糙度。通常，金属 BJ 零件在后处理后的表面粗糙度为 *Ra* 6 μm，如果采用喷珠步骤，则可以将其降低到 *Ra* 3 μm。相比之下，DMLS/SLM 零件的印刷表面粗糙度为 *Ra* 12~16 μm。这对于具有内部几何形状的零件特别有利，例如内部通道，后处理困难。

BJ 与 DMLS/SLM 打印的不锈钢零件主机械性能对比见表 2–5。

表 2–5　BJ 与 DMLS/SLM 打印的不锈钢零件主机械性能对比

项目	BJ 不锈钢 316（烧结）	BJ 不锈钢 316（青铜渗入）	DMLS/SLM 不锈钢 316L
屈服强度 /MPa	214	283	470
断裂伸长率 /%	34	14.5	40
弹性模量 /Pa	165	135	180

（七）BJ 技术的技巧与提示

（1）选择金属 BJ 以低成本 3D 打印金属零件，尤其适于对性能要求不高的应用。

（2）对于金属 3D 打印部件，BJ 提供比 DMLS/SLM 更大的设计自由度，因为在制造过程中，热效应不是问题。

（3）全彩黏合剂喷射零件非常脆，仅适用于视觉目的。

（4）使用黏结剂喷射生产非常大的砂型铸造型芯和模具。

相关视频

五、材料喷射（MJ）

（一）MJ 技术简介

材料喷射是一种增材制造工艺，其运行方式与 2D 打印机类似。在材料喷射中，打印头（类似于用于标准喷墨打印的打印头）分配在 UV 光下固化的感光材料液滴，逐层构建部件。MJ 中使用的材料是液态的热固性光聚合物（丙烯酸树脂）。

MJ 3D 打印制造具有非常光滑的表面光洁度的高尺寸精度零件。MJ 提供多材料打印和多种材料（如类 ABS、类橡胶和全透明材料）。这些特性使 MJ 成为视觉原型和工具制造的一个非常有吸引力的选择。

与大多数其他 3D 打印技术不同，MJ 以逐行方式沉积材料。多个喷墨打印头并排连接到同一个载体上，并在一次通过中将材料沉积在整个打印表面上。这允许不同的喷头点胶不同的材料，因此多材料印刷、全彩印刷和可溶解支撑结构的点胶是简单且广泛使用的。

MJ 3D 打印机的主要组件是打印头、紫外线光源、构建平台和材料容器。打印头和光源沿着相同的 X 轴托架悬挂，如图 2-61 所示。

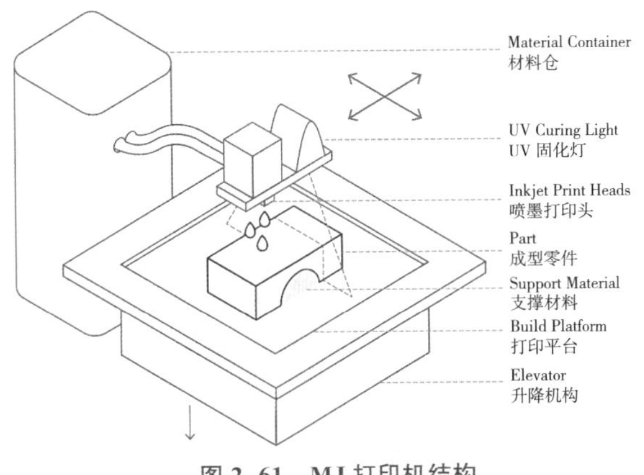

图 2-61　MJ 打印机结构

（二）MJ 技术的工艺流程

（1）将液态树脂加热到 30~60 ℃，以达到最佳的打印黏度。

（2）打印头在构建平台上移动，数百个光敏聚合物微小液滴被喷射 / 沉积到所需位置。

（3）连接到打印头的紫外线光源固化沉积的材料，使其固化并形成零件的第一层。

（4）首层完成后，构建平台向下移动一层高度，并重复该过程，直到整个部分完成，如图 2-62 所示。

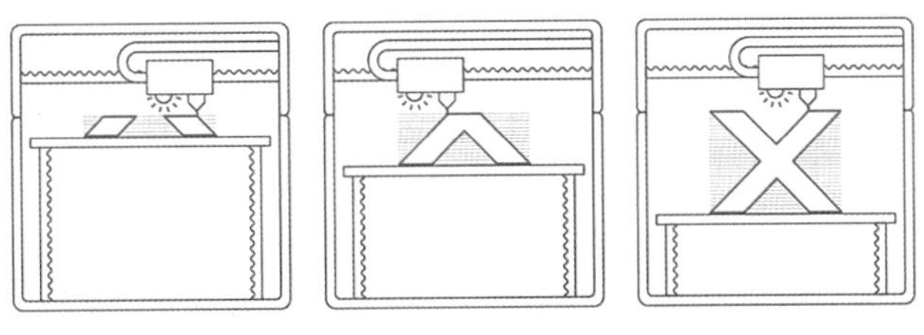

图 2-62　MJ 打印流程

（三）MJ 技术的优势

（1）材料喷射可以生产表面可与注塑成型相媲美且尺寸精度非常高的光滑零件。

（2）使用材料喷射创建的零件具有均匀的机械和热性能。

（3）MJ 的多材料功能可以创建准确的视觉和触觉原型。

（四）MJ 技术的劣势

（1）材料喷射部件主要适用于非功能性原型，因为它们的机械性能较差（断裂伸长率低）。

（2）MJ 具有感光性，并且它们的机械性能会随着时间的推移而降低。

（3）该技术的高成本可能使材料喷射在某些应用中经济上不可行。

相关视频

MJ 材料喷射的技术原理及工艺流程

MJ 材料喷射的优点与缺点

六、选择性激光熔化（SLM）

（一）SLM 技术简介

选择性激光熔化技术由德国 Froounholfer 研究院于 1995 年首次提出，SLM 是利用金属粉末在激光束的热作用下完全熔化、经冷却凝固而成型的一种技术。为了完全熔化金属粉末，要求激光能量密度超过 106 W/cm^2，在高激光能量密度作用下，金属粉末完全熔化，经散热冷却后可实现与固体金属冶金焊合成型，如图 2-63 所示。

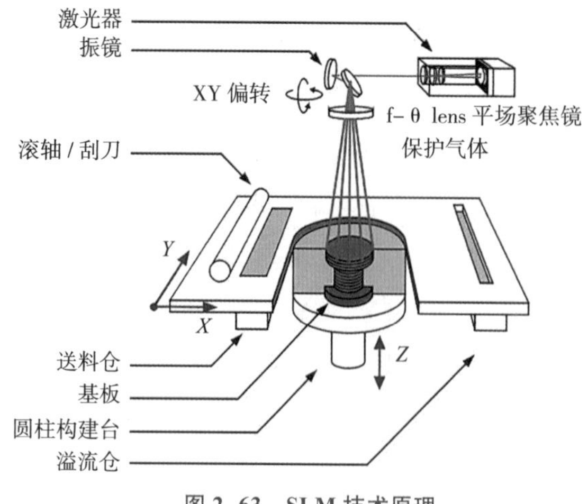

图 2-63　SLM 技术原理

资料来源：https://am-material.com。

（二）SLM 技术的工艺流程

根据成型件三维 CAD 模型的分层切片信息，扫描系统（振镜）控制激光束作用于待成型区域内的粉末。一层扫描完毕后，活塞缸内的活塞会下降一个层厚的距离；接着送粉系统输送一定量的粉末，铺粉系统的辊子铺展一层厚的粉末沉积于已成型层之上。然后，重复上述两个成型过程，直至所有三维 CAD 模型的切片层扫描完毕。这样，三维 CAD 模型通过逐层累积方式直接成型金属零件。最后，活塞上推，从成型装备中取出零件。至此，SLM 金属粉末直接成型金属零件的全部过程结束（图 2-64）。

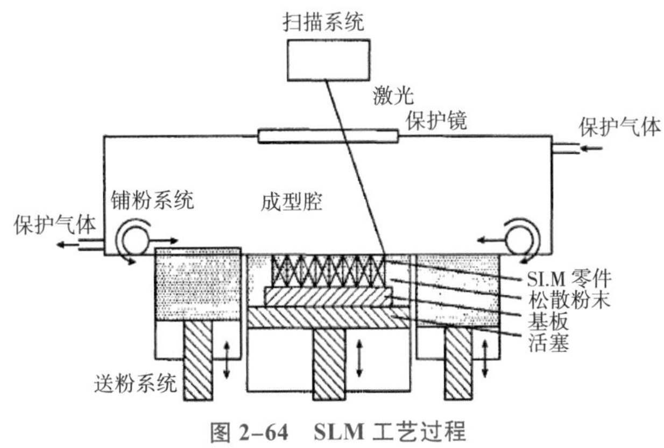

图 2-64　SLM 工艺过程

（三）SLM 技术与 SLS 技术的区别

SLM 工作原理与 SLS 相似，区别在于，SLM 使用金属粉末代替 SLS 中的高分子聚合物作为黏合剂，一步直接形成多孔性低的成品，也不像 SLS 技术中需要渗透。SLS 是选择性激光烧结，所用的金属材料是经过处理的与低熔点金属或者高分子材料的混合粉末，在加工的过程中低熔点的材料熔化但高熔点的金属粉末是不熔化的，利用被熔化的材料实现黏结成型，黏合以后通过在熔炉加热聚合物蒸发形成多孔的实体，最后通过渗透低熔点的金属提高密度，减小多孔性。所以实体存在孔隙，力学性能差，要使用还需经过高温重熔，如图 2-65 所示。

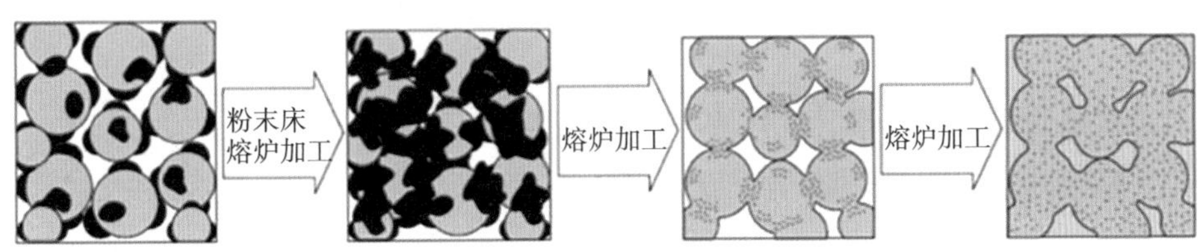

图 2-65　SLS 制造金属工艺

资料来源：https://am-material.com。

SLM 是选择性激光熔化，顾名思义也就是在加工的过程中用激光使粉体完全熔化，不需要黏结剂，成型的精度和力学性能都比 SLS 要好，用它能直接成型出接近完全致密度的金属零件。SLM 技术克服了选择性激光烧结技术制造金属零件工艺过程复杂的困难。

（四）SLM 技术的材料

（1）混合粉末。混合粉末由一定比例的不同粉末混合而成。现有的研究表明，利用 SLM 成型的构件机械性能受致密度、成型均匀度的影响，而目前混合粉末的致密度还有待提高。

（2）预合金粉末。根据成分不同，可以将预合金粉末分为镍基、钴基、钛基、铁基、钨基、铜基等。研究表明，预合金粉末材料制造的构件致密度可以超过 95%。

（3）单质金属粉末。一般单质金属粉末主要为金属钛，其成型性较好，致密度可达到 98%。

（五）SLM 技术的优势

（1）能将 CAD 模型直接制成终端金属产品，只需要简单的后处理或表面处理工艺。

（2）适合各种复杂形状的工件，尤其适合内部有复杂异型结构（如空腔、三维网格）、用传统机械加工方法无法制造的复杂工件。

（3）能得到具有非平衡态过饱和固溶体及均匀细小金相组织的实体，致密度超过 99%，SLM 零件机械性能与锻造工艺所得相当。

（4）使用具有高功率密度的激光器，以光斑很小的激光束加工金属，使加工出来的金属零件具有很高的尺寸精度（达 0.1 mm）以及很好的表面粗糙度值（Ra=30~50 μm）。

（5）由于激光光斑直径很小，因此能以较低的功率熔化高熔点金属，使用单一成分的金属粉末来制造零件成为可能，而且可供选用的金属粉末种类也大大拓展了。

（6）能采用钛粉、镍基高温合金粉加工解决在航空航天中应用广泛的、组织均匀的高温合金零件复杂件加工难的问题；还能解决生物医学上组分连续变化的梯度功能材料的加工问题。

（六）SLM 技术的劣势

（1）SLM 设备十分昂贵，工作效率低。

（2）精度和表面质量有限，可通过后期加工提高。

（3）大工作台范围内的预热温度场难以控制，工艺软件不完善，制件翘曲变形大，因而无法直接制作大尺寸零件。

SLM 技术工艺较复杂，需要加支撑结构。其主要作用是承接下一层未成型粉末层，防止激光扫描到过厚的金属粉末层，发生塌陷；成型过程中粉末受热熔化冷却后，内部存在收缩应力，导致零件发生翘曲等，支撑结构连接已成型部分与未成型部分，可有效抑制这种收缩，能使成型件保持应力平衡。

（七）SLM 技术的应用领域

目前，SLM 技术主要应用在工业领域，在复杂模具、个性化医学零件、航空航天和汽车等领域具有突出的技术优势，如机械领域的工具及模具（微制造零件、微器件、工具插件、模具等），生物医疗领域的生物植入零件或替代零件（齿、脊椎骨等），电子领域的散热器件，航空航天领域的超轻结构件以及梯度功能复合材料零件等。SLM 打印的钛合金叶片如图 2-66 所示。

在航空航天领域，应用较多的是典型的多品种小批量生产过程，尤其是在其研发阶段，SLM 技术具有不可比拟的优势。有些复杂的工件（图 2-67），采用 SLM 方法可以很方便、快捷地制造出来。在产品开发阶段可以大大缩短样件的加工生产时间，节省大量的开发费用。

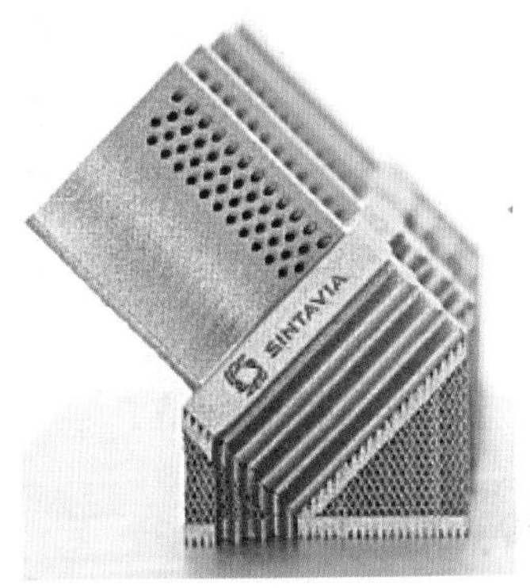

图 2-66　SLM 打印的钛合金叶片

资料来源：https://www.nanjixiong.com。

图 2-67　SLM 技术制造载人飞船引擎

资料来源：https://www.nanjixiong.com。

SLM 技术代表了快速制造领域的发展方向，运用该技术能直接成型高复杂结构、高尺寸精度、高表面质量的致密金属零件，减少制造金属零件的工艺过程，为产品的设计、生产提供更加快捷的途径，进而加快产品的市场响应速度，更新产品的设计理念和生产周期。我国正全力推进大飞机的研发工作，SLM 技术将在其中发挥巨大作用。

相关视频

七、多射流熔融（MJF）

（一）MJF 技术简介

MJF 是惠普于 2016 年向市场推出的粉末床融合 3D 打印技术。该公司解释说，其技术建立在惠普数十年来在喷墨打印、可喷射材料、精密低成本机械、材料科学和成像方面的投资之上。

MJF 技术主要是利用两个单独的热喷墨阵列来制造全彩 3D 物体的。打印时，其中一个会左右移动，喷射出材料；另一个会上下移动，进行喷涂、上色和沉积，令成品得到理想的强度和纹理。随后，两个阵列会改变方向从而最大化覆盖面和生产力。接着，一种细化剂会喷射到已经成型的结构上。之后，外部会对已经和正在沉积的部分加热。这些步骤会往复循环，直至整个物体以层层堆积的方式打印完成。图 2-68 为惠普公司生产的 MJF 5200 和附件。

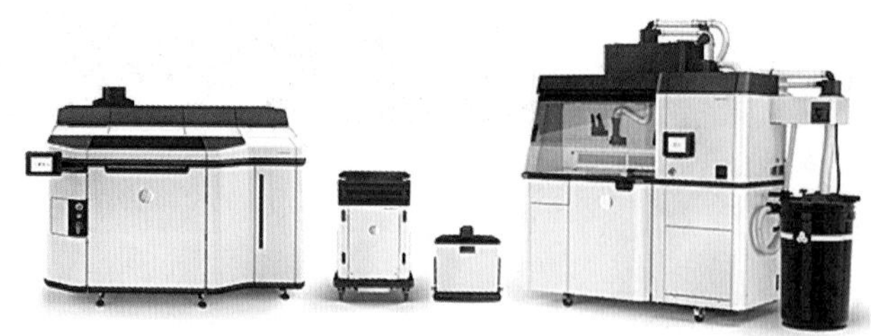

图 2-68　MJF 5200 和附件

（二）MJF 技术的工艺流程

（1）打印材料涂抹分布在整个打印区域。

（2）喷头模块选择性喷射助熔剂在打印区域。

（3）在需要减少或放大融合作用的地方选择性地使用细化剂。

（4）在此示例中，细化剂减少了边界处的融合，以产生具有锋利和光滑边缘的零件。

（5）加热，粉末融化凝结。

（6）该零件由融合区域和未融合区域组成，如图 2-69 所示。

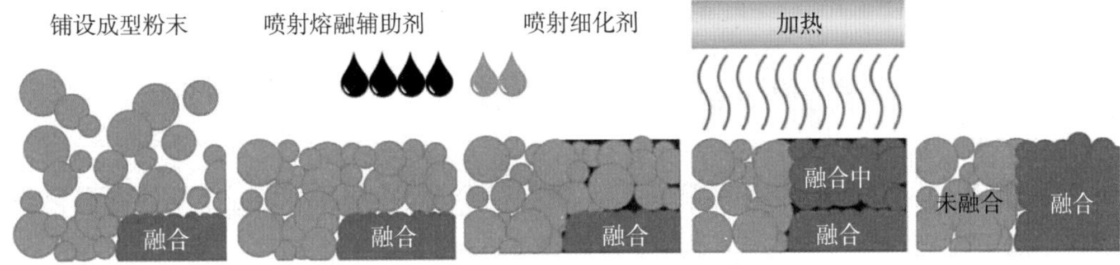

图 2-69 MJF 打印流程

（三）MJF 技术的材料

MJF 的材料分为硬质塑料和软质塑料。硬质塑料包括 Nylon PA11、Nylon PA12 和 PP（聚丙烯），而软质塑料包括 ESTANE 3D TPU M95A，如表 2-6 所示。

表 2-6 MJF 技术的材料

材料	描述
HP PA 12（尼龙 12）	尼龙 12 是一种坚固的热塑性塑料，具有全面的优异物理性能和耐化学性，是功能原型和最终用途应用的理想选择
玻璃填充 HP PA 12	玻璃填充尼龙采用玻璃珠加固，制成的零件比标准尼龙具有更高的刚度和热稳定性

（四）MJF 技术的后处理

与其他制造工艺类似，在零件准备好进行原型制作或最终应用之前，需要进一步加工。然而，与其他 AM 技术相比，使用 MJF 进行的后处理相对较简单。

1. 冷却

这发生在构建单元内，惠普公司提供用于自然冷却的模块单元，因此构建单元可以用于新的打印，而无须等待粉末和部件冷却。

2. 回收未融合的粉末

构建单元冷却后，将其移动到加工站，并将未融合的粉末真空吸到容器中，以备后用。

3. 喷砂

通过喷砂、空气喷砂或水喷砂，去除任何残留的粉末。也可以使用滚筒、超声波清洁器或振动整理机手动或自动完成此操作。

去除所有残留的粉末材料后，可能需要进行更多的后处理，这取决于零件。例如，考虑铸造工艺所需的后处理。可能需要对配合面、孔、超出 MJF 能力的公差和内螺纹等特征进行更多加工。同样，满足特定的技术要求可能需要手工打磨零件。

（五）MJF 技术的优势

打印速度快。在满缸批量生产产品的情况下对比超过 SLS 的 10 倍。以打印齿轮为例的速度对比，同样耗费 3 h，惠普多喷射熔融技术足足打印出了 1 000 个，远超过 FDM 以及 SLS 技术。

工作流程简化并降低成本，实现快速成型；以突破性的经济效益实现零部件制造；降低了使用门槛、并支持各行业新应用的开放式材料与软件创新平台。惠普（HP）3D 打印业务总裁 Stephen Nigro 称，HP 多喷嘴式熔融 3D 打印解决方案以业内的创新方式实现了高速度、高质量和低成本的有效结合。

（六）MJF 技术的劣势

现在可用材料为尼龙 12（PA12），而更多可用材料取决于 HP 对于细化剂的开发。对于金属器件的打印，可能无法使用一体机，因为直接在设备内部进行烧结 / 熔融需要的高温会影响电子器材包括喷头的运行。

熔融辅助剂主要包括一些深色的吸收光波物质，大多为深色，而打印白色等浅色可能会降低能量吸收，导致成型失败或者成型时间延长。

（七）MJF 技术的应用领域

汽车领域的产品及结构验证：汽车挡板、后视镜、仪表盘、方向盘、车灯、座椅及把手等。机械设备领域的产品及结构验证：卡扣、显示面板、摄像机、实验器材、插座、电动工具、量具、开关等。

以眼镜行业为例，生产 1 000 套，一套眼镜开模生产需要 3 套模具，模具费用为 10 万元，生产成本为 2 万元，出样时间为一个 40 d，生产总时间为 48 d。而使用 MJF 技术生产可以将三个配件一体成型，无论是生产一套还是生产 1 000 套，一套眼镜的成本均为 60 元，1 000 套总成本为 6 万元，生产总时间仅为 7 d，总成本节省 50%，生产效率提升 600%。

综上所述，由于惠普 MJF 技术速度快，生产的产品精度高，韧性好，完全能满足制造业领域的生产产品需求，小批量生产的耗材成本是 500 元 /kg，在数量 1 000 套以下的小批量生产中和开正式模具相比总成本更低，速度更快，MJF 制造工艺流程已经从行业龙头企业逐渐被推广开来。

相关视频

MJF 多射流熔融简介及工艺流程

MJF 技术的优势及限制

复习思考题

1. SLM 技术的应用场合有哪些？（至少列举三种）
2. SLM 技术与 SLS 技术的区别有哪些？
3. SLA 模型和 FDM 模型在表面光洁度、手感、透明度等方面有什么不同？

模块三
熟悉 3D 打印材料

导语

3D 打印材料是 3D 打印技术发展的重要物质基础，在某种程度上，材料的发展决定着 3D 打印能够有更广泛的应用。3D 打印对材料性能的一般要求是有利于快速、精确地加工原型零件。快速成型制件应当接近最终要求，尽量满足强度、刚度、耐潮湿性、热稳定性能等要求，有利于后续处理工艺。接下来将带领大家熟悉不同的 3D 打印材料及其性能。

根据材料的化学性能不同将材料分为树脂类材料、石蜡材料、金属材料、陶瓷材料及其复合材料等。

思维导图

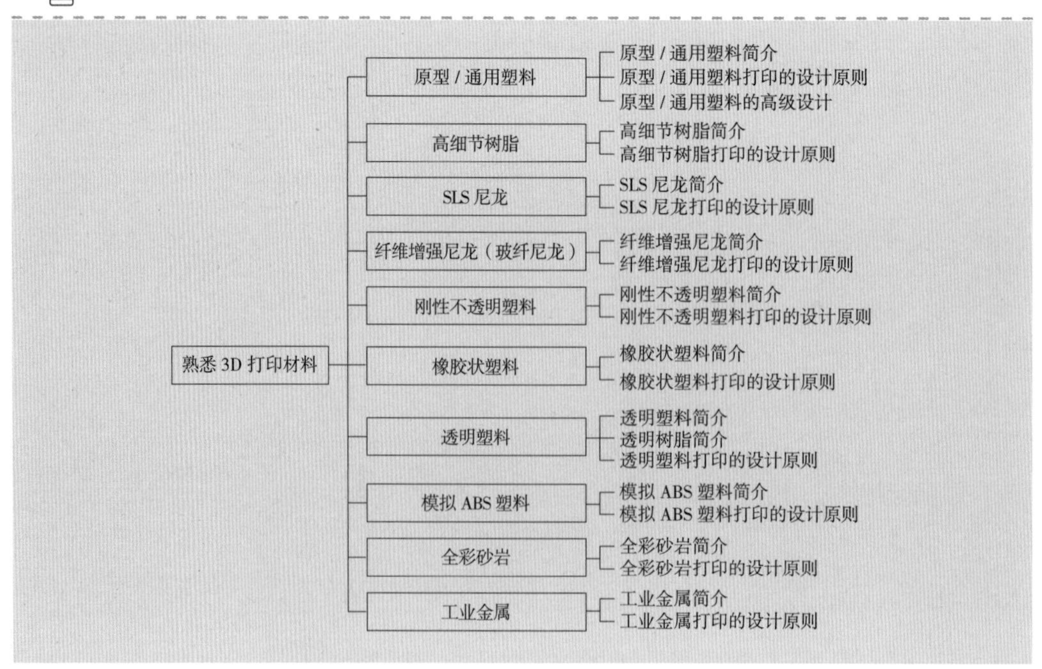

知识目标

1. 了解原型 / 通用塑料的性能及应用特点；
2. 了解高细节树脂的性能及应用特点；
3. 了解 SLS 尼龙的性能及应用特点；
4. 了解刚性不透明塑料的性能及应用特点；
5. 了解橡胶状塑料的性能及应用特点；
6. 了解模拟 ABS 塑料的性能及应用特点；
7. 了解全彩砂岩的性能及应用特点；
8. 了解工业金属的性能及应用特点。

思政目标

1. 培养学生精益求精、不断探索创新的精神；
2. 在学习理论知识的基础上，培养学生情感与价值观；
3. 在学习专业技能的基础上，培养学生理想信念与行为素质。

建议学时

8 学时。

相关知识

一、原型 / 通用塑料

（一）原型 / 通用塑料简介

刚性塑料，用于快速且具有成本效益的原型，公差 ±1 mm，打印理论精度为 0.1~1 mm。设计师和工程师进行产品生产与测试设计，使用原型塑料（包括 ABS、PLA）打印是一种理想的选择（图 3-1）。这种材料最经济，目前 3D 打印服务市场价为 0.5~0.8 元 /g。

此材料使用市场上最经济实惠的 3D 打印技术 FDM 打印，也是快速和低成本原型设计的理想选择，适用各种场合。快速的低成本原型方式允许更多的设计迭代，从而

图 3-1　原型 / 通用塑料打印件

能更好地控制设计过程和使最终产品最优化，此外，还能缩短产品的上市周期。

原型塑料最适用于配合或形状检查，也适用于打印部分功能件，如外壳和管道。

（二）原型 / 通用塑料打印的设计原则

原型 / 通用塑料打印的设计原则如表 3-1 所示。

表 3-1　原型 / 通用塑料打印的设计原则

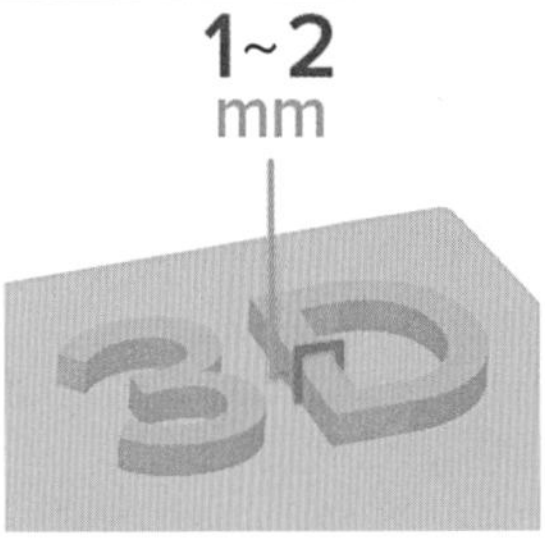 1~2 mm	浮雕雕刻细节 推荐：顶部和底部 1 mm，垂直墙 2 mm。 对于浮雕和雕刻的细节，建议在设计的顶部和底部的最小线厚度为 1 mm，深度为 1 mm，垂直墙壁为 2 mm。 提示：如果要将文字放在设计上，使用粗体无衬线字体进行设计，如 Arial Bold
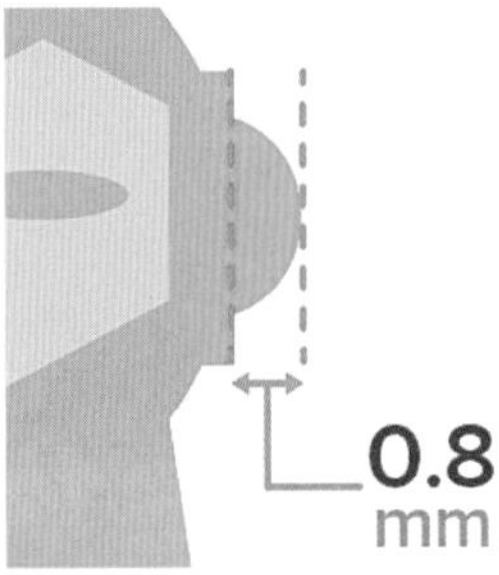 0.8 mm	最小细节尺寸 推荐：0.8 mm。 为了用通用塑料制造可见的细节，模型需要至少 0.8 mm 的细节设计
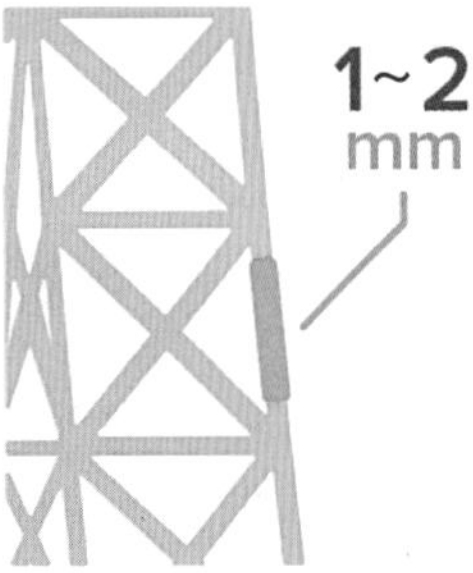 1~2 mm	最小特征尺寸 推荐：2 mm（如果连接在两侧，则为 1 mm）。 通用塑料打印的最小特征尺寸为 2 mm。如果设计是两端连接的线，则可以稍微更薄至 1 mm，否则建议至少 2 mm 厚度

续表

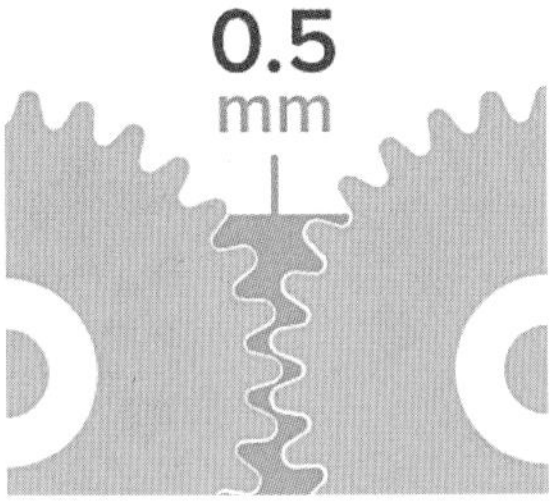 0.5 mm	移动或互锁部件 推荐：零件的间距为 0.5 mm。 通用塑料的一个强大功能是可以一次性打印移动或互锁部件。为了使零件松动，需要保持 0.5 mm 的间隙
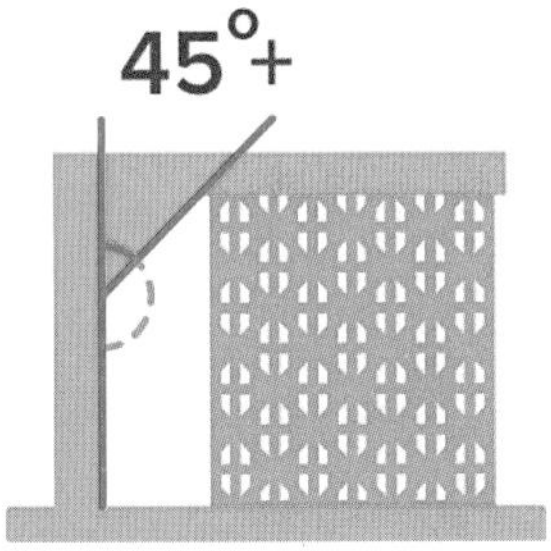 45°+	悬垂和支撑 因为打印总是从模型底层开始的，若下一层的截面有超过上次截面的地方，由于重力因素就会导致悬空，大于 45° 的角度通常需要与设计一起打印的支撑。支撑会增加打印过程的复杂性，并影响部件的光洁度。 提示：如果模型很复杂或有复杂的细节，建议使用支撑材料的设备
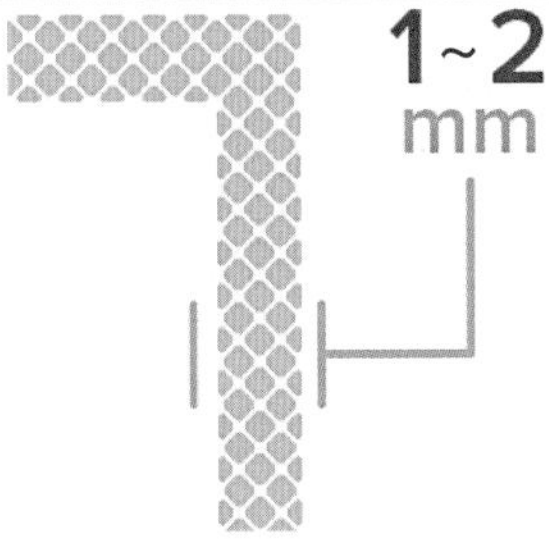 1~2 mm	空腔壁厚 推荐：2 mm（如果支持，则为 1 mm）。 空心模型的外壁必须足够厚以支撑模型。当腔壁连接到两侧或两侧的其他腔壁时，建议最小壁厚为 1 mm，如果仅连接一侧，则为 2 mm

（三）原型 / 通用塑料的高级设计

使用 FDM 打印时要考虑的几个关键问题是如何减少模型所需的支撑量、部件的摆放方向和部件在构建平台上的方向。

1. 拆分模型

通常，拆分模型可以降低打印复杂性，节省成本和时间。通过简单地将复杂形状分割成单独打印的部分，可以去除需要大量支撑的突出部分。如果需要，一旦打印结束，这些部分可以胶合在一起，如图 3-2 所示。

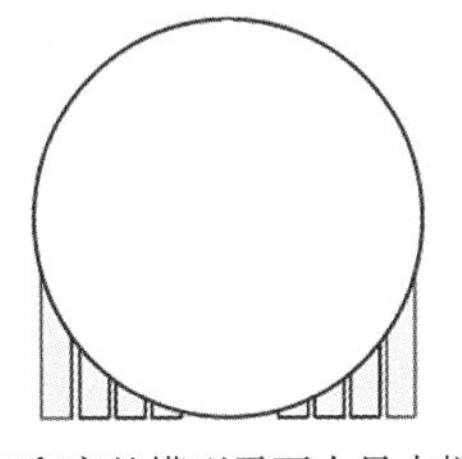

打印完整模型需要大量支撑

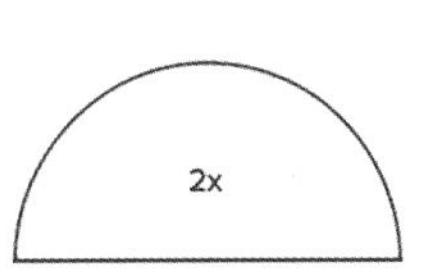

拆分成两部分无须支撑

图 3-2　拆分模型，以消除对支撑的需要

2. 孔方向

通过更改打印方向避免对孔的支撑。通常在水平轴孔中移除支撑件是困难的，但是通过将孔方向旋转 90°，消除了对支撑的需要（图 3–3）。对于具有不同方向的多个孔的组件，优先考虑盲孔，确定具有最小直径到最大直径的孔，然后是孔尺寸的临界值。

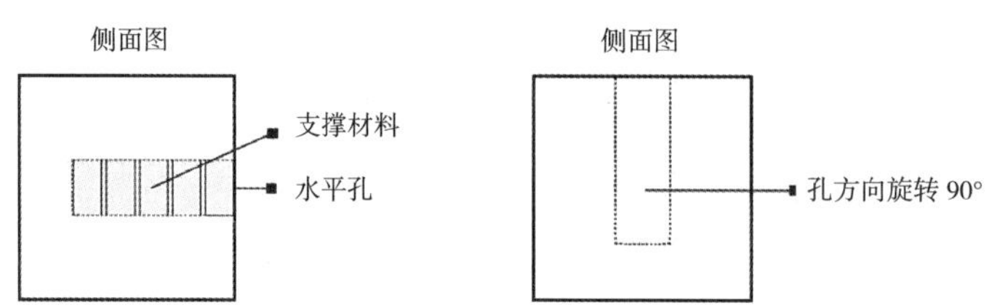

图 3–3　水平轴孔的重新定位可以消除对支撑的需要

3. 成型方向

由于 FDM 打印的各向异性，了解组件的应用及其构建方式对设计的成功至关重要。由于层高方向为叠加方向，FDM 组件在这个方向上强度较弱，层被打印为圆形或矩形，每层之间的关节实际上是“山谷”，应力较集中，可能会产生裂缝，如图 3–4 所示。

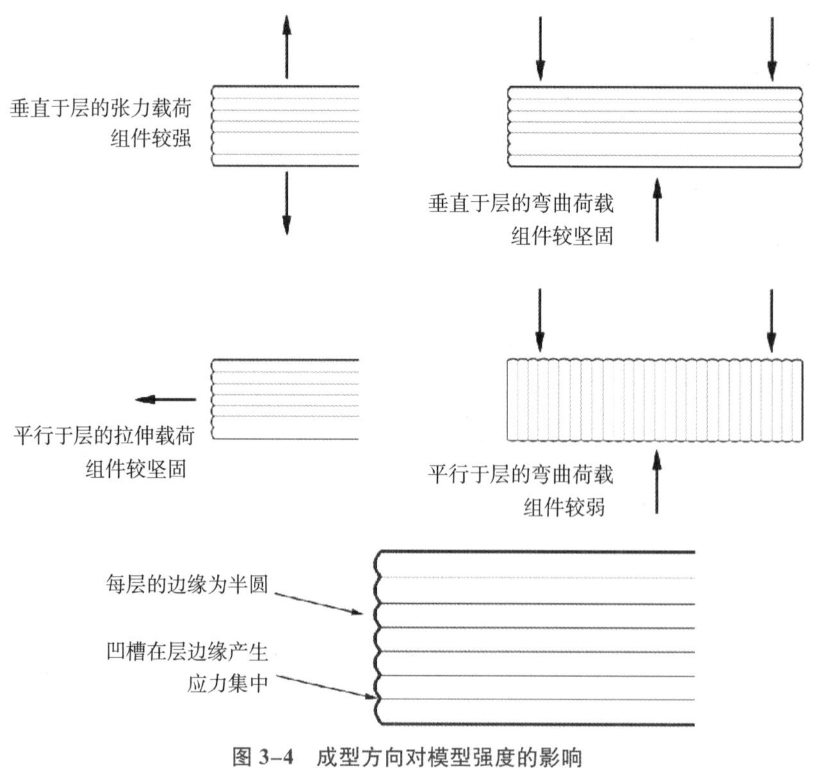

图 3–4　成型方向对模型强度的影响

4. 经验法则

如果桥接超过 5 mm，可能会发生支撑材料的下垂或变形。拆分设计或后处理可以消除这个问题。对于临界垂直孔直径，如果需要高精度，建议打印后进行钻孔。模型上大于 45° 的面可以不加支撑。

在 FDM 部件接触成型平台的所有边缘上做 45° 倒角或倒圆角。分割模型、重新定位孔和指定构建方向可以降低成本，加快打印过程，提高设计强度和打印质量。

二、高细节树脂

（一）高细节树脂简介

高细节树脂适用于复杂的设计和具有光滑表面的模型。紫外线固化树脂可以创建清晰的细节，边缘锐利，光洁度高，但颜色选择有限，成型后可以涂漆处理，也可打印半透明部件。

高细节树脂除了尺寸，几乎没有任何设计限制，形状精度最高可达 0.2 mm，是打印复杂设计和雕像的理想选择。高细节树脂使用立体光刻技术或数字光处理技术打印，这些工艺生产精确的零件具有光滑的表面，但通常需要额外的支撑结构用于悬空部分，确保模型打印成功。材料包括一系列光敏树脂，打印具有选择灵活性，如铸造用的蜡型树脂用于制作珠宝首饰、灰色树脂用于制作艺术品等，如图 3–5 所示。

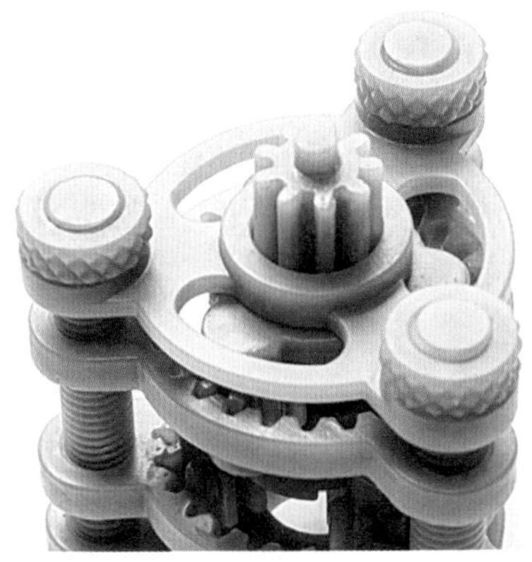

图 3–5　高细节树脂成型件

资料来源：https://www.zorker3d.com（左）、讯实三维（右）。

（二）高细节树脂打印的设计原则

高细节树脂打印的设计原则如表 3–2 所示。

表 3–2　高细节树脂打印的设计原则

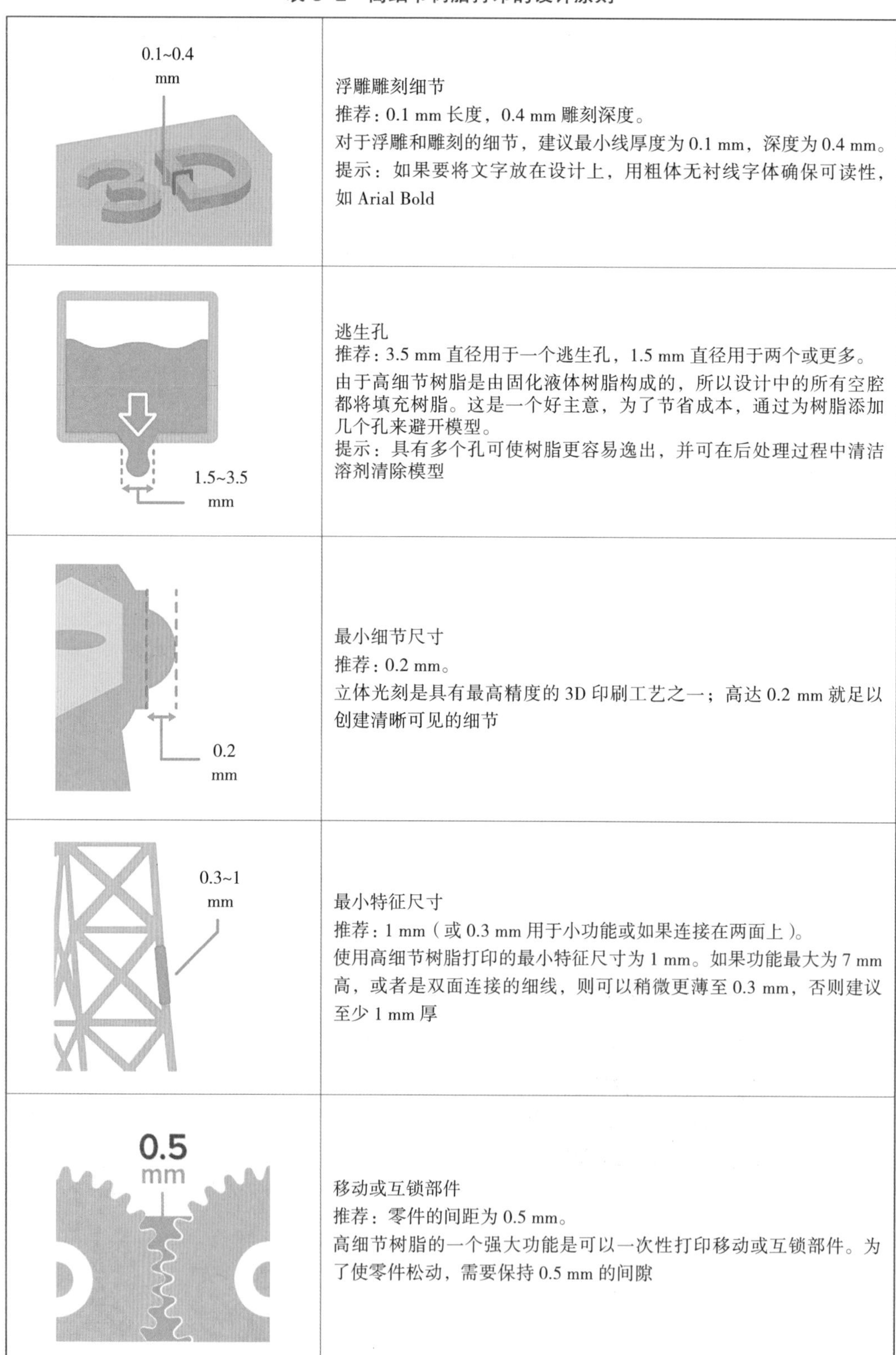

0.1~0.4 mm	浮雕雕刻细节 推荐：0.1 mm 长度，0.4 mm 雕刻深度。 对于浮雕和雕刻的细节，建议最小线厚度为 0.1 mm，深度为 0.4 mm。 提示：如果要将文字放在设计上，用粗体无衬线字体确保可读性，如 Arial Bold
1.5~3.5 mm	逃生孔 推荐：3.5 mm 直径用于一个逃生孔，1.5 mm 直径用于两个或更多。 由于高细节树脂是由固化液体树脂构成的，所以设计中的所有空腔都将填充树脂。这是一个好主意，为了节省成本，通过为树脂添加几个孔来避开模型。 提示：具有多个孔可使树脂更容易逸出，并可在后处理过程中清洁溶剂清除模型
0.2 mm	最小细节尺寸 推荐：0.2 mm。 立体光刻是具有最高精度的 3D 印刷工艺之一；高达 0.2 mm 就足以创建清晰可见的细节
0.3~1 mm	最小特征尺寸 推荐：1 mm（或 0.3 mm 用于小功能或如果连接在两面上）。 使用高细节树脂打印的最小特征尺寸为 1 mm。如果功能最大为 7 mm 高，或者是双面连接的细线，则可以稍微更薄至 0.3 mm，否则建议至少 1 mm 厚
0.5 mm	移动或互锁部件 推荐：零件的间距为 0.5 mm。 高细节树脂的一个强大功能是可以一次性打印移动或互锁部件。为了使零件松动，需要保持 0.5 mm 的间隙

续表

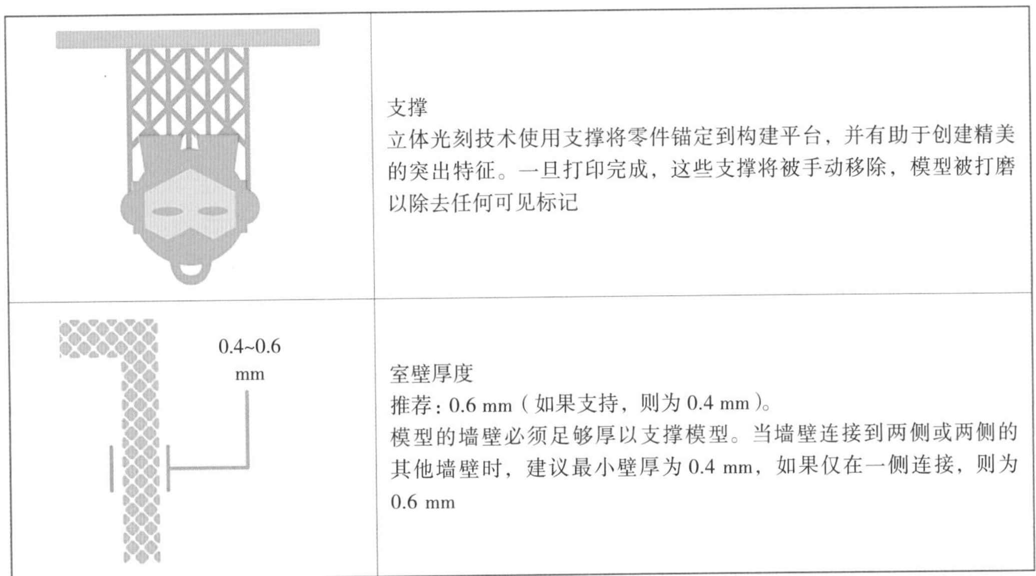

	支撑 立体光刻技术使用支撑将零件锚定到构建平台，并有助于创建精美的突出特征。一旦打印完成，这些支撑将被手动移除，模型被打磨以除去任何可见标记
0.4~0.6 mm	室壁厚度 推荐：0.6 mm（如果支持，则为 0.4 mm）。 模型的墙壁必须足够厚以支撑模型。当墙壁连接到两侧或两侧的其他墙壁时，建议最小壁厚为 0.4 mm，如果仅在一侧连接，则为 0.6 mm

三、SLS 尼龙

（一）SLS 尼龙简介

SLS 使用激光成型，首先形成极薄的粉末材料层，然后通过一起熔化，最后形成一个坚实的结构。该方法的优点在于 SLS 制造复杂的形状时，多余的未熔化的粉末在打印时可作为成型结构的支撑，不需要额外的支撑，如图 3-6 所示。

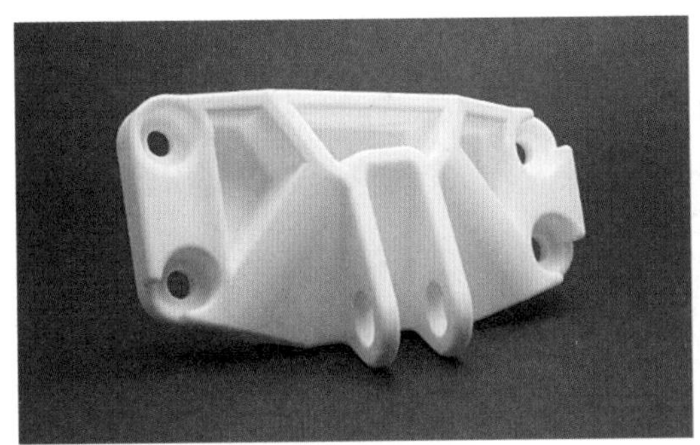

图 3-6　SLS 打印件

资料来源：https://www.zorker3d.com（左）、https://youtube.com（右）。

SLS 尼龙采用选择性激光烧结技术打印。

1. 优势

（1）功能原型和终端产品。

（2）复杂的设计与复杂的细节。

（3）移动和组装零件。

2. 限制

设计中的空腔（除非使用逃生孔）。

（二）SLS 尼龙打印的设计原则

SLS 尼龙打印的设计原则如表 3-3 所示。

表 3-3　SLS 尼龙打印的设计原则

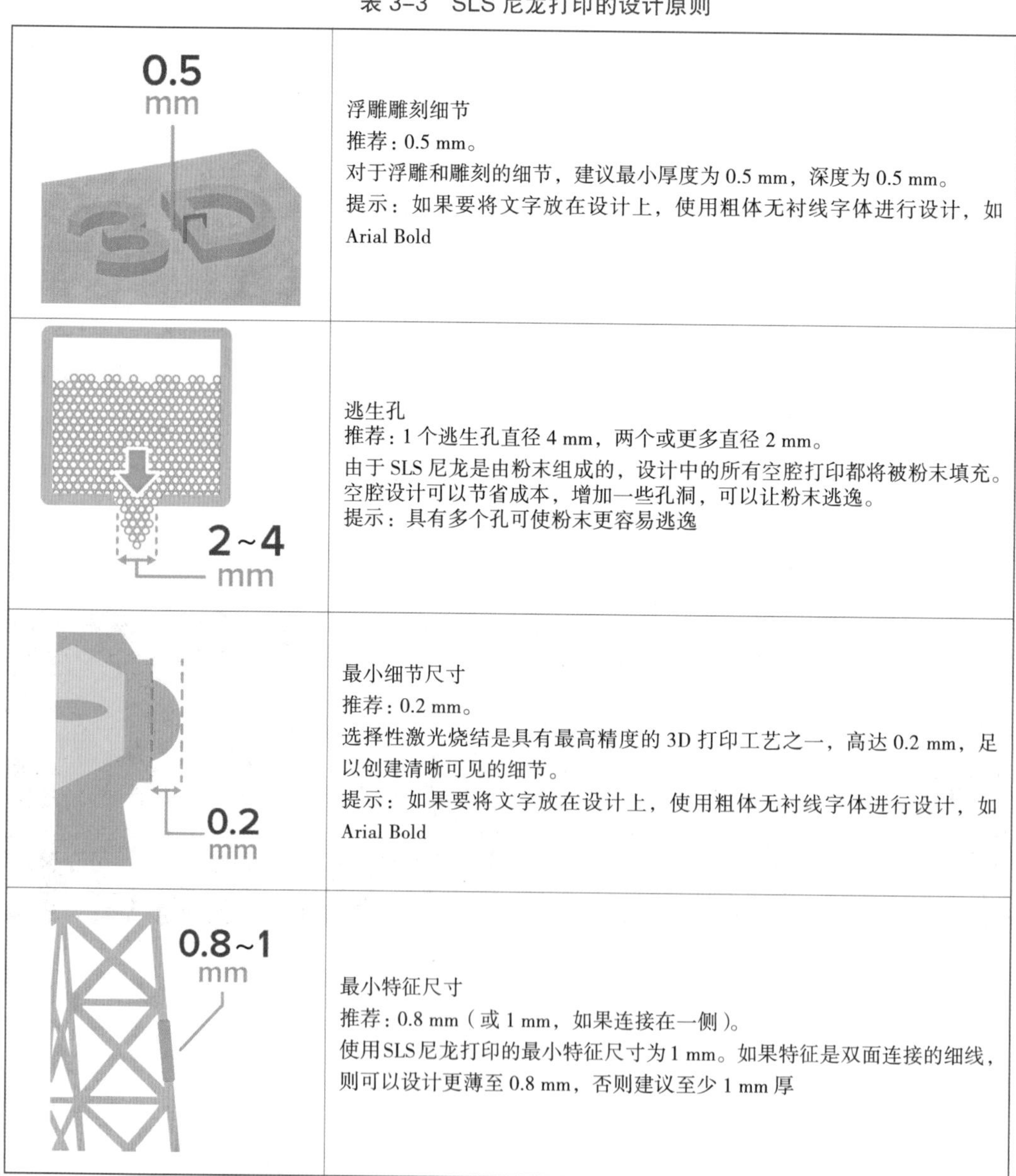

0.5 mm	浮雕雕刻细节 推荐：0.5 mm。 对于浮雕和雕刻的细节，建议最小厚度为 0.5 mm，深度为 0.5 mm。 提示：如果要将文字放在设计上，使用粗体无衬线字体进行设计，如 Arial Bold
2~4 mm	逃生孔 推荐：1 个逃生孔直径 4 mm，两个或更多直径 2 mm。 由于 SLS 尼龙是由粉末组成的，设计中的所有空腔打印都将被粉末填充。空腔设计可以节省成本，增加一些孔洞，可以让粉末逃逸。 提示：具有多个孔可使粉末更容易逃逸
0.2 mm	最小细节尺寸 推荐：0.2 mm。 选择性激光烧结是具有最高精度的 3D 打印工艺之一，高达 0.2 mm，足以创建清晰可见的细节。 提示：如果要将文字放在设计上，使用粗体无衬线字体进行设计，如 Arial Bold
0.8~1 mm	最小特征尺寸 推荐：0.8 mm（或 1 mm，如果连接在一侧）。 使用SLS 尼龙打印的最小特征尺寸为 1 mm。如果特征是双面连接的细线，则可以设计更薄至 0.8 mm，否则建议至少 1 mm 厚

续表

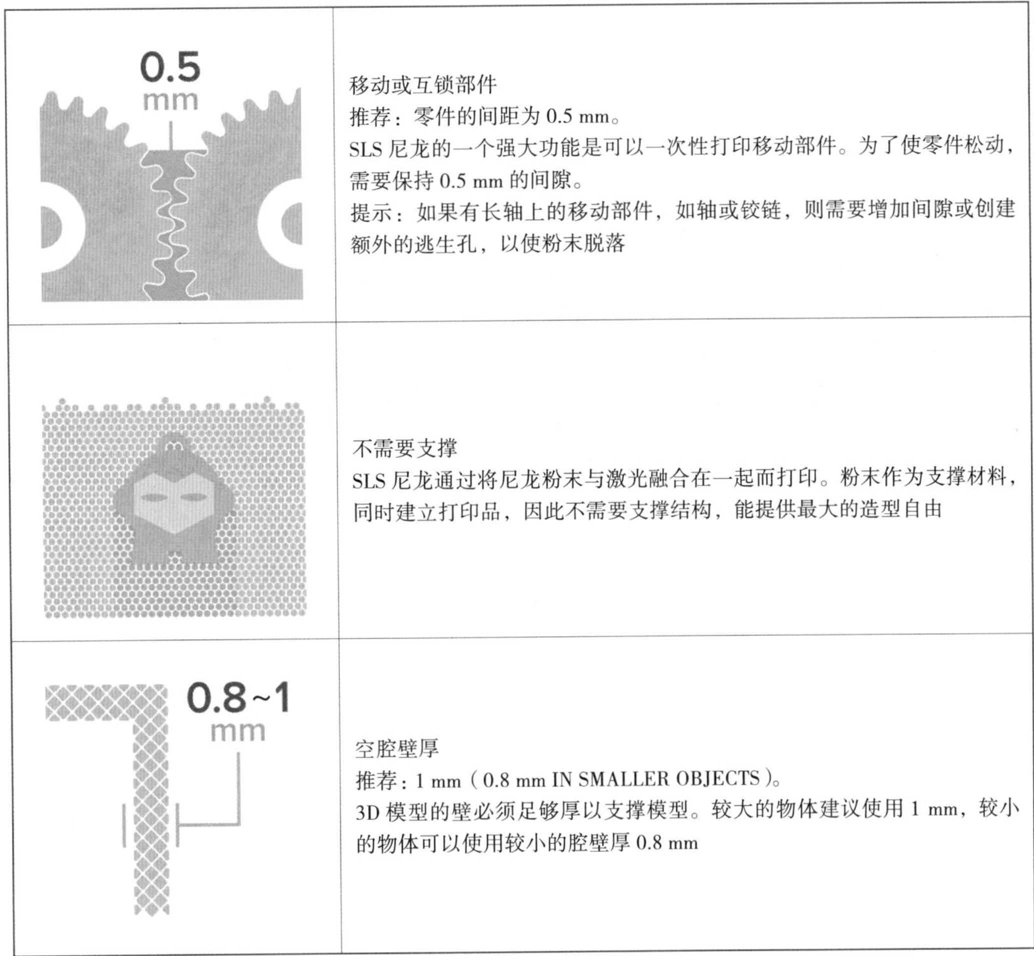

0.5 mm	移动或互锁部件 推荐：零件的间距为 0.5 mm。 SLS 尼龙的一个强大功能是可以一次性打印移动部件。为了使零件松动，需要保持 0.5 mm 的间隙。 提示：如果有长轴上的移动部件，如轴或铰链，则需要增加间隙或创建额外的逃生孔，以使粉末脱落
	不需要支撑 SLS 尼龙通过将尼龙粉末与激光融合在一起而打印。粉末作为支撑材料，同时建立打印品，因此不需要支撑结构，能提供最大的造型自由
0.8~1 mm	空腔壁厚 推荐：1 mm（0.8 mm IN SMALLER OBJECTS）。 3D 模型的壁必须足够厚以支撑模型。较大的物体建议使用 1 mm，较小的物体可以使用较小的腔壁厚 0.8 mm

四、纤维增强尼龙（玻纤尼龙）

（一）纤维增强尼龙简介

纤维增强尼龙材料设计用于打印具有金属强度的零件。得益于 Markforged 的连续纤维制造工艺，现在可以使用比 6061-T6 铝更高的强度，同重量比下，3D 打印件强度高达 27 倍，比 ABS 高 24 倍。

可用的材料包括碳纤维、凯夫拉尔纤维（防弹材料）和玻璃纤维增强尼龙，此类材料帮助优化模型强度、刚度、重量和耐温性。

纤维增强尼龙材料使用连续长丝制造（CFF）技术打印（图 3-7），CFF 基于通用的 FDM 技术。打印头通过将一串固体材料（尼龙）穿过加热的喷嘴使其熔化，然后将其放置在精确的位置，立即冷却并固化。不同的是，CFF 的第二个打印喷头通过在层内嵌入连续的碳纤维、凯夫拉尔纤维或玻璃纤维来加强打印的尼龙。复合材料的特性使零件惊人的坚固，整个物体的任何部分都能承受高负载，如图 3-8 所示。

图 3-7 CFF 3D 打印机

资料来源：https://b2b.baidu.com。

图 3-8 纤维增强尼龙打印的无人机

1. 优势

（1）工程零件。

（2）定制终端生产零件。

（3）功能原型和测试。

（4）结构件。

（5）钻模、夹具等工具。

2. 限制

具有复杂细节的小部件。

（二）纤维增强尼龙打印的设计原则

纤维增强尼龙打印的设计原则如表 3-4 所示。

表 3-4 纤维增强尼龙打印的设计原则

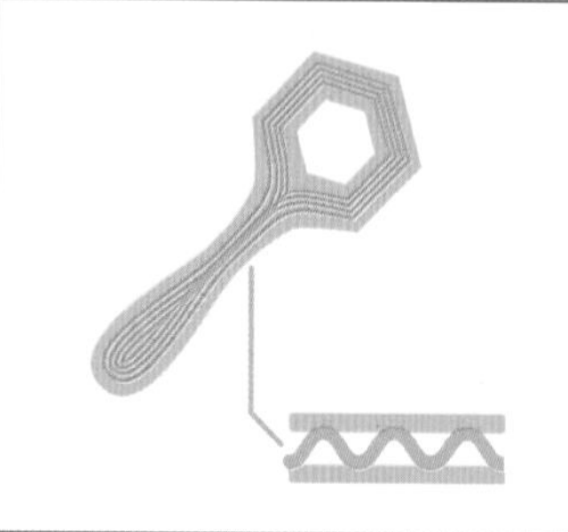	没有小而复杂的零件 为了加强物体，CFF 技术在尼龙层内嵌入一条连续的纤维材料。这种纤维束需在每层中足够长才能提供部件的强度，因此它不能放置在小物体或复杂部件中。 提示：如果模型很小或有复杂的细节，建议使用不同的材料

续表

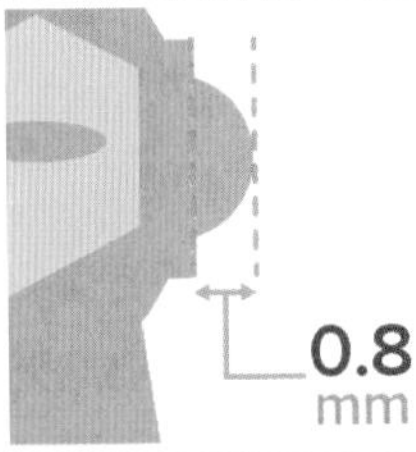 0.8 mm	最小细节尺寸 推荐：0.8 mm。 为了用纤维增强尼龙制造可见的细节，模型需要至少 0.8 mm 的细节设计
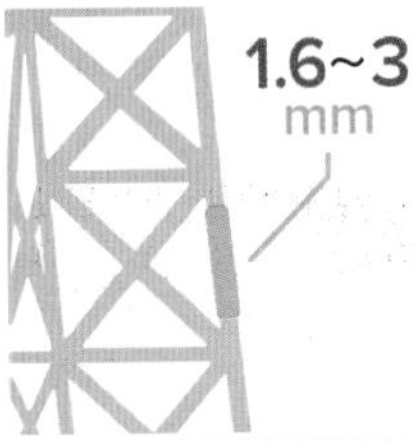 1.6~3 mm	最小特征尺寸 推荐：3 mm（如果零件不需要增强，则 1.6 mm）。 纤维增强尼龙具有两种不同的最小特征尺寸，一种是基于仅使用纯尼龙，另一种是用纤维打印的零件。纯尼龙部件的最小特征尺寸为 1.6 mm，而纤维增强零件最少需要 3 mm，方便将纤维铺设在外壳层之间
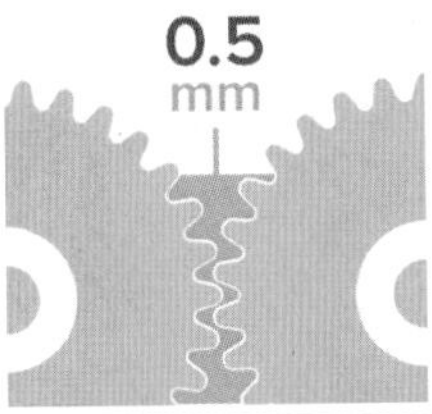 0.5 mm	移动或互锁零件 推荐：零件的间距为 0.5 mm。 纤维增强尼龙的一个强大功能是可以一次打印移动或互锁部件。为了使零件松动，需要保持 0.5 mm 的间隙。 提示：半柔性应用中的高强度或需要高抗冲击性的部件可选择 Kevlar 复合长丝材料
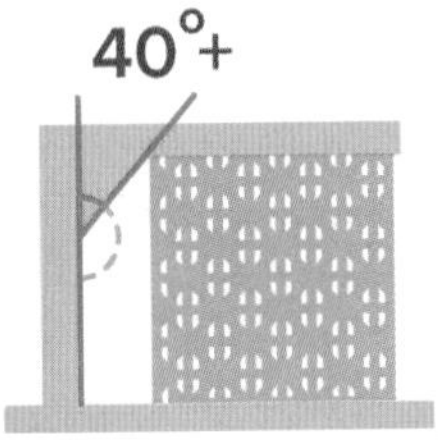 40°+	悬壁结构和支撑 因为每个层需要建立在上一层之上，所以 40° 以上的角度通常需要设计支撑一起打印。支撑对设计不是固有的、有害的，但它们增加了打印过程的复杂性，影响在悬垂部件上的光洁度
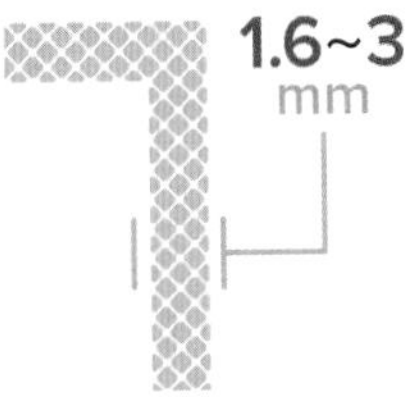 1.6~3 mm	腔壁厚度 推荐：3mm（如果零件不需要增强，则 1.6 mm）。 纤维增强尼龙有两种不同的最小壁厚，这取决于部件是用纯尼龙打印，还是用纤维打印。纯尼龙部件的最小值为 1.6 mm，而纤维增强部件最少需要 3 mm，以便在两层之间铺设纤维。 提示：腔壁越厚，打印机可以放下越多的纤维来加强物体

五、刚性不透明塑料

（一）刚性不透明塑料简介

刚性不透明塑料是定位逼真原型的材料，逼真的原型具有优良的细节和高精度。它提供优秀的细节、高精度和高的表面光洁度，以及高达 16 μm 的层高精度。使用刚性不透明塑料，可以 3D 打印有吸引力的原型，非常类似最终产品的“外观”，测试配合、形状和功能，甚至是移动和组装的零件。

刚性不透明塑料使用 PolyJet 技术打印。PolyJet 3D 打印类似于喷墨打印，但不是将墨滴滴到纸上，这种 3D 打印机将液体光聚合物的层喷射到构建平台上（图 3–9），并使用紫外光立即固化，最后完全固化的物体可以立即处理和使用。PolyJet 构建模型每层使用 16 μm，比人的头发更薄，可以以惊人的细节和高精度生产功能性原型（图 3–10），以上特点使 PolyJet 成为逼真的原型以及形状、功能测试的理想选择，另外还提供不同颜色的材料，如图 3–11 所示。

图 3–9　PolyJet Connex 500 3D 打印机

资料来源：https://zh.treatstock.com。

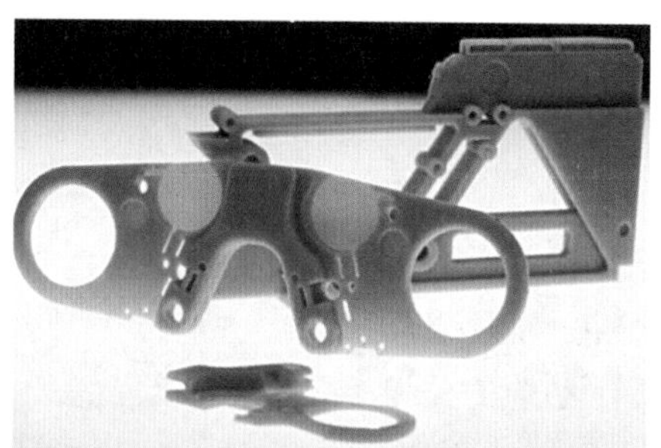

图 3–10　光学工具原型

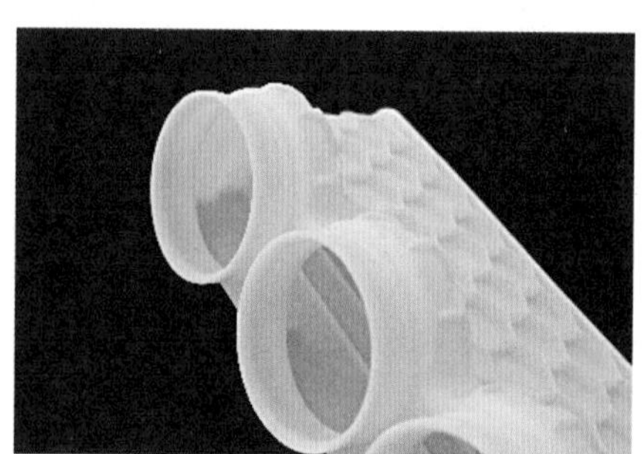

图 3–11　汽车通风口

1. 优势

（1）精细细节模型，表面光滑。

（2）外形和适合测试。

（3）销售、营销和展示模式。

（4）移动和组装零件。

2. 限制

最终产品对紫外线敏感。

（二）刚性不透明塑料打印的设计原则

刚性不透明塑料打印的设计原则如表 3–5 所示。

表 3-5　刚性不透明塑料打印的设计原则

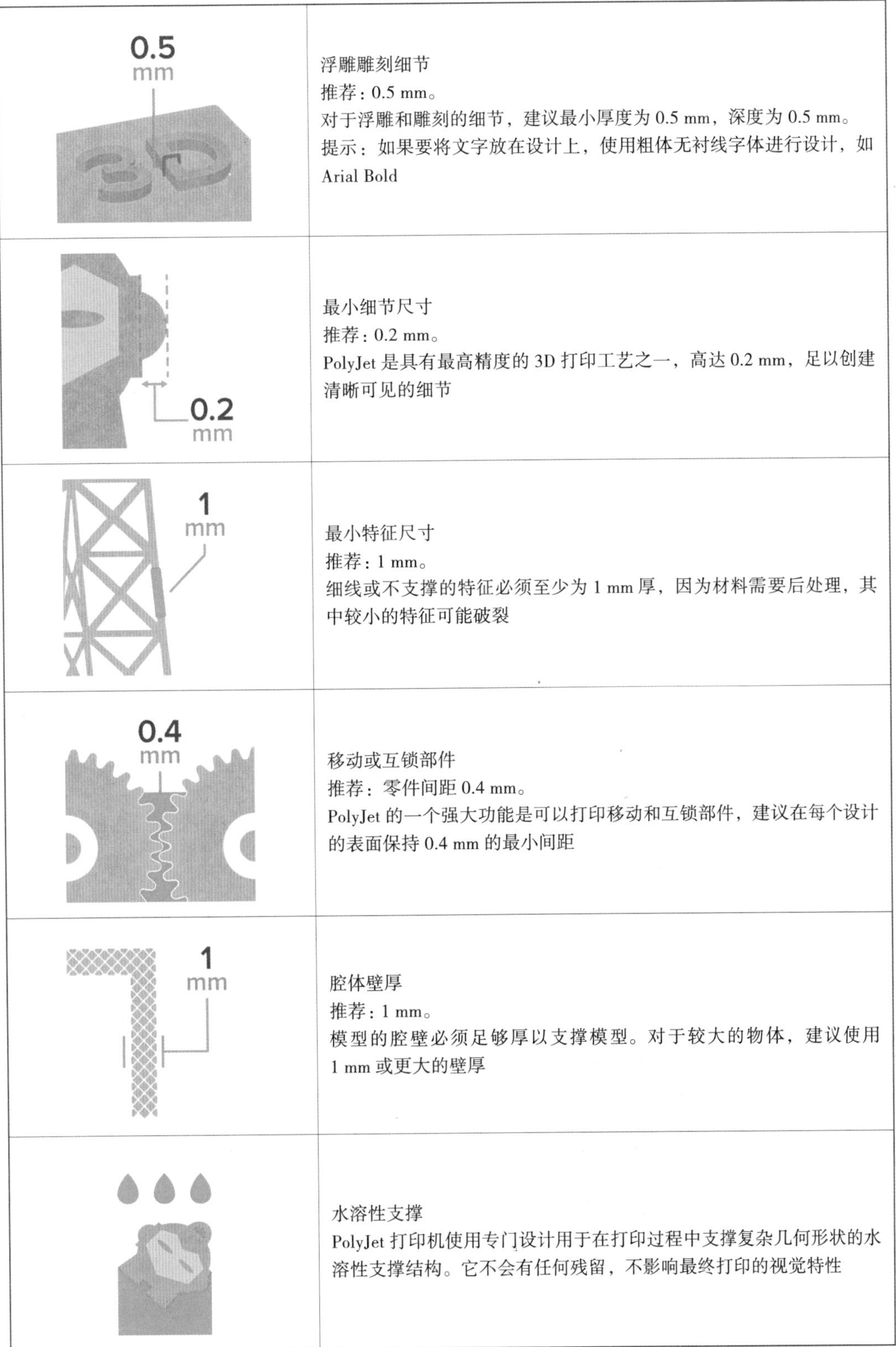

0.5 mm	浮雕雕刻细节 推荐：0.5 mm。 对于浮雕和雕刻的细节，建议最小厚度为 0.5 mm，深度为 0.5 mm。 提示：如果要将文字放在设计上，使用粗体无衬线字体进行设计，如 Arial Bold
0.2 mm	最小细节尺寸 推荐：0.2 mm。 PolyJet 是具有最高精度的 3D 打印工艺之一，高达 0.2 mm，足以创建清晰可见的细节
1 mm	最小特征尺寸 推荐：1 mm。 细线或不支撑的特征必须至少为 1 mm 厚，因为材料需要后处理，其中较小的特征可能破裂
0.4 mm	移动或互锁部件 推荐：零件间距 0.4 mm。 PolyJet 的一个强大功能是可以打印移动和互锁部件，建议在每个设计的表面保持 0.4 mm 的最小间距
1 mm	腔体壁厚 推荐：1 mm。 模型的腔壁必须足够厚以支撑模型。对于较大的物体，建议使用 1 mm 或更大的壁厚
	水溶性支撑 PolyJet 打印机使用专门设计用于在打印过程中支撑复杂几何形状的水溶性支撑结构。它不会有任何残留，不影响最终打印的视觉特性

六、橡胶状塑料

（一）橡胶状塑料简介

使用橡胶塑料，可以模拟各种弹性体特性，测量指标包括邵氏硬度、断裂伸长率、抗撕裂强度和拉伸强度。

这种材料可以模拟各种产品，如消费电子产品、医疗设备和汽车内饰上的防滑或柔软表面，橡胶类塑料使用 PolyJet 3D 打印工艺。

1. 优势

（1）具有各种弹性的精细模型（邵氏硬度 HRA27–95）。

（2）软触摸涂层，握手或防滑表面。

（3）细节细腻，表面光滑。

（4）包覆成型的橡胶般的固体物体。

2. 限制

最终产品对紫外线敏感。

（二）橡胶状塑料打印的设计原则

配合 PolyJet 工艺，与刚性不透明塑料打印设计原则一致。

1. 弹性树脂简介

弹性树脂是在高强度挤压和反复拉伸下表现出优秀弹性的材料，Formlabs 的 Flexible 树脂是非常柔软的橡胶类材料，在打印比较薄的层时会很柔软，在打印比较厚的层时会变得非常有弹性和耐冲击（图 3–12）。它的应用的可能性是无止境的。这种新材料将应用于制造完美的铰链、减震、接触面和其他工程应用，适合那些有趣的创意和设计。

图 3–12　弹性树脂打印的轮胎与鞋垫
资料来源：https://www.puxiang.com。

国内也推出了弹性聚氨酯树脂 ZZ，此材料被用于减震器材、垫圈、密封类器件中。

2. 弹性树脂打印的设计原则

配合光固化成型设备，参考高细节塑料打印设计原则。

弹性树脂打印的设计原则如表 3–6 所示。

表 3–6 弹性树脂打印的设计原则

图示	说明
0.5 mm	浮雕雕刻细节 推荐：0.5 mm。 对于浮雕和雕刻的细节，建议最小厚度为 0.5 mm，深度为 0.5 mm。 提示：如果要将文字放在设计上，使用粗体无衬线字体确保可读性，如 Arial Bold
0.2 mm	最小细节尺寸 推荐：0.2 mm。 PolyJet 是具有最高精度的 3D 打印工艺之一；高达 0.2 mm 就足以创建清晰可见的细节
1 mm	最小特征尺寸 推荐：1 mm。 细线或不支撑的特征必须至少为 1 mm 厚，因为材料需要后处理，其中较小的特征可能破裂
0.4 mm	移动或互锁部件 推荐：零件间距 0.4 mm。 PolyJet 的一个强大功能是可以在一个会话中打印移动和互锁部件。建议每个设计的表面保持 0.4 mm 的最小间距
1 mm	室壁厚度 推荐：1 mm。 模型的墙壁必须足够厚以支撑模型。对于较大的物体，建议使用 1 mm 或更大的壁厚
	水溶性载体 PolyJet 打印机使用专门设计用于在打印过程中支持复杂几何形状的水溶性支撑结构。它没有残留物，不影响最终打印品的视觉性能

七、透明塑料

（一）透明塑料简介

透明塑料是可用的、纯净的（颜色）3D 打印材料之一，同时拥有高透性、高精度和高表面光洁度。这种材料适用于透视部件的制作、配合测试及精细细节模型构建（图 3-13），它可以将产品透明化，如配合医疗设备使用的护目镜。

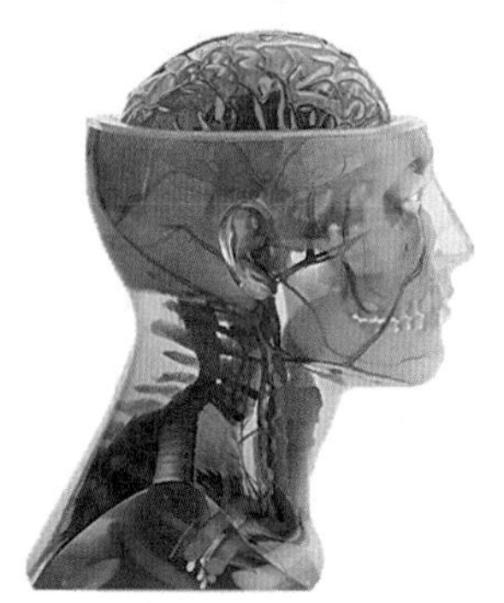

图 3-13　医疗模型可视化

资料来源：https://zh.treatstock.com。

透明塑料采用 PolyJet 技术打印。

1. 优势

（1）透明部件的制作和配合测试，如玻璃消费品、眼镜、照明罩和表壳。

（2）精细细节模型，表面光滑。

（3）销售、营销和展示模式。

（4）医疗或科学的可视化。

2. 限制

最终产品对紫外线敏感。

（二）透明树脂简介

透明树脂使用光固化技术打印成型，即 SLA 或 DLP，基本性质与透明塑料一致，打印使用的设计原则可参考高细节树脂打印的设计原则。

（三）透明塑料打印的设计原则

配合 PolyJet 工艺，与刚性不透明塑料打印设计原则一致。透明塑料打印的设计原则如表 3-7 所示。

表 3-7　透明塑料打印的设计原则

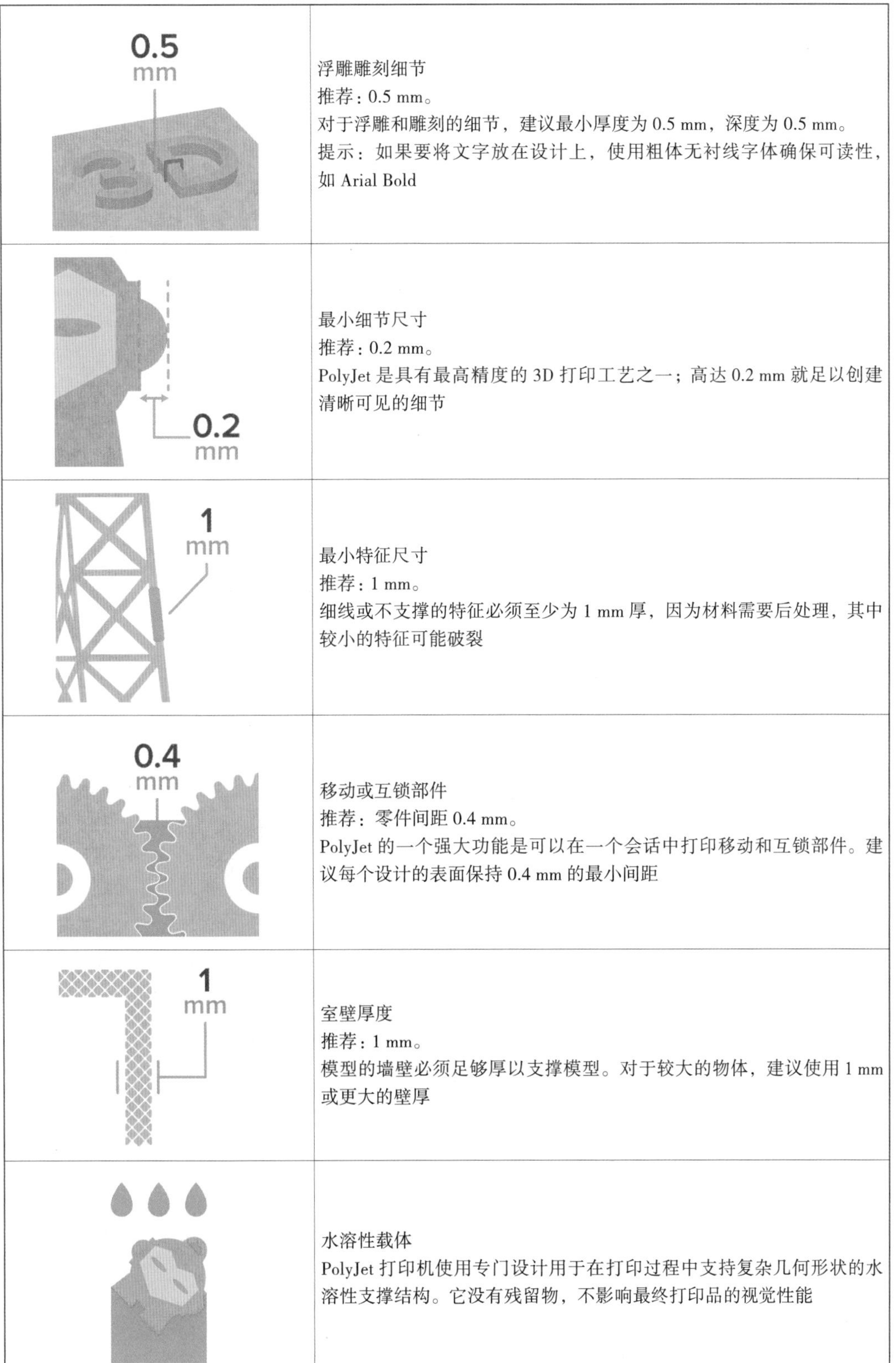

图示	说明
0.5 mm	浮雕雕刻细节 推荐：0.5 mm。 对于浮雕和雕刻的细节，建议最小厚度为 0.5 mm，深度为 0.5 mm。 提示：如果要将文字放在设计上，使用粗体无衬线字体确保可读性，如 Arial Bold
0.2 mm	最小细节尺寸 推荐：0.2 mm。 PolyJet 是具有最高精度的 3D 打印工艺之一；高达 0.2 mm 就足以创建清晰可见的细节
1 mm	最小特征尺寸 推荐：1 mm。 细线或不支撑的特征必须至少为 1 mm 厚，因为材料需要后处理，其中较小的特征可能破裂
0.4 mm	移动或互锁部件 推荐：零件间距 0.4 mm。 PolyJet 的一个强大功能是可以在一个会话中打印移动和互锁部件。建议每个设计的表面保持 0.4 mm 的最小间距
1 mm	室壁厚度 推荐：1 mm。 模型的墙壁必须足够厚以支撑模型。对于较大的物体，建议使用 1 mm 或更大的壁厚
	水溶性载体 PolyJet 打印机使用专门设计用于在打印过程中支持复杂几何形状的水溶性支撑结构。它没有残留物，不影响最终打印品的视觉性能

八、模拟 ABS 塑料

（一）模拟 ABS 塑料简介

高精度功能（注塑）模具具有 ABS 的韧性。模拟 ABS 设计用于通过结合强度与耐高温性来模仿 ABS 工程塑料。它提供高抗冲击性和抗震性，以及美观的光滑表面。使用模拟 ABS，可以创建高精度工程工具以及坚固耐用的原型。它是生产高精度注塑模具最快、最经济实惠的方法，用于 10~100 个小型注塑成型。

1. 优势

（1）模具，包括注塑模具。

（2）坚韧耐热的原型。

（3）精细细节模型，表面光滑。

（4）适合功能测试。

2. 限制

最终产品对紫外线敏感。

（二）模拟 ABS 塑料打印的设计原则

模拟 ABS 塑料打印的设计原则如表 3–8 所示。

表 3–8　模拟 ABS 塑料打印的设计原则

0.5 mm	浮雕雕刻细节 推荐：0.5 mm。 对于浮雕和雕刻的细节，建议最小厚度为 0.5 mm，深度为 0.5 mm。 提示：如果要将文字放在设计上，使用粗体无衬线字体确保可读性，如 Arial Bold
0.2 mm	最小细节尺寸 推荐：0.2 mm。 PolyJet 是具有最高精度的 3D 打印工艺之一；高达 0.2 mm 就足以创建清晰可见的细节

续表

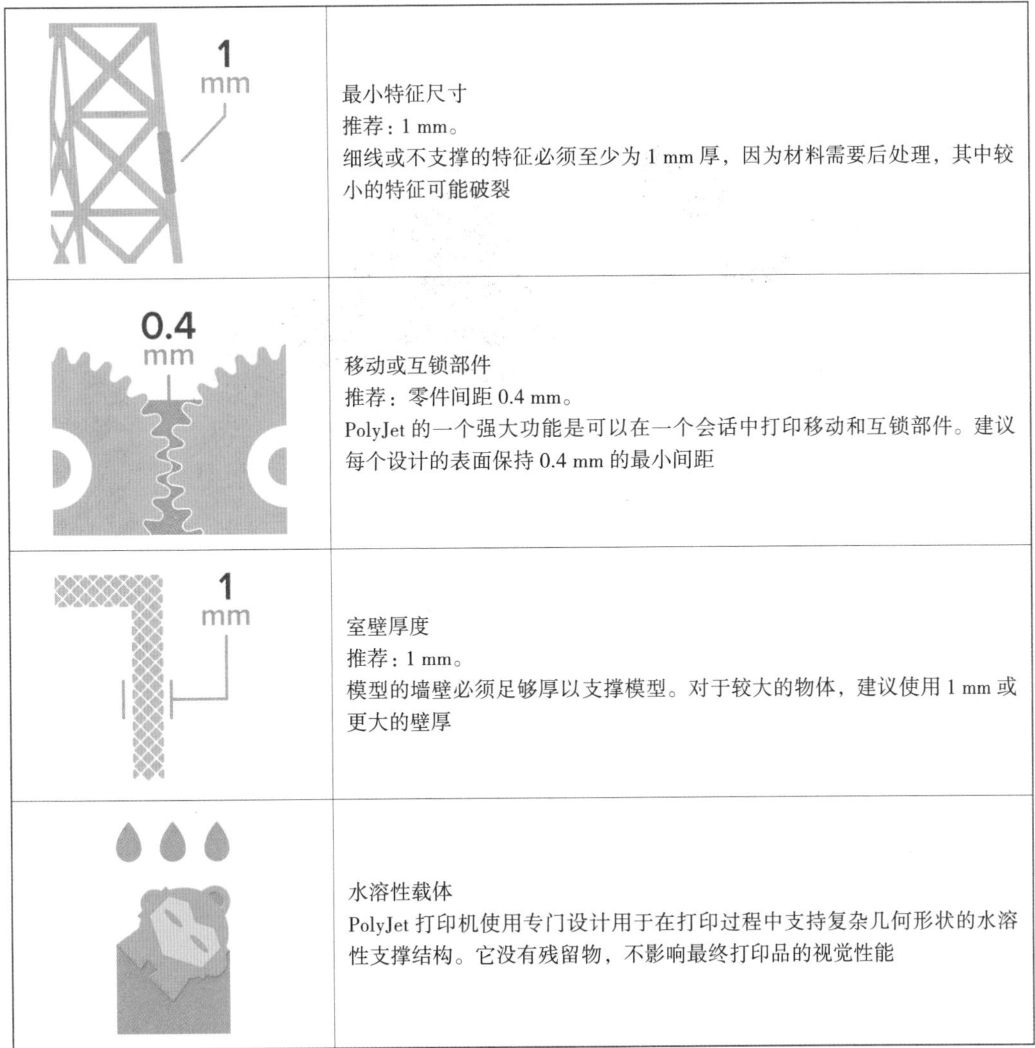

1 mm	最小特征尺寸 推荐：1 mm。 细线或不支撑的特征必须至少为 1 mm 厚，因为材料需要后处理，其中较小的特征可能破裂
0.4 mm	移动或互锁部件 推荐：零件间距 0.4 mm。 PolyJet 的一个强大功能是可以在一个会话中打印移动和互锁部件。建议每个设计的表面保持 0.4 mm 的最小间距
1 mm	室壁厚度 推荐：1 mm。 模型的墙壁必须足够厚以支撑模型。对于较大的物体，建议使用 1 mm 或更大的壁厚
	水溶性载体 PolyJet 打印机使用专门设计用于在打印过程中支持复杂几何形状的水溶性支撑结构。它没有残留物，不影响最终打印品的视觉性能

九、全彩砂岩

（一）全彩砂岩简介

全彩砂岩打印逼真的全彩（色彩）模型和雕塑，是一种表面有彩色纹理的石膏，是逼真、全彩色打印的最佳选择。理想的专业（规模）模型是建筑、产品设计。由于材料的脆性，全彩砂岩不允许突出特征小于 3 mm，腔体壁也要宽于 2 mm。

黏结剂喷射用薄粉建立三维模型。从喷嘴中挤出的彩色黏结剂将粉末黏合在一起，用所需的颜色表面固化物体。使用黏结剂喷射技术打印全彩砂岩。打印后，该模型用胶水和紫外增强涂层防止阳光脱色（图 3–14）。该方法的优点在于，多余的未熔化的粉末在其被制造时用作对结构的支撑，允许制造复杂的形状，并且不需要额外的支撑。

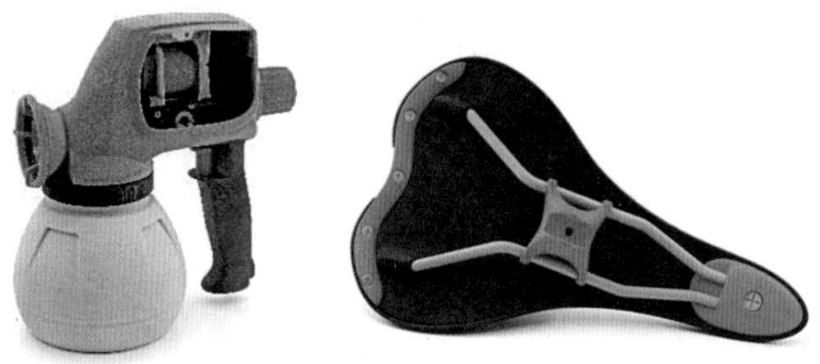

图 3–14　打印技术打印的喷涂装置和自行车座

1. 优势

（1）建筑模型。

（2）逼真的雕塑礼物和纪念品。

（3）复杂的模型。

2. 限制

功能部件复杂的功能。

（二）全彩砂岩打印的设计原则

全彩砂岩打印的设计原则如表 3–9 所示。

表 3–9　全彩砂岩打印的设计原则

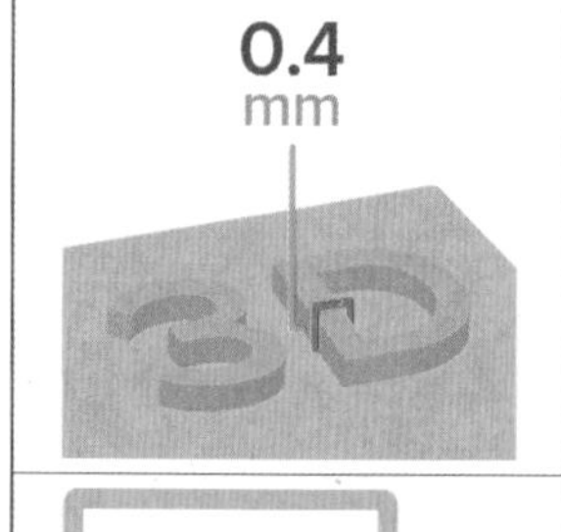	浮雕雕刻细节 推荐：0.4 mm。 对于浮雕和雕刻细节，建议最小厚度为 0.4 mm，深度为 0.4 mm。 提示：如果要将文字放在设计上，使用粗体无衬线字体进行设计，如 Arial Bold
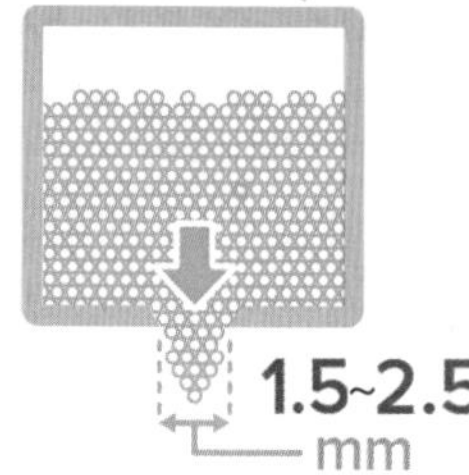	逃生孔 推荐：一个逃生孔直径 2.5 mm，两个或更多 1.5 mm。 由于全彩砂岩由粉末组成，所以设计中的所有空腔都将被粉末填充。增加一些孔洞，可以让模型镂空。 提示：具有多个孔可使粉末更容易逃逸，因为可以通过模型小心地吹动空气

续表

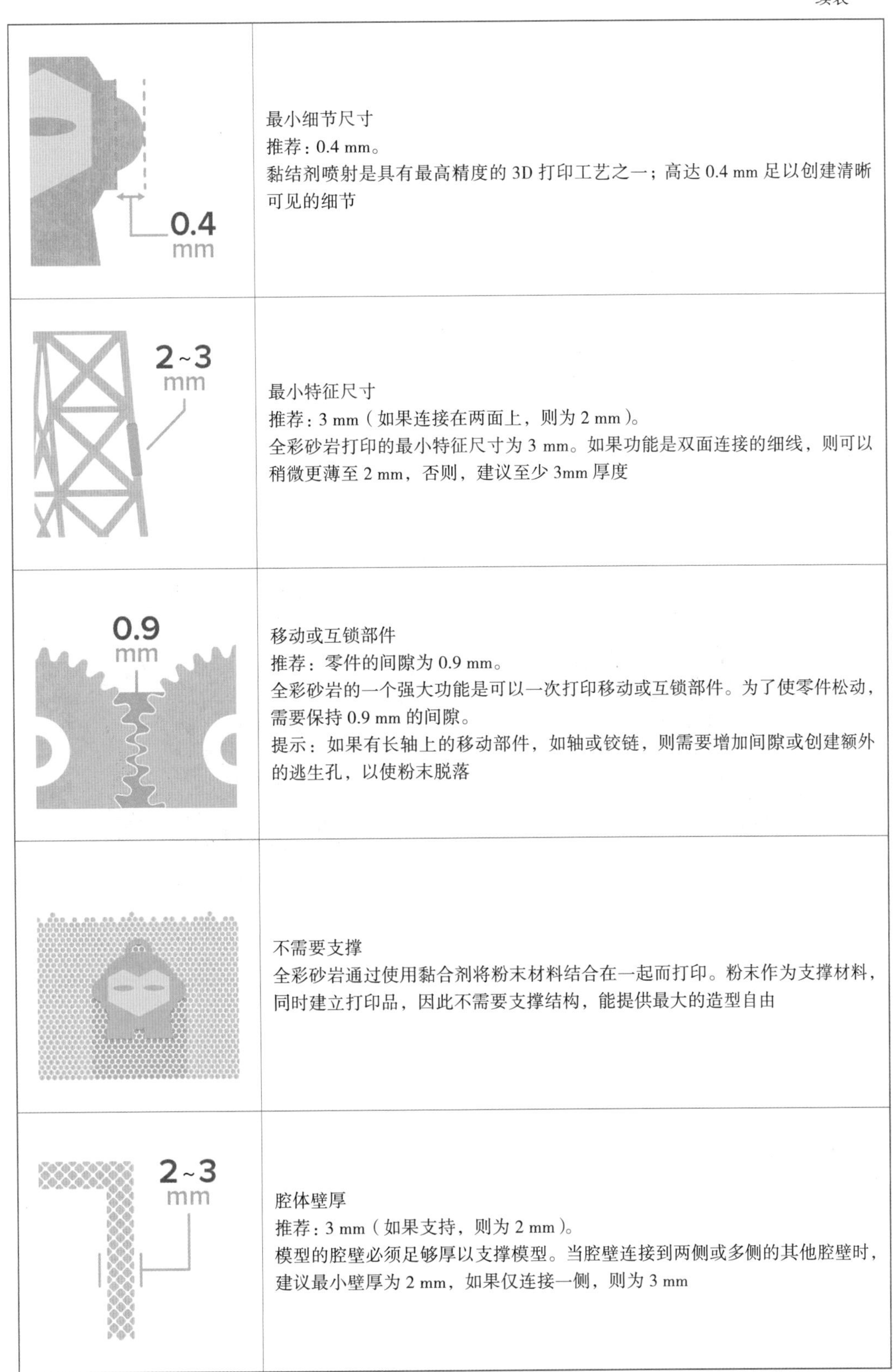

图示	说明
	最小细节尺寸 推荐：0.4 mm。 黏结剂喷射是具有最高精度的 3D 打印工艺之一；高达 0.4 mm 足以创建清晰可见的细节
	最小特征尺寸 推荐：3 mm（如果连接在两面上，则为 2 mm）。 全彩砂岩打印的最小特征尺寸为 3 mm。如果功能是双面连接的细线，则可以稍微更薄至 2 mm，否则，建议至少 3mm 厚度
	移动或互锁部件 推荐：零件的间隙为 0.9 mm。 全彩砂岩的一个强大功能是可以一次打印移动或互锁部件。为了使零件松动，需要保持 0.9 mm 的间隙。 提示：如果有长轴上的移动部件，如轴或铰链，则需要增加间隙或创建额外的逃生孔，以使粉末脱落
	不需要支撑 全彩砂岩通过使用黏合剂将粉末材料结合在一起而打印。粉末作为支撑材料，同时建立打印品，因此不需要支撑结构，能提供最大的造型自由
	腔体壁厚 推荐：3 mm（如果支持，则为 2 mm）。 模型的腔壁必须足够厚以支撑模型。当腔壁连接到两侧或多侧的其他腔壁时，建议最小壁厚为 2 mm，如果仅连接一侧，则为 3 mm

十、工业金属

（一）工业金属简介

工业金属是指用于原型和最终零件的工业的金属或合金。直接金属 3D 打印允许使用各种金属和合金创建功能原型和机械零件。

工业金属由金属粉末激光烧结成型，可用材料包括铝、不锈钢、青铜和钴铬。使用选择性激光熔化技术打印金属。选择性激光熔化通过使用高功率激光选择性地熔融薄层粉末材料构建物体，该过程发生在低氧环境中，以减少热应力并防止翘曲。

从原型制造到最终使用部件，工业金属最适用于高科技、低批量产品。选择性激光熔化（selective laser melting，SLM）打印在化学成分、机械性能（静态和疲劳）以及微观结构方面能与传统制造的零件相媲美，如图 3-15、图 3-16 所示。

图 3-15　SLM 打印的飞机支架

图 3-16　SLM 打印的端盖

1. 优势

（1）功能原型和最终用途部件。

（2）复杂的设计与复杂的细节。

（3）机械零件。

（4）移动和组装零件。

2. 限制

设计中的空腔（除非使用逃生孔）。

（二）工业金属打印的设计原则

工业金属打印的设计原则如表 3-10 所示。

表 3-10　工业金属打印的设计原则

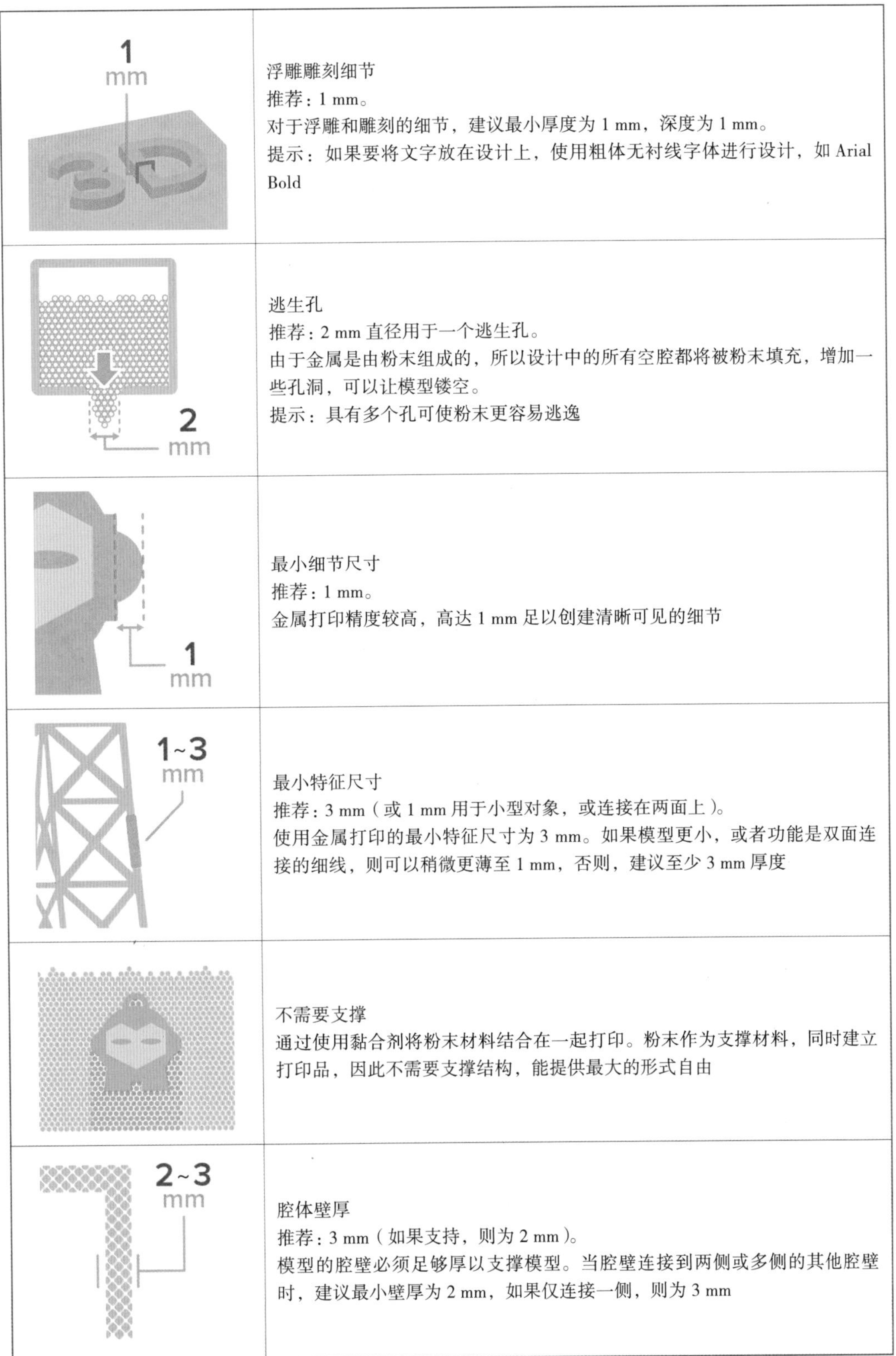

图示	说明
1 mm	浮雕雕刻细节 推荐：1 mm。 对于浮雕和雕刻的细节，建议最小厚度为 1 mm，深度为 1 mm。 提示：如果要将文字放在设计上，使用粗体无衬线字体进行设计，如 Arial Bold
2 mm	逃生孔 推荐：2 mm 直径用于一个逃生孔。 由于金属是由粉末组成的，所以设计中的所有空腔都将被粉末填充，增加一些孔洞，可以让模型镂空。 提示：具有多个孔可使粉末更容易逃逸
1 mm	最小细节尺寸 推荐：1 mm。 金属打印精度较高，高达 1 mm 足以创建清晰可见的细节
1~3 mm	最小特征尺寸 推荐：3 mm（或 1 mm 用于小型对象，或连接在两面上）。 使用金属打印的最小特征尺寸为 3 mm。如果模型更小，或者功能是双面连接的细线，则可以稍微更薄至 1 mm，否则，建议至少 3 mm 厚度
	不需要支撑 通过使用黏合剂将粉末材料结合在一起打印。粉末作为支撑材料，同时建立打印品，因此不需要支撑结构，能提供最大的形式自由
2~3 mm	腔体壁厚 推荐：3 mm（如果支持，则为 2 mm）。 模型的腔壁必须足够厚以支撑模型。当腔壁连接到两侧或多侧的其他腔壁时，建议最小壁厚为 2 mm，如果仅连接一侧，则为 3 mm

相关视频

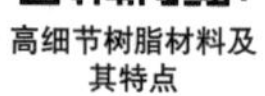

高细节树脂材料及其特点

3D 打印尼龙（PA）材料

复习思考题

1. 光敏树脂的特性有哪些？
2. 常见 3D 打印金属粉末的制备方法有哪些？
3. 3D 打印陶瓷材料的特点及种类有哪些？

模块四
3D 打印的应用领域及范围

导语

随着 3D 打印技术的不断进步和成熟，它在航空航天、生物医药、建筑等领域的应用逐步拓宽，其方便快捷、能够提高材料利用率等优势不断显现，与传统制造的结合也更加紧密，不断推动传统制造业的转型升级。例如，在医学上，3D 打印可以替换人体各部分。神奇的 3D 打印在工业制造、医疗、建筑、大众消费、教育等领域产生了巨大的作用。

思维导图

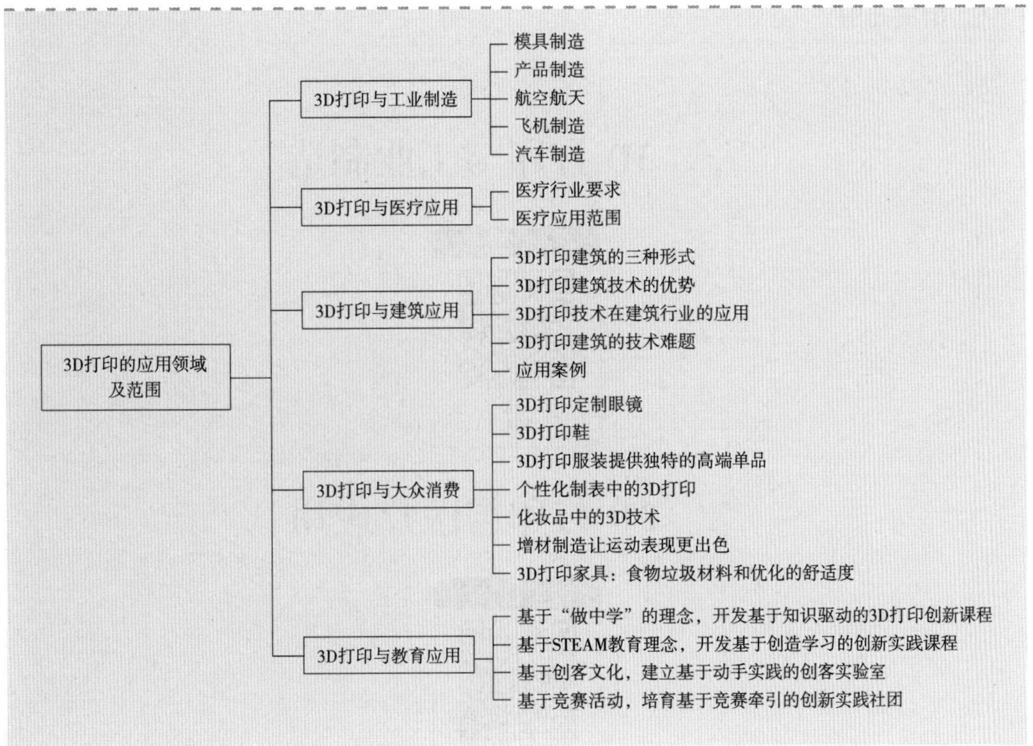

知识目标

1. 了解 3D 打印与工业制造；
2. 了解 3D 打印与医疗应用；
3. 了解 3D 打印与建筑应用；
4. 了解 3D 打印与大众消费；
5. 了解 3D 打印与教育应用。

思政目标

1. 培养学生精益求精、不断探索的创新精神；
2. 在学习理论知识的基础上，培养学生的情感与价值观；
3. 在学习专业技能的基础上，培养学生的理想信念与行为素质。

建议学时

8 学时。

相关知识

一、3D 打印与工业制造

一、3D 打印与工业制造

二、3D 打印与医疗应用

二、3D 打印与医疗应用

三、3D 打印与建筑应用

四、3D 打印与大众消费

五、3D 打印与教育应用

第二部分

3D 打印创意设计实践

模块五

3D 打印的流程

导语

在前面的模块中我们已经了解了 3D 打印的发展历史、3D 打印的原理以及几种主流的 3D 打印技术和材料。3D 打印技术虽然包含各种不同的成型工艺，但它们的成型思想和基本流程都是相同的，3D 打印的必要过程有建模和打印两个步骤，根据实际情况，有时还需要在建模之前进行创意设计或者扫描，并在打印之后进行抛光、上色等后期处理。

思维导图

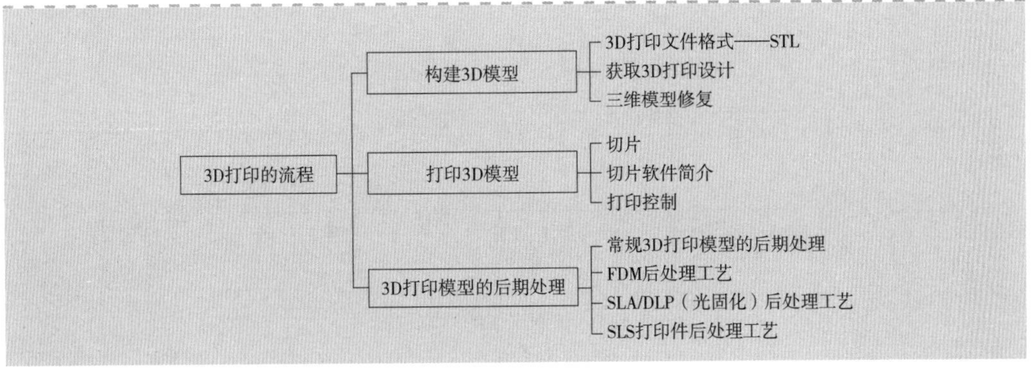

知识目标

1. 了解 3D 打印的整体流程；
2. 了解如何构建 3D 模型；
3. 了解 3D 打印设计的各种软件；
4. 了解打印 3D 模型；
5. 了解 3D 模型的后期处理。

思政目标

1. 培养学生精益求精、不断探索的创新精神；
2. 在学习专业技能的基础上，培养学生的理想信念与行为素质；
3. 感受传统民族文化魅力，贯彻审美教育。

建议学时

4 学时。

相关知识

一、构建 3D 模型

3D 打印过程是以 3D 立体的形式表达设计的零件模型，然后将数字模型导出到 3D 打印机，打印出实体模型。因此，3D 打印过程主要分为三个步骤，首先是获取模型 / 构建 3D 模型，然后是模型的 3D 打印，最后是后处理，如图 5–1 所示。

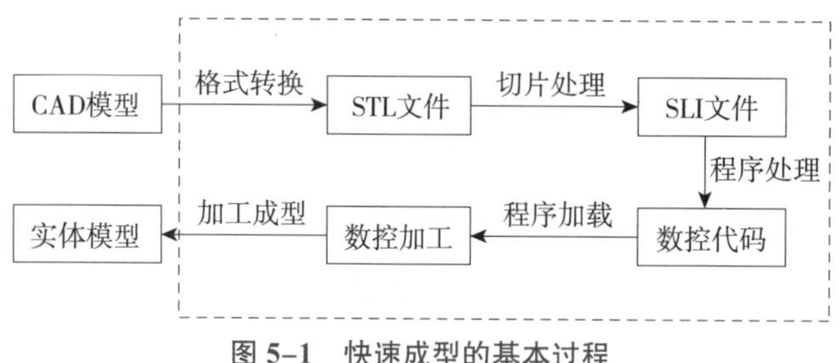

图 5–1 快速成型的基本过程

3D 打印需要 3D 数字模型的输入，因此在打印前应该了解 3D 打印需要什么格式的模型，通过专业的建模软件创建的 3D 数字模型如何转换为可 3D 打印的文件格式。

（一）3D 打印文件格式——STL

1. STL 格式

虽然 3D 打印机使用多种文件类型将 3D 模型转换为 3D 打印（OBJ、BJ 等），但 STL 已经成为行业标准，并且是大部分最常用的文件类型。大多数 CAD 软件允许将任何 3D 模型导出为 STL 文件，然后将其转换为 3D 打印机解释和打印的 G 代码（称为“切片”）。

STL 文件由多个三角形面片的定义构成（图 5-2），三维实体由若干块三角形面片分割，三角形面片越小，精度越高，需使用的面片数量越多，模型数据量越大，计算时间越长（图 5-3）。

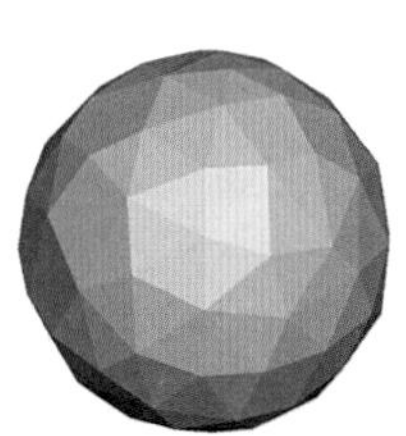

图 5-2　低分辨率球体：三角形影响形状

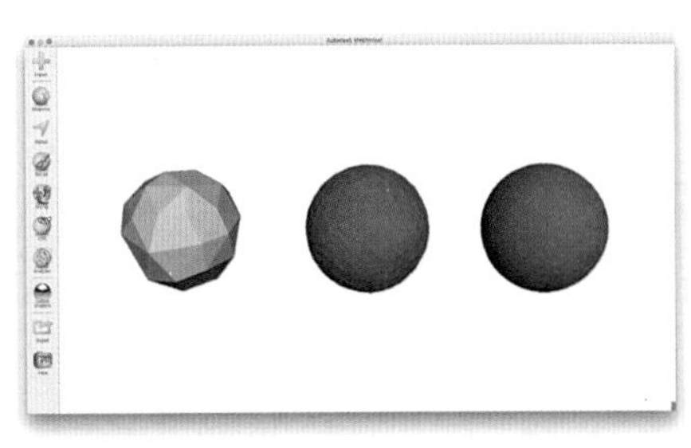

图 5-3　在 MeshMixer 软件中以三种不同分辨率呈现的球体

一个完整的 STL 文件记载了组成实体模型的所有三角形面片的法向量数据和顶点坐标数据信息。STL 文件格式包括二进制文件（BINARY）和文本文件（ASC Ⅱ）两种。

正确的 STL 应满足四个条件：①共顶点规则；②右手规则；③取值规则；④充满规则。

2. 选择正确的分辨率

可以通过更改 CAD 包中的公差来更改分辨率。每个 CAD 包具有不同的指定方式，但大多数包括弦高和角度控制。

弦高是原始设计表面与 STL 格式设计表面的最大距离。弦高越小，面片越小，表面曲率越准确，如图 5-4 所示。

建议选择 0.001 mm 的弦高。而导出公差小于 0.001 mm 的文件是没有意义的，因为 3D 打印机无法打印出这种程度的细节。角度公差限制了相邻三角形的法线之间的角度。默认设置通常为 15°，减小角度将提高 STL 文件的分辨率，如图 5-5 所示。

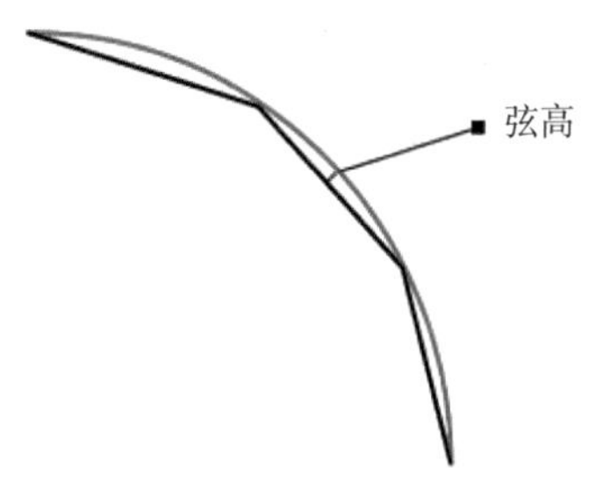

图 5-4　弦高的视觉图示

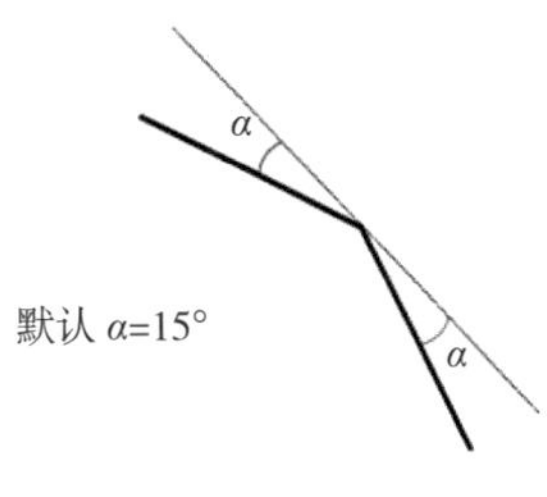

图 5-5　角度公差的视觉图示

该设置可以在 0 和 1 之间。除非需要更高的设置，否则为了实现更平滑的曲面，建议使用 0。

3. 从 CAD 程序导出 STL 文件

所有 CAD 程序都有自己的方式来导出 STL 文件（表 5-1），初级 / 入门级 3D 建模软件及详细介绍见表 5-2。有关导出一系列 CAD 程序的 STL 文件的操作请参考相关软件的使用说明。

表 5-1　各种 3D 建模软件导出 3D 打印格式 STL 模型的方法

软件	方法
Alibre	File（文件）→ Export（输出）→ SaveAs（另存为，选择 .STL）→输入文件名→ Save（保存）
AutoCAD	输出模型必须为三维实体，且 XYZ 坐标都为正值。在命令行输入命令“Faceters”→设定 FACETRES 为 1 到 10 之间的一个值（1 为低精度，10 为高精度）→在命令行输入命令“STLOUT”→选择实体→选择“Y”，输出二进制文件→选择文件名
CADKey	从 Export（输出）中选择 Stereolithography（立体光刻）
I-DEAS	File（文件）→ Export（输出）→ RapidPrototypeFile（快速成型文件）→选择输出的模型→ SelectPrototypeDevice（选择原型设备）→ SLA500.dat →设定 absolutefacetdeviation（面片精度）为 0.000395 →选择 Binary（二进制）
Inventor	SaveCopyAs（另存复件为）→选择 STL 类型→选择 Options（选项），设定为 High（高）
IronCAD	右击要输出的模型→ PartProperties（零件属性）→ Rendering（渲染）→设定 FacetSurfaceSmoothing（三角面片平滑）为 150 → File（文件）→ Export（输出）→选择 .STL
Mechanical Desktop	使用 AMSTLOUT 命令输出 STL 文件
	下面的命令行选项影响 STL 文件的质量，应设定为适当的值，以输出需要的文件
	1. AngularTolerance（角度差）——设定相邻面片间的最大角度差值，默认 15°，减小可以提高 STL 文件的精度
	2. AspectRatio（形状比例）——该参数控制三角面片的高 / 宽比。1 标志三角面片的高度不超过宽度。默认值为 0，忽略
	3. SurfaceTolerance（表面精度）——控制三角面片的边与实际模型的最大误差。设定为 0.0000，将忽略该参数
	4. VertexSpacing（顶点间距）——控制三角面片边的长度。默认值为 0.0000，忽略
ProE	1. File（文件）→ Export（输出）→ Model（模型）
	2. 或者选择 File（文件）→ SaveaCopy（另存一个复件）→选择 .STL
	3. 设定弦高为 0。然后该值会被系统自动设定为可接受的最小值
	4. 设定 AngleControl（角度控制）为 1
ProE Wildfire	1. File（文件）→ SaveaCopy（另存一个复件）→ Model（模型）→选择文件类型为 STL（*.stl）
	2. 设定弦高为 0。然后该值会被系统自动设定为可接受的最小值
	3. 设定 AngleControl（角度控制）为 1
Rhino	File（文件）→ SaveAs（另存为 .STL）

续表

软件	方法
SolidDesigner（Version 8.x）	File（文件）→ Save（保存）→选择文件类型为 STL
SolidDesigner（not sure of version）	File（文件）→ External（外部）→ SaveSTL（保存 STL）→选择 Binary（二进制）模式→选择零件→输入 0.001 mm 作为 MaxDeviationDistance（最大误差）
Solid Edge	1. File（文件）→ SaveAs（另存为）→选择文件类型为 STL
	2. Options（选项）
	设定 ConversionTolerance（转换误差）为 0.00 1in 或 0.025 4 mm
	设定 SurfacePlaneAngle（平面角度）为 45.00
SolidWorks	1. File（文件）→ SaveAs（另存为）→选择文件类型为 STL
	2. Options（选项）→ Resolution（品质）→ Fine（良好）→ OK（确定）
Think3	File（文件）→ SaveAs（另存为）→选择文件类型为 STL
	设定 TriangleTolerance（三角误差）为 0.002 5
	设定 AdjacencyTolerance（邻接误差）为 0.12
	设定 AutoNormalGen（自动法向生成）为 On（开启）
	设定 NormalDisplay（法向显示）为 Off（关闭）

4. 经验法则

输出 0.001 mm 弦高公差。

按照你正在使用的 CAD 程序的导出说明进行操作。

（二）获取 3D 打印设计

要 3D 打印物品，首先需要一个 3D 模型——对象的任何三维表面的数学表示。获取 3D 打印设计一般有以下三种选择。

1. 自己创建设计

使用计算机辅助设计工具、各种专门的软件工具来创建 3D 模型，从而简化计算机、平板电脑甚至智能手机上的设计过程。表 5-2 为 3D 建模软件及介绍。

2. 让别人为你设计

你的朋友可以设计 CAD 或 3D 建模，你可以找到专业设计公司或机构，也可以通过访问 3D 打印建模设计网站，留下你的联系方式和想法，会有一些设计师主动联系你。如 3D Hubs 网站提供熟练的设计师和工程师，他们提供建模或 3D 扫描服务，以帮助你创建和准备 3D 打印设计。

3. 在线查找设计下载

如果你没有准备好打印的 3D 文件，或者你只想尝试 3D 打印而不必设计任何内容，你还可以浏览提供数千种免费 3D 模型的分享网站直接下载。

表 5-2　3D 建模软件及介绍

初级 / 入门级 3D 建模软件	
软件名称	软件介绍
ThinkerCAD AUTODESK® TINKERCAD®	TinkerCAD 是 3D 软件公司 Autodesk 的一款免费建模工具，非常适合初学者使用。本质上说，这是一款基于浏览器的在线应用程序，能让用户轻松创建三维模型，并可以实现在线保存和共享
3D Slash	3D Slash 这款同名建模软件是近几年才发布的，旨在将 3D 建模概念在所有年龄层的用户中推广，包括孩子。这款软件能够适用的浏览器包括 Windows、Mac、Linux 和树莓派。现在 3D Slash V2.0 也发布了
123D Design AUTODESK® 123D® DESIGN	123D Design 是 Autodesk 的另一款免费建模 App，比 TinkerCAD 的功能性更强一些，但是仍然简单易用，还能编辑已有的 3D 模型。目前这款 3D 建模 App 可以免费下载
中级 3D 建模软件	
软件名称	软件介绍
SketchUp SketchUp	SketchUp 这款 3D 建模软件比较适合中级 3D 设计师，是比较高级的 3D 建模软件。它以一个简单的界面集成了大量功能插件和工具，用户可以轻松绘制线条和几何形状。初学者同样可以学着使用这款技术含量相对较高的 3D 建模软件，因为该软件的网站上提供了免费的视频教程
Sculptris	Sculptris 的这款软件比较适合初学者到中级 3D 设计师的过渡期间使用。本质上说，这是一款数字雕刻工具，非常适合具有有机形状和纹理的物体的 3D 建模
Meshmixer	Meshmixer 由 Autodesk 开发，同样适合初学者到中级 3D 设计师的过渡期间使用。这款 3D 建模软件允许用户预览、提炼和修改已有的 3D 模型，以纠正和改良不足之处，同时也可以创建新的 3D 模型
高级 3D 建模软件	
软件名称	软件介绍
Blender blender	Blender 是一款开源的 3D 建模软件，也可以说是一款 3D 数字雕刻工具，适用于专业级 3D 设计师。这款软件极大地提高了设计自由度，适用于制作复杂且逼真的视频游戏、动画电影等
FreeCAD	FreeCAD 是一款开源的参数化 3D 建模工具，适合中级 3D 设计师向高级 3D 设计师的过渡期间使用。参数化建模工具是工程师和设计师的理想选择，通过复杂的计算机算法来快速、高效地编辑 3D 模型
OpenSCAD	OpenSCAD 是一款非可视化 3D 建模工具，是程序员的理想选择。它通过“读写”编程语言中的脚本文件来生成 3D 模型，本质上说，OpenSCAD 也是一款参数化建模工具，能够通过参数设置精确控制 3D 模型的属性
专业级 3D 建模软件	
软件名称	软件介绍
机械设计软件 SolidWorks（PreoE、UG） 3DS SOLIDWORKS	SolidWorks 是世界上第一个基于 Windows 开发的三维 CAD 系统，后被法国 Dassault Systems 公司（开发 Catia 的公司）所收购。相对于其他同类产品，SolidWorks 操作简单方便、易学易用，国内外的很多教育机构（大学）都把 SolidWorks 列为制造专业的必修课

续表

专业级 3D 建模软件	
软件名称	软件介绍
雕刻软件 ZBrush ZBRUSH	美国 Pixologic 公司开发的 ZBrush 软件是世界上第一个让艺术家感到无约束自由创作的 3D 设计工具。ZBrush 能够雕刻高达 10 亿多边形的模型，所以说限制只取决于艺术家自身的想象力
3DS Max AUTODESK® 3DS MAX®	美国 Autodesk 公司的 3DS Max 是基于 PC 系统的三维建模、动画、渲染的制作软件，为用户群最广泛的 3D 建模软件之一。常用于建筑模型、工业模型、室内设计等行业。因为其广泛性，它的插件也很多，有些很强大，基本上都能满足一般的 3D 建模需求
Maya AUTODESK® MAYA®	Maya 也是 Autodesk 公司出品的世界顶级 3D 软件，它集成了早年的两个 3D 软件 Alias 和 Wavefront。相比于 3DS Max，Maya 的专业性更强，功能非常强大，渲染真实感极强，是电影级别的高端制作软件。在工业界，应用 Maya 的多是从事影视广告、角色动画、电影特技等行业
工业设计软件 Rhino Rhinoceros	Rhino 是美国 Robert McNeel 公司开发的专业 3D 造型软件，它对机器配置要求很低，安装文件才几十兆，但“麻雀虽小，五脏俱全”，其设计和创建 3D 模型的能力是非常强大的，特别是在创建 NURBS 曲线、曲面方面功能强大，也得到很多建模专业人士的喜爱，成为现在最流行的建模软件之一，特别是对于 3D 打印参数化建模，与 Grasshopper 联用
结构拓扑优化软件 SolidThinking Inspire	Inspire 采用 Altair 公司先进的 OptiStruct 优化求解器，应用于设计流程的早期，帮助设计人员生成和探索高效能的结构基础。结构拓扑优化又称结构布局优化，是一种根据载荷、约束及优化目标寻求结构材料最佳分配的优化方法。结构优化设计的目的在于寻求既安全又经济的结构形式，实现 3D 打印模型轻量化
动画建模软件 Cinema 4D	Cinema 4D（C4D）是德国 Maxon 公司的 3D 创作软件，在苹果机上用得比较多，特别是在欧美日为最受欢迎的三维动画制作工具
扫描（逆向设计）的 3D 建模软件 Geomagic	Geomagic（俗称“杰魔”）包括系列软件 Geomagic Studio、Geomagic Qualify 和 Geomagic Piano。其中 Geomagic Studio 是被广泛使用的逆向工程软件，具有下述特点：确保完美无缺的多边形和 NURBS 模型处理复杂形状或自由曲面形状时，生产效率比传统 CAD 软件高数倍；可与主要的三维扫描设备和 CAD/CAM 软件进行集成；能够作为一个独立的应用程序运用于快速制造，或者作为对 CAD 软件的补充

（三）三维模型修复

在 CAD 模型转换成 STL 模型的过程中可能会出现很多错误，直接影响到后续的切片和数据处理工作，所以需要对转换的结果进行错误检查，深究其原因并针对性地修复。

（1）逆向法向量。逆向法向量是三角形面片三条边的转向发生逆转，即违反了 STL 文件的右手规则。产生的原因主要是在生成 STL 文件时，三角形面片的顶点记录顺序错误。

（2）孔洞。孔洞是 STL 文件中最常见的错误，它是因丢失三角形面片而造成的，特别是一些大曲率曲面组成的模型在进行三角化处理时，如果拼接该模型的三角形非常小或者数目非常多，就很容易丢失小三角形，导致孔洞错误。

（3）裂缝。裂缝主要是在转换中数据不准确或取舍的误差而导致的，孔洞和裂缝都违反了 STL 文件的充满规则。

（4）面片重叠。在三维空间中，三角网格模型中顶点的数值是以浮点数表示的。由于软件的转换精度太低，三角化算法中需要四舍五入对顶点数值进行调整，从而产生误差，导致顶点的漂移。

（5）多边共线。三个以上的边共线，并且每一条边只有一个邻接三角形。这是一种拓扑结构错误，是由于不合理的三角化算法造成的。

① 3D Builder。3D Builder 是 Windows 10 自带的一款创建模型和 3D 打印的工具，可以解决一些简单模型的修复问题，导入模型时会自动检查模型是否需要修复，并提供意见修复按钮，这个比较实用，可满足大部分模型修复要求。

② Magics。Magics 是由 Materialise 公司推出的一款专业快速成型辅助设计软件，可以方便用户对 STL 文件进行测量、处理等操作，并拥有强大的布尔运算、三角缩减、光滑处理、碰撞检测等功能，只需要动动手指便可以在短时间内改正有问题的 STL 文件。此软件对操作的要求相对较高，需要具有一定基础知识。

③ Netfabb。Netfabb 是由 Autodesk 公司推出的一款专业模型修复软件，用户可以将设计好的模型导入软件中，利用软件的自动检测对模型进行数据分析，从而查看模型设计是否有不封闭、无壁厚、法线错误、模型自相交等问题；软件在自动检测的基础上，开发了功能强大的模型修复功能，当 Netfabb 提示模型构建不规范时，可以通过软件的参数设置对模型进行完善修复，不需要使用任何模型制作软件或工具就能完成修复，非常方便快捷，同时软件还具有观察、编辑、分析三维 STL 文件和切片文件的功能，完全能满足各类用户的需求。

④ MeshLab。MeshLab 是一个开源、方便携带和可扩展的系统，用于处理和非结构化编辑 3D 三角形网格，是由一群来自比萨大学的学生设计的，很多人应该对它比较熟悉。这款软件允许你对任意的三角面进行编辑，所以功能强大。

二、打印 3D 模型

（一）切片

3D 打印机配套有一个切片软件，这个切片软件就是对要打印的三维模型文件进行打印参数设置的软件。参数设置好后，选择视图中的切片按钮，这个软件就可以自动计算数据，最终获得 3D 打印机可以识别的一种 G 代码文件，将该传输给 3D 打印机就可以打印了。

（二）切片软件简介

1. Slic3r

Slic3r 的开源、免费、相对快捷和高度可定制化的特性，使它成为开源创客的首选切片软件。小技巧：通常 3D 打印机生产商（如果是基于开源的）会提供一个默认的切片设置。所以如果在打印机文件中找到一个名为 .INISlic3r 的文件，就首先将这个文件导入 Slic3r 作为初始设置（单击：File → ImportConfig），然后在此基础上调试软件的各项数据。

2. Skeinforge

Skeinforge 是另一款非常流行的切片软件，同样开源、免费。

3. Cura

Cura 由 UltiMaker 开发，可以兼容很多打印机，但对 UltiMaker 自己的 3D 打印机无疑是支持得最好的，所以主要应用在 UltiMaker 3D 打印机，既可以切片，也可以提供 3D 打印机控制界面。

4. KISSlicer

KISSlicer 是一款简单易用的跨平台的切片软件，KISS 是 keepitsimple（保持简单）的简写，从名字也能看出它的风格，简单、清晰就是它的目标。作为主机软件和 3D 打印机控制软件，它的作用是和 3D 打印机通信，把 .gcode 文件发送给打印机并控制 3D 打印机的参数，使其完成打印。

5. Printrun

Printrun 不仅有机器控制功能，还能与切片软件整合为一体（如 Slic3r），因此它可以独立完成从切片到打印的整个过程。它支持 Mac、Linux 和 PC 操作平台，几乎所有的开源 3D 打印机都可以使用这款软件。

6. Repetier-Host

和 Printrun 很类似，Repetier-Host 也是一款综合性软件，有切片、零件定位和机器控制功能。它的用户界面相对 Printrun 更复杂，但更直观。该软件同样支持 Mac、Linux 和 PC 操作平台。

7. Pepetier-Server

Pepetier-Server 是比较新的一款 Repetier 产品。能在 Raspberry Pi（一款信用卡大小的计算机主板）上使用，能够控制多台打印机，内存消耗极小（每台打印机只用 5 MB），网页操作界面相对简单。但其还不支持 Mac 和 PC。

8. Octoprint

Octoprint 是一款完全基于网页的“主机”程序。这个软件可远程控制打印机，通过预先设置的网络摄像头监控打印机，随时可以暂停、恢复打印。用户还可以设置软件，让它按特定频率抓拍打印时的照片。Octoprint 也支持 Raspberry Pi。

9. BotQueue

Haxlr8r 和 MakerBot 的共同创始人 Zach Hoeken 开发了这款开源远程打印机控制软件。它能控制多台打印机。只需要上传 .stl 文件到网站，这款软件就会完成接下来的打印工作（切片和打印）。它还可以给每一台打印机设置一种独立的切片特性。

10. make-me

make-me 由开源编程社区 GitHub 开发，能将 Replicator 2 连接到一台服务器，通过 Wi-Fi 接受打印命令和各种控制命令。整个打印过程都通过 GitHub 的聊天机器人 Hubot 监控和完成。这意味着可以通过和一个在线机器人聊天，来对 3D 文件进行切片和打印。目前，这款软件只支持 Mac 的 OS X，但它是完全开源的。

（三）打印控制

一般 3D 打印机控制使用 Repetier-Host、ReplicatorG 等软件。

三、3D 打印模型的后期处理

（一）常规 3D 打印模型的后期处理

1. 打磨

打磨可以帮助消除 3D 打印模型表面的层线，一开始要使用较粗糙的砂纸，后期使用较细的砂纸。同一个地方不要操作时间过长，以防摩擦生热过多熔化表面。如果打印件之后需要黏合，那么接缝处最好不要磨掉太多。

2. 胶合

如果要组合组件的多个部分，或者创建一个大于 3D 打印机打印尺寸的模型，则可使用这一处理方式。当黏合时，最好以点的方式涂抹胶水，最好能让两个接触面接触得更紧密，如用橡皮圈绑定。如果接缝粗糙或有间隙，可以使用填料使其变平滑。不同的打印材料可以使用不同的黏合剂，如 ABS 适合使用丙酮类的胶水，注意保护双手，因为该类胶水会通过溶解 ABS 达到黏合的效果；也可以使用万能胶。

3. 上色

上色可分为笔绘和喷涂，笔绘适用于精细的打印件，如人物、艺术造型等，用户需要有一定的绘画基础，一般使用模型漆或丙烯颜料，后者比较便宜，但有一定缺陷；喷涂则一般使用在简单的模型上。两者结合，既能提高效率，又能表现细节。

喷涂步骤要尽量在通风且无尘的地方进行，这样所有表面的上色才会均匀。喷涂一般分成底漆和喷漆两个部分。喷涂时可将目标悬挂起来，同时最好与其保持一手臂的间隔。上色完成后需要等待 1~2 d 再进行抛光。

4. 安装螺丝

安装螺丝可延长 3D 打印外壳的使用寿命，为了安装得更紧固，模型上的孔洞最好略小于螺纹，固定住模型以确保稳定，且不可操作太快、太猛，否则孔洞有可能变形。安装螺丝一般有四种方式：①在模型上留出安装螺母的凹槽；②留出螺纹钻孔，后期攻丝；③留出比螺纹小的圆孔，安装自攻螺丝；④用电烙铁镶嵌铜螺母。

5. 硅胶翻模

这个过程需要 3D 打印模具箱、硅胶、树脂、量杯等物件，要计算模具体积，可以先向 3D 打印模具箱倒满水，然后将水倒入量杯中。通过这一过程，用户可以轻松地用 3D 打印机无法使用的材料为一个产品制造多个副本。

6. 真空成型

对于真空成型，可以加大模具外壁和填充的数值设置，以制造出一个能承受真空成型压力的坚固模具。首先用工业级的真空成型机加热塑料片材，然后将其放在 3D 打印模具上挤压成型。该工艺常被用来制造塑料容器等。

（二）FDM 后处理工艺

FDM 最适合以短期交货生产的具有成本效益的原型。FDM 打印件上一般存在层线，要使其达到表面光滑的效果，后处理尤为重要。一些后处理方法还可以增加打印件的强度，有助于减少 FDM 零件的各向异性行为，如图 5-6 所示。

图 5-6　后处理的 FDM 打印（从左到右）：
冷焊、间隙填充、未加工、打磨、抛光、涂漆、环氧涂层

1. 支撑去除

支撑去除通常是打印零件需要添加支持的 3D 打印技术的后处理的第一阶段。

支撑一般可分为两类：标准（可剥离性）和水溶性。标准支撑材料，应具有一定的脆性，并且与成型材料之间形成较弱的黏结力；而对于水溶性支撑材料，则要保证良好的水溶性，应在一定时间内溶于水或酸碱性水溶液。

1）标准支撑去除

（1）工具。模型剪和直头镊子，如图 5-7 所示。

图 5-7　标准支撑去除工具：模型剪 + 直头镊子

良好的支撑结构和适当的打印方向可以大大减小支撑对模型最终外观的影响。

（2）工艺。有些支撑可用手轻轻剥离，但会有一些残留，这时，支撑剪便可以快速去除外面的支撑材料，剪切不要超过模型形状的轮廓，以免造成模型表面凹陷残缺；镊子用来去除支撑剪难以到达的地方，如孔或者中空部分，如这些地方的支撑不影响外观和功能，也可不去除，如图 5-8 所示。

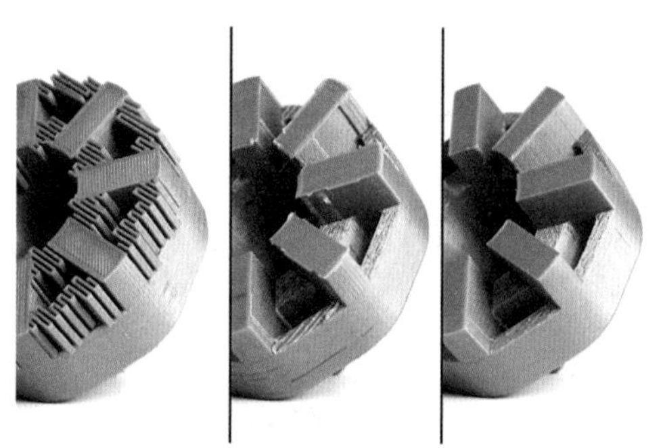

图 5-8　未去除支撑和非正确去除支撑及正确去除支撑

2）水溶性支撑去除

水溶性支撑材料是一种可溶解于酸性或碱性水溶液的具有良好水溶性的高分子材料，与标准支撑材料不同的是，水溶性支撑材料由于不考虑机械式的剥离方式，可以任意置于成型零件深处嵌壁式的区域或接触细小特征。同时，水溶性支撑材料可以保护细小特征。水溶性支撑一般需要有双喷头的 FDM 才能实现，辅助喷头可打印易溶解的支撑材料，但会增加打印成本（包括材料和设备），浸泡溶剂时间也相对较长，使用超声设备可加快溶解，用户根据实际情况选择。

目前，可用于 FDM 工艺的水溶性支撑材料主要有两大类：一类是聚乙烯醇（PVAL）水溶性支撑材料，另一类是丙烯酸（AA）类共聚物水溶性支撑材料。市场上水溶性支撑材料常见有两种：一种是 HIPS（抗冲击性聚苯乙烯，配合 ABS 耗材使用），溶于柠檬烯溶液，浸泡 6~24 h(根据模型大小决定)，配合柠檬烯和异丙醇比例为 1 ∶ 1 的加热溶液并使用超声可以加快去除支撑物；另一种是 PVA 聚乙烯醇（配合 PLA 耗材使用），浸水 2~4 h 即可完全溶解。还有一种是 HydroFill 水溶性支撑材料，同时支持 ABS 和 PLA 两种耗材，易溶于清水，溶解时间在 1 h 以内。如果使用溶解时间过长，打印件会出现漂白和翘曲。

2. 打磨

（1）工具。150、220、400、600、2 000 目的砂纸；牙刷、肥皂、除尘黏性擦布、口罩。

（2）工艺。去除或溶解支撑后，可以进行砂磨，使零件平滑，并清除任何明显的瑕疵，如斑点或支撑痕迹。砂纸的起始砂粒（目数）取决于层的高度和打印质量；对于 200 μm 或更低的层高度，或打印无瑕疵，打磨可以 150 粒度开始。如果存在明显的瑕疵或者以 300 μm 或更高的层高打印物体，则以 100 粒度开始打磨。

打磨应该从粗磨到细磨，一种策略是使用砂纸粒度从 220 目、400 目、600 目、1 000 目到 2 000 目，建议从开始到结束用湿砂打磨，避免摩擦的热量积聚损坏部件，并随时保持砂纸清洁。打磨时应使用牙刷和肥皂水清洗，然后用抹布擦拭打磨层次，以防止积灰和“结块”。FDM 部件可以打磨达到 5 000 目，得到光滑、光泽的表面。

要始终以绕圆运动均匀地摩擦零件表面，垂直于打印层或平行于打印层的打磨可能导致在零件中形成“沟槽”，如果打磨时有许多小划痕，则可以使用热风枪轻轻地加热打印件并软化表面，足以“松弛”一些缺陷。

3. 抛光

（1）工具。塑料抛光化合物、2 000 砂砾砂纸、黏布、牙刷；抛光轮或超细纤维布。

（2）工艺。在打印后，可以使用塑料抛光剂，使 ABS 和 PLA 等热塑性塑料具有镜面般的表面光洁度。一旦打印件打磨到 2 000 粒度，用黏性布擦掉打印件上的多余灰尘，然后用牙刷在温水浴中清洁打印件。待打印件完全干燥后使用抛光轮抛光，或用超细纤维布和塑料抛光剂手动抛光。

（3）提示。将抛光轮连接到可变速度的 Dremel（或其他旋转工具，如电钻），用于打印小型打印件。配有抛光轮的台式砂轮机可用于打磨更大、更坚固的打印件，但注意打磨不能太久停留在同一个区域，否则可能会因为摩擦热导致塑料融化。

4. 上色

（1）工具。黏布、牙刷、砂纸、底漆、面漆、指甲棒、抛光纸；丁腈手套、防护面罩。

（2）工艺。待打印件被正确打磨抛光后，模型绘制分底漆和面漆两个步骤。使用气溶胶底漆将在模型表面形成均匀覆盖的薄层，使用方法是在距离部件 15~20 cm 的地方短时间快速喷涂第一道涂层（以避免底漆聚集），然后让底漆干燥，用 600 目砂纸打磨任何缺陷，以轻快的速度涂抹底漆。

一旦底漆完成，面漆就可以开始。绘制可以用丙烯酸颜料和画笔完成，也可以使用喷枪或气溶胶罐，后者可以提供更高的表面光洁度。喷绘应使用专为模型涂漆设计的涂料，底漆表面应进行抛光，然后使用黏性布清洁。喷绘前几个层看起来是半透明的，通常在 2~4 层之后油漆形成不透明层，让模型静置 30 min 以便油漆固化，每层油漆之间可以用指甲棒轻轻地打磨。

（3）提示。使用气溶胶油漆时，不要摇晃罐子，摇晃将导致喷雾剂产生气泡。应该旋转罐子 2~3 min，混合珠应该像大理石一样滚动，而不是咯咯作响。

（三）SLA/DLP（光固化）后处理工艺

SLA/DLP 打印机的打印尺寸精度能达到至少 0.3 mm，但其桌面级打印机的局限是打印零件尺寸较小，工业级 SLA 打印机的打印尺寸国内最大能达到 600 mm × 600 mm × 400 mm，大多数打印件打印时需要加支撑结构而需要以一定角度打印，这些支撑将在模型表面留下痕迹并产生不平坦的外观。由于大部分 SLA 树脂材料是简单的 3D 打印材料之一，加之其良好的材料强度及较大的打印尺寸，工业级 SLA 打印机可以说是应用最广泛的设备，如图 5-9 所示。

1. 去除支撑

支撑结构从模型上分离或切割，此时，模型刚从打印平台取下，表面有很多残留的液态光敏树脂，请戴一次性橡胶手套操作，有些支撑可用手直接除去，坚固的支撑可用模型剪去除，除去支撑材料后会在接触点留下凹凸的表面。如果需要高质量的表面光滑度，则可以添加额外的材料再固化（至少 0.1 mm，请参考步骤 3 后固化操作）以后进行打磨；对于临界直径垂直孔，建议打印后进行钻孔；对于螺纹孔，建议直孔后期攻丝或电烙铁镶嵌铜螺母，可获得更好的打印尺寸精度及功能，如图 5-10 所示。

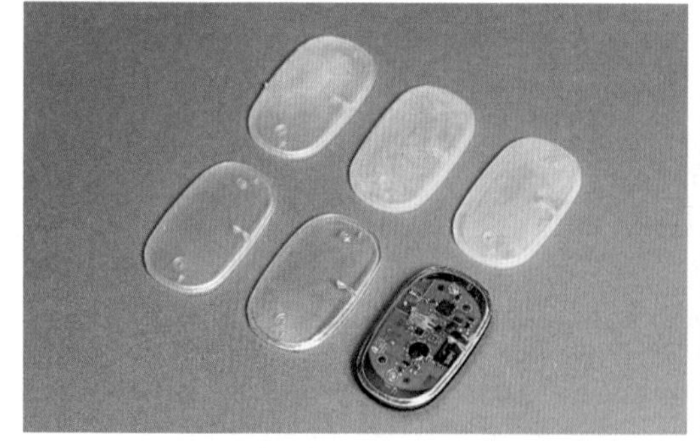

图 5-9　电子产品外壳 50 μm 层高的透明树脂打印后处理不同阶段的表面

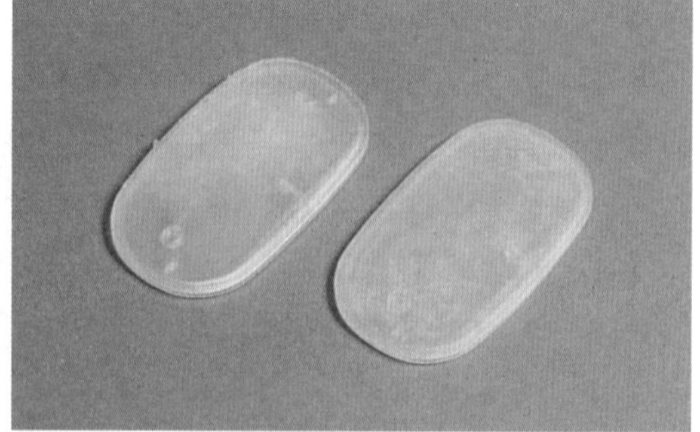

图 5-10　基本支撑去除（左）和打磨支撑尖头（右）

2. 清洗模型

打印材料光敏树脂是油性的，无法使用水去清洗模型，因此我们会使用高浓度的

99% 酒精溶液（即无水乙醇）或 96% 以上的异丙醇（IPA）溶液去清洗模型（溶解未固化的液态光敏树脂），请戴丁腈橡胶手套保护双手，由于清洗液有一定的发挥性，请在通风处操作佩戴口罩，使用后及时密封清洗液，也可使用 120 W 以上的超声波清洗机加速清洗。手动清洗一般可使用两个塑料盒，一个可重复使用，另一个做最后的清洗，溶液不浑浊。注意：清洗时间过长会破坏模型表面。清洗干净后模型表面不再黏手，这时再使模型干燥，一般可晾干、吹干或擦干。

3. 后固化

模型在打印时并未达到 100% 的固化程度，有些材料会表现出材料强度不够，这时我们需要对模型进行二次固化，一般使用与打印设备同波长的固化箱进行照射，固化时间视模型而定，可使用少量多次的方式来确定模型是否达到固化要求，打印件不宜过度固化，会导致模型变形、变色。

4. 打磨支撑尖头

找到那些去除支撑后留下的尖头，这些尖头使表面不平坦或美观，建议先用较粗的砂纸打磨，如 600 目或 800 目的干砂纸，注意随时观察平面的光滑程度，以免过度打磨及打磨不均匀，模型表面会残留打磨后的粉末，需要清洗干净，透明树脂表面可能会不美观，我们将在之后的步骤去解决。

5. 湿磨

湿磨通常可达到表面最光滑的光洁度（取决于所使用的砂纸目数），通常使用水砂纸实现，水砂纸需要配合水流完成操作。含支撑的表面与打磨劳动轻度强度密集，建议至少使用两种不同目数的细水砂纸作业，如 1 200 目、1 500 目。因此，最好的做法是将支撑放置在模型的最不可见的部分。根据支撑位置的不同，通过打磨可以消除材料的一些精度损失，但打磨时使用的水可能导致打印品上产生一些白色 / 浅色斑点。

6. 矿物油处理

湿磨后需要添加矿物油层，矿物油有助于隐藏模型上的白色 / 光斑，创造出一个很好的均匀的半透明外观（图 5-11）。这种表面处理非常适合需要减少摩擦和润滑表面的机械部件（图 5-12），但会造成油漆不能很好地黏到表面上。

7. 喷漆（透明紫外线防护丙烯酸）

喷漆有助于隐藏层线，减少对模型不产生支撑的侧面进行打磨的需要，喷漆也通过阻止紫外线照射来保护模型免受黄变和后固化。此作业不适合滑动或移动部件，若丙烯酸漆不能很好地黏附在柔性树脂上，喷涂不均匀会导致表面“橙皮”效果。

8. 抛光

表面采用 2 000 目砂纸打磨，然后用抛光化合物抛光表面，最后表面的光洁度可与玻璃相当，但这一过程非常耗时。这个作业非常适合简单的形状，细节很少（如手表的水晶）。它不太适合复杂几何形状（如加强筋和间隙）的操作。这种光洁度可能不适

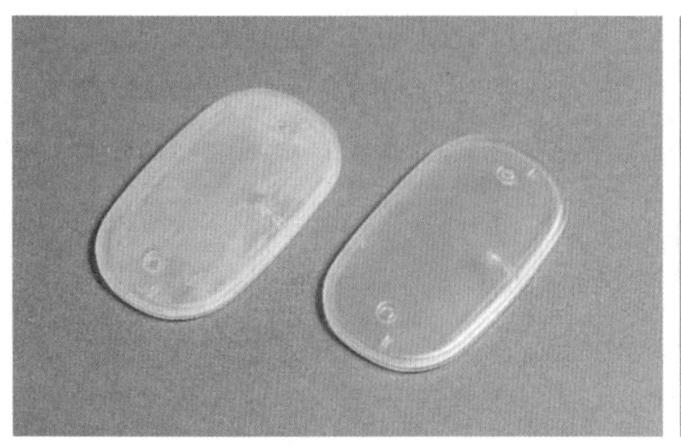

图 5-11　湿磨（左）和矿物油完成（右）

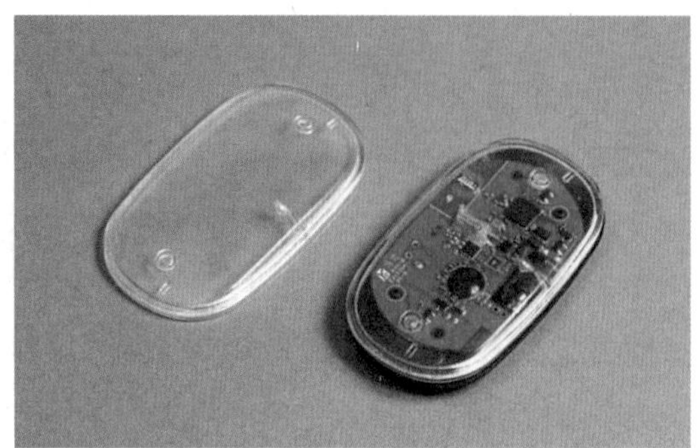

图 5-12　喷漆（透明紫外线保护丙烯酸）（左）并抛光以透明光洁度（右）

合韧性和柔性树脂，因为它们比其他树脂柔软。

（四）SLS 打印件后处理工艺

SLS 零件打印精度高，具有良好的强度，经常用作最终产品。由于基于粉末的融合过程的性质，SLS 打印部件具有粉状、粒状的光洁度。SLS 零件的后处理是一系列技术和完成可用的常用做法。涂料也经常添加到 SLS 零件中以提升性能。此外，功能性涂层有时可以帮助补偿 SLS 缺乏可行的材料等级。

1. 基础处理

打印完冷却后，零件从构建室中取出，所有多余的粉末用压缩空气从零件中吸走。然后通过塑料珠（磨料）喷射来清洁表面，以除去黏附到表面的粉末，这也是喷漆或涂漆的最佳表面处理，如图 5-13 所示。

2. 介质振动抛光

为了更平滑的表面纹理，尼龙 SLS 零件可以在介质振动或振动机中抛光（图 5-14）。一种含有小的陶瓷片的滚筒会随着物体的振动而逐渐侵蚀外表面到抛光表面。该过程会对零件尺寸有影响，并导致圆角锐利，不建议具有精细细节和复杂功能的零件抛光。

图 5-13　SLS3D 打印件上的基础表面处理

图 5-14　SLS 零件介质振动抛光

3. 染色

彩色 SLS 打印最经济、最快的方法是利用染色工艺。SLS 部件的孔隙使其成为染色的理想选择。成型件浸入有不同颜色的热色浴中，使用不同颜色的浴液确保全面覆盖成型件所有内部表面和外部表面。通常情况下，染料只能渗入零件大约 0.5 mm 的深度，这意味着持续的表面磨损会暴露出原来的粉末颜色，如图 5–15 所示。

4. 喷漆或涂漆

SLS 零件可以喷漆，也可以涂清漆或透明涂层。通过涂漆可以获得各种饰面，如高光泽度或金属光泽。漆涂层可以提高零件表面的耐磨性、表面硬度、防水性以及限制痕迹和污迹。图 5–16 为经过喷漆处理的零件。

图 5–15　SLS 零件一系列染料着色

图 5–16　SLS 零件光泽的喷漆处理

由于 SLS 的多孔性质，建议使用 4~5 个非常薄的涂层来获得最终的涂层而不是 1 个厚的涂层，这样可以缩短干燥时间，减少油漆或漆器的操作。

5. 防水涂层

正确烧结的 SLS 部件将具有一些固有的防水性。可以应用涂料来进一步增强这一点。实践证明，有机硅和丙烯酸乙烯酯涂层能提供最好的防水性能，而聚氨酯（PU）不适用于防水 SLS 部件，如果要求完全防水，建议使用浸涂法。

6. 金属涂层

SLS 零件可以电镀。不锈钢、铜、镍（或两者兼而有之）、金和铬可沉积在零件表面，以提升屏蔽应用中的强度或电导率。清洁零件并在表面涂上导电的材料层，然后通过传统的金属涂层程序进行操作，以制造 25~125 μm 厚的金属涂层。

相关视频

三维模型 STL 文件格式、精度、基本规则

3D 格式转换下载下来的文件如果不是 STL 的怎么办?

STL 文件编辑与软件

模型零件后处理

复习思考题

1. 如何理解 3D 打印技术能突破制造局限?
2. 3D 打印材料还能有其他哪些突破?

模块六 3D打印创意实践

导语

随着3D打印技术的发展与应用，产品的生产方式已不再成为设计师想象力的束缚。即使外观再复杂的产品都能通过3D打印机打印出来，且浑然一体。设计师能够专注于产品形态创意和功能创新，即所谓"设计即生产"。

未来的设计师将不再把自己的想象力固封在产品加工工艺的牢笼中，设计师的想象力与创造力会得到空前的激发。独立设计师可依靠3D打印技术将自己的创意变成真实的产品。

建议学时

24学时。

项目一 "奥运精神进课堂"——冰墩墩与3D打印

导语

2022年的北京冬奥会再一次让世界见证了中国的综合实力，而本次冬奥会吉祥物冰墩墩更是火爆全球，成了2022年的顶流。以熊猫为原型设计的"冰墩墩"成功塑造了一个非传统的可爱冰壳小熊猫，这些中国元素的融合使得它在开幕式之后受到了世界各国观众、运动员和记者的喜爱。

内容提要

本项目立足奥运精神，利用三维建模技术创建一个 2022 北京冬奥会吉祥物冰墩墩，通过 3D 打印技术实现“冰墩墩自由”。主要以项目小组为单位在老师的指导下制定冰墩墩 3D 打印模型，通过三维建模、3D 打印、模型完成三个步骤完成“冰墩墩”的制作。

思维导图

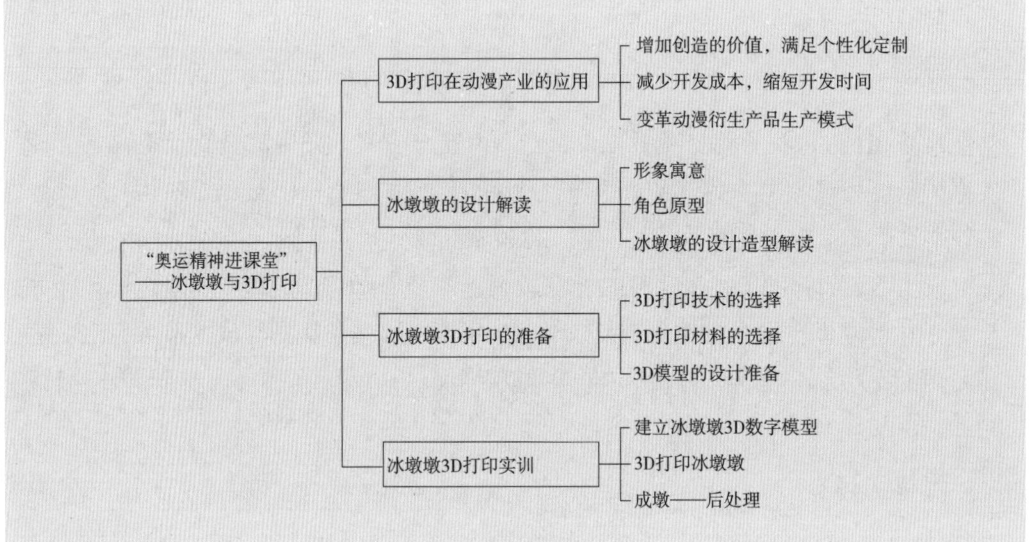

知识目标

1. 了解冰墩墩的造型设计；

2. 掌握冰墩墩数字三维模型的创建办法及流程；

3. 利用 DLP 光固化技术打印冰墩墩；

4. 对 3D 打印模型进行后处理，去除模型支撑、清洗、二次固化、打磨、上色直至模型完成。

思政目标

1. 了解中国 IP 设计，理解用设计语言讲好中国故事；

2. 了解 3D 打印技术，助力“中国制造”走向“中国创造”。

相关知识

一、3D 打印在动漫产业的应用

3D 打印为所有动漫手办的收藏者打开一扇新世界的大门：将喜欢的动漫角色，经过 3D 建模，输入打印机进行 3D 打印，传统的手工制作需要一周才能雕刻成型，使用 3D 打印则只需要几个小时就可以获取一款完全符合原作、精度高、表面质量精良的手办白模。

（一）增加创造的价值，满足个性化定制

开发动画手办应用 3D 打印技术，可以打破传统制作工艺对产品设计创意的限制，为造型师开拓更自由的设计空间，百分百还原人物角色形态，并可以 DIY 创造属于玩家自己心目中的角色，实现个性化产品定制。

（二）减少开发成本，缩短开发时间

3D 打印技术的应用，突破传统大规模手工生产的局限性，全面降低投资成本。数字化建模技术可以缩短设计前期的时间，再利用 3D 打印技术，从手工制作的烦琐程度和材料的制作费用两个方面大大节约了开发时间和开发成本。

（三）变革动漫衍生产品生产模式

在美国电影产业中，漫威系列是最大的 IP（知识产权）产品，如钢铁侠、蜘蛛侠等动漫角色被漫威迷疯狂追捧，漫威公司在影视生产播出后进行了动漫人物衍生品的开发，除去影视收入，衍生产品是一大主力收益。由此可以看出，衍生产品生产是国外最主要的动漫生产销售盈利模式之一，中国对衍生产品开发的重视程度也在上升，尤其是 3D 打印技术，正在逐渐改变中国的动漫产业链。

二、冰墩墩的设计解读

冰墩墩是 2022 年北京冬季奥运会吉祥物（图 6-1），将熊猫形象与富有超能量的冰晶外壳相结合，头部外壳造型取自冰雪运动头盔，装饰彩色光环，整体形象酷似航天

员，寓意创造非凡、探索未来，体现了追求卓越、引领时代，以及面向未来的无限可能。其于 2019 年 9 月 17 日正式亮相，2022 年 7 月 1 日停止生产。

图 6-1　2022 年北京冬奥会吉祥物冰墩墩

资料来源：2022 北京冬奥会专题 – 中国奥委会官网 [EB/OL].http：//www.olympic.cn/zt/Beijing2022/。

（一）形象寓意

吉祥物冰墩墩名字中的“冰”，象征纯洁、坚强，是冬奥会的特点。墩墩，意喻敦厚、健康、活泼、可爱，契合熊猫的整体形象，象征着冬奥会运动员强壮的身体、坚韧的意志和鼓舞人心的奥林匹克精神。

（二）角色原型

熊猫是世界公认的中国国宝，形象友好可爱、憨态可掬，深受各国人民尤其是青少年的喜爱。3D 设计的拟人化熊猫，体现了人与自然和谐共生的理念。

冰墩墩有冰雪一样的冰外壳，展示了冬奥会的特点。熊猫的敦实和力量，体现出奥林匹克的精神。它还是科技熊猫，像一个太空熊猫，展示出面向未来的深刻寓意，完全不同于过去人们在不同场合看到的设计成野生动物形象的熊猫。

（三）冰墩墩的设计造型解读

冰墩墩内外均是熊猫模型，硬与软，透明与不透明，黑与白，冰丝带五环颜色的色彩对比，实现了视觉审美层面的对比统一，冰墩墩不是单一材质、单一触觉体验，坚硬的冰壳包裹着一个毛绒的熊猫，设计者说冰壳之下有一分“暖和软”（图 6-2）。我们的制作过程也将里面两层的模型分开来制作。

图 6-2　冰墩墩的设计造型

三、冰墩墩 3D 打印的准备

（一）3D 打印技术的选择

1. 熔融沉积成型技术

熔融沉积成型技术是软件数学分层的定位模型构建，通过加热层挤出热塑性纤维，适用于任何形状和尺寸的复杂零部件制造。该技术可以将多种材料融合，实现不同的目标，可以使用一种材料来建立模型，用另一种可溶性的支撑结构，也可以使用多种颜色的热塑性材料建立同一个模型。熔融沉积成型技术具有节约工具成本、方式灵活、加工周期短和原料利用率高的优点。在航空制造领域，这项技术可以应用于复杂构件的成型制造。

2. DLP 光固化成型技术

除 FDM 技术，我们也可以采用光固化成型技术打印，它的表面质量高、色泽亮丽、干燥固化快，能够提高涂装物的表面硬度。利用材料的累加成型，将目标零件的形状分为若干个平面层，以一定波长的光束扫描液态光敏树脂，使每层液态光敏树脂被扫描到的部分固化成型，而未被光束照射的地方仍为液态，最终各个层面累积成所需的目标零件，材料利用率可接近 100%。在航空制造领域，这项技术可以用于验证和零件打印。

（二）3D 打印材料的选择

本次实训选用 DLP 光固化成型技术的光敏树脂材料，具有以下特性。

（1）黏度低，利于成型树脂较快流平，便于快速成型。

（2）固化收缩小，固化收缩导致零件变形、翘曲、开裂等，影响成型零件的精度，低收缩性树脂有利于成型高精度零件。

（3）湿态强度高，较高的湿态强度可以保证后固化过程不产生变形、膨胀及层间剥离。

（4）溶涨小，湿态成型件在液态树脂中的溶涨造成零件尺寸偏大。

（5）杂质少，固化过程中没有气味、毒性小，不会对操作环境造成不好的影响。

（三）3D 模型的设计准备

（1）确定尺寸：198 mm × 145 mm × 200 mm。

（2）准备 3D 数字模型的三视图。

（3）3D 数字模型分析，包括外壳厚度与内模型造型。

四、冰墩墩 3D 打印实训

（一）建立冰墩墩 3D 数字模型

利用 3ds max 或 UG 或 Maya 来建立冰墩墩 3D 数字模型，完成建模后用渲染器渲染（本次实训用 3ds max 自带渲染器，也可选择 KeyShot 渲染），并结合 PS 做出效果图，如图 6–3 所示。

图 6–3　冰墩墩效果图

资料来源：2022 北京冬奥会专题 – 中国奥委会官网 [EB/OL].http：//www.olympic.cn/zt/Beijing2022。

1. 建立 3D 数字模型步骤

（1）导入一张冰墩墩的图片到 UG 软件中，用光栅图像建模的方式进行建模（图 6–4），先描出冰墩墩的轮廓边，注意绘制两面轮廓线的时候（图 6–5），顶端和底端的线要相交。

图 6-4 用光栅图像建模

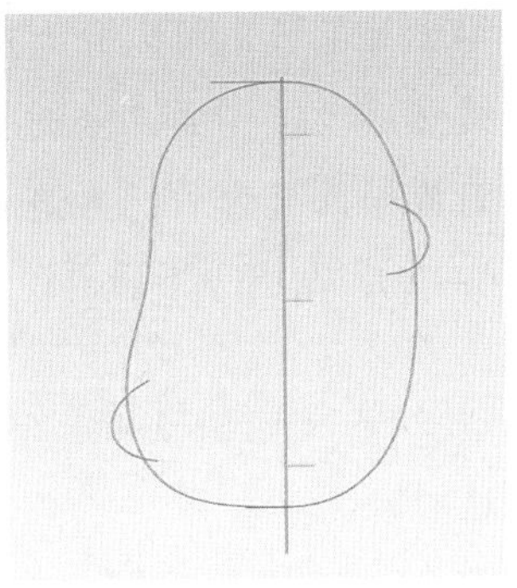

图 6-5 绘制两面轮廓线

（2）身体可分为几个部分来分别完成，先画 3 条横线用以区分区域，拉伸 3 条直线做出片体，然后用曲面上的曲线命令绘制身体上的轮廓曲线，身体的中间部分做一个网格面，上下空缺的地方做一个填充面，记得要注意边界的相切连续，因为冰墩墩前后是不对称的。使用同样方法步骤完成身体另一面的片体建模，如图 6-6~ 图 6-11 所示。

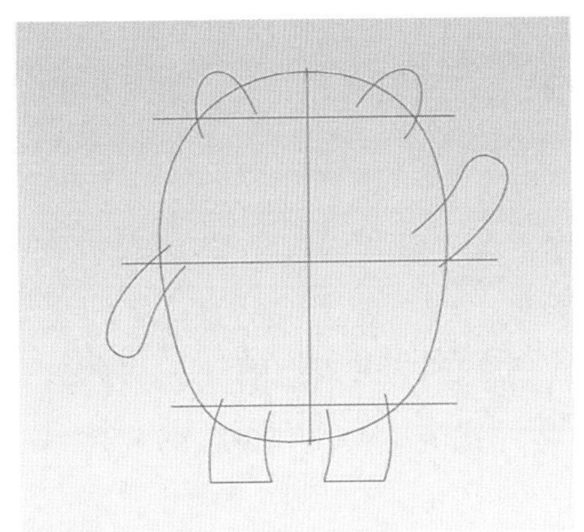

图 6-6 区分区域

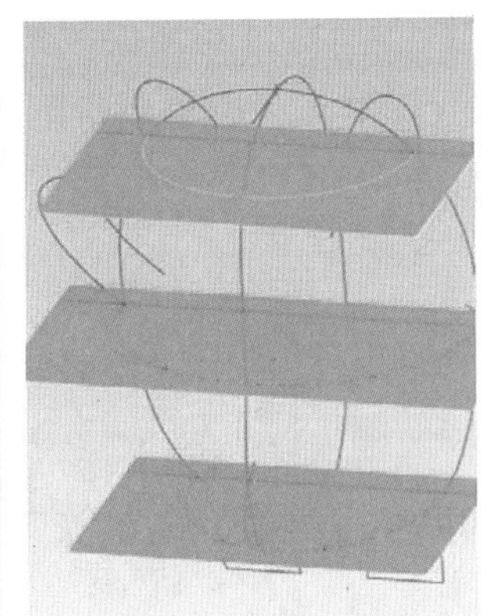

图 6-7 拉伸片体

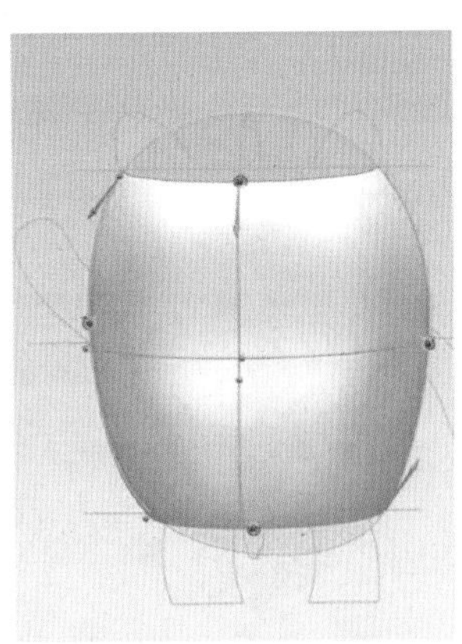

图 6-8 曲线命令绘制身体

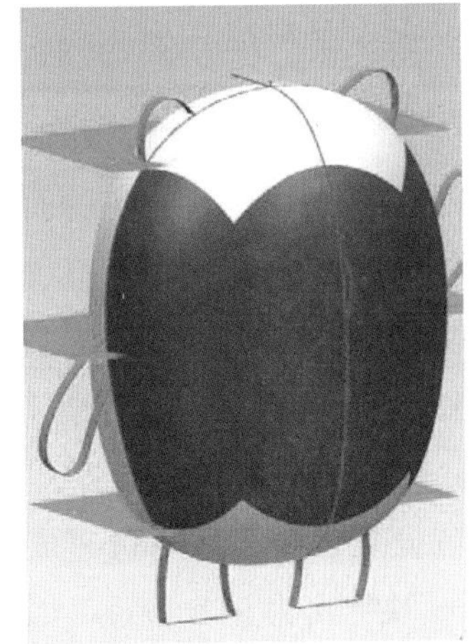

图 6-9 填充面完成身体前面部分

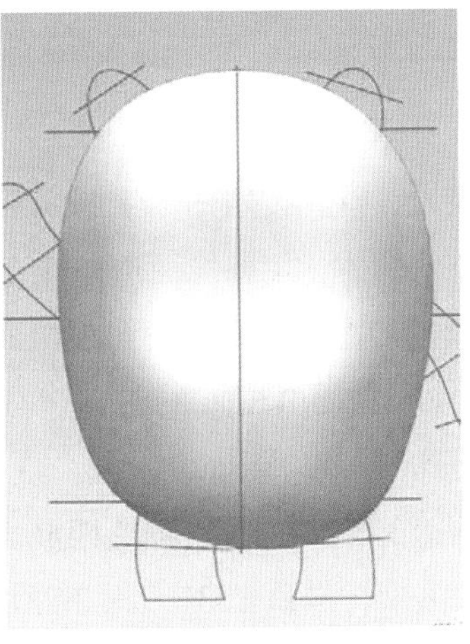

图 6-10 背面部分片体建模

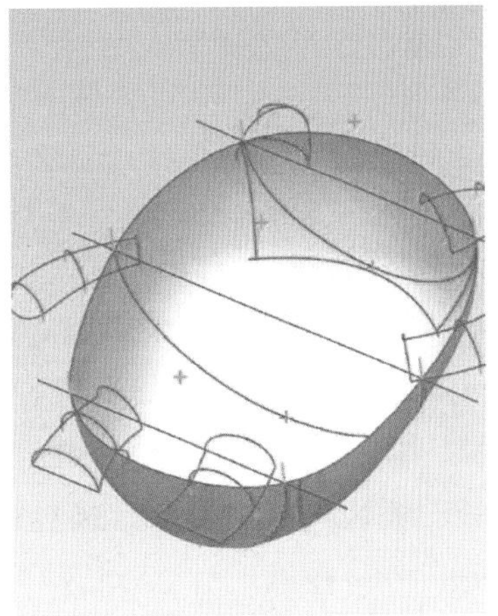

图 6-11 绘制耳朵、手脚

（3）耳朵、手脚等部分也可以分为这几个部分来完成，同样是做直线然后拉伸出片体，找到相交线然后桥接构面，分别用曲线网格和填充曲面来做好曲面的部分。把手脚处的开口用有界平面缝合后，再整体求和做成实体。尾巴部分也同样可以用填充曲面来完成（图 6–12），做出一半后再镜像，然后缝合成实体，与本体求和（图 6–13）。

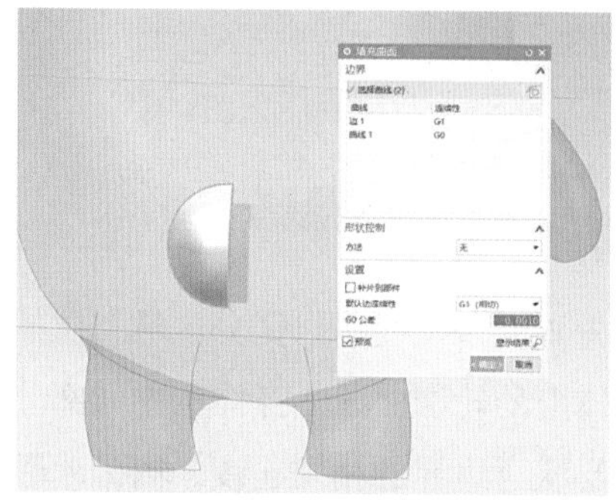
图 6–12　尾巴部分填充曲面

图 6–13　做出外壳

（4）在手脚连接处倒圆角后就开始做冰墩墩的外壳了，直接使用加厚命令，加厚完成后再去做鼻子部分，同样是用填充曲面做在脸上，别做到外壳上，如图 6–14~图 6–16 所示。

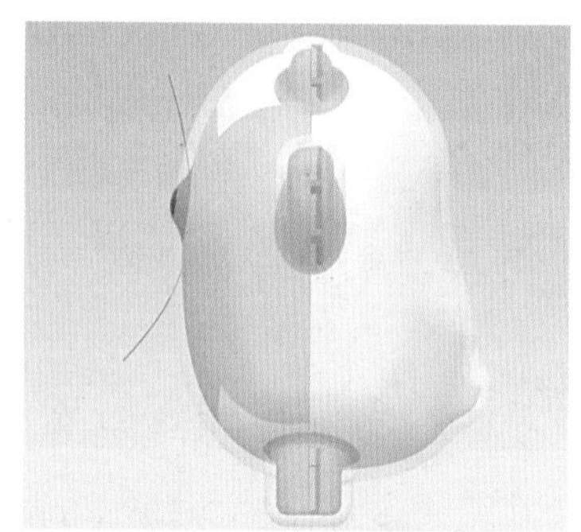
图 6–14　绘制外壳空缺区域

图 6–15　外壳外表面修建

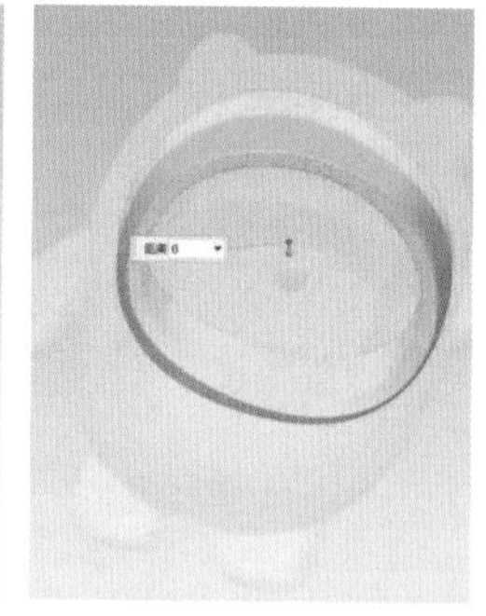
图 6–16　拉伸处脸部空缺区域

（5）绘制外壳的脸部空缺区域，首先按照图示绘制线条，拉伸出区域，用现有的面进行修剪。然后在正面拉伸一个轮廓体，用替换面选择外壳的外表面进行修剪，用直纹命令做面，连接台阶的位置，缝合补片（图 6–17）。最后给面罩连接的地方倒圆角，绘制出冰墩墩的面部表情投影到本体上，利用填充曲面的方式快速做出凹凸效果（图 6–18）。

2. 模型分模块导出 STL 格式

对模型进行分割，内外模型分离，将冰墩墩的四肢关节分离，便于后期快速成型，完成建模后用 KeyShot 软件渲染，最后把 3D 数字模型分模块导出为 STL 格式，如图 6–19 所示。

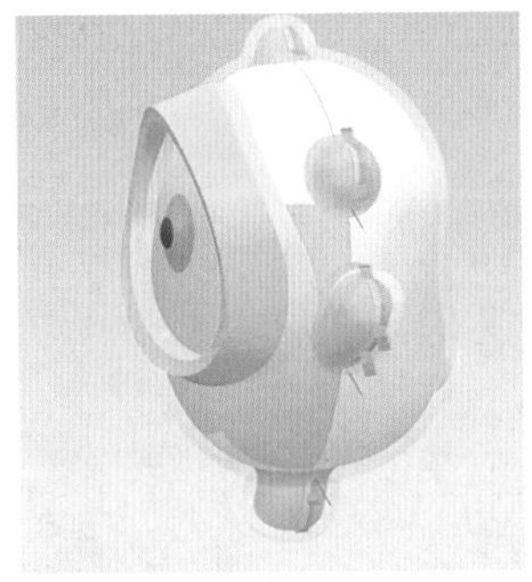

图 6-17　缝合补片

图 6-18　利用填充曲面做出凹凸效果

内外模型的打印材质选择不同的光敏树脂，模型分黑白与透明两份 STL 格式文件，如图 6-20、图 6-21 所示。

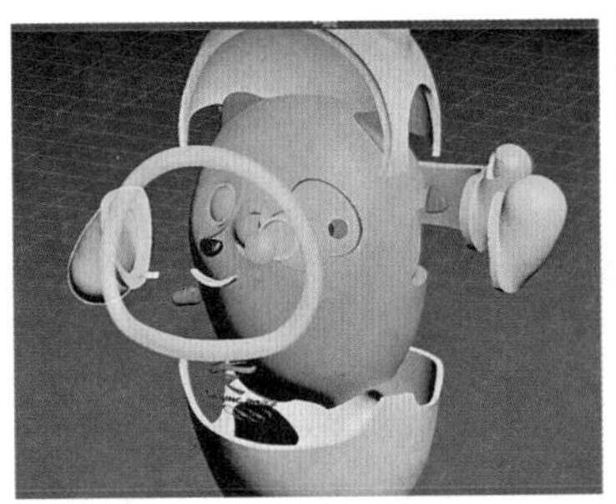

图 6-19　数字模型分模块导出

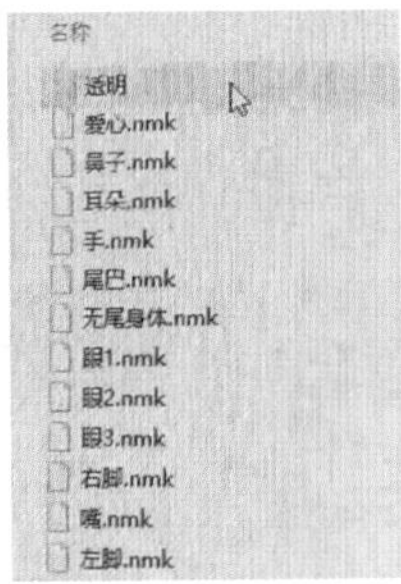

图 6-20　黑白 STL 模型文件

图 6-21　透明 STL 模型文件

（二）3D 打印冰墩墩

1. STL 文件导入打印设备

STL 文件导入打印设备如图 6-22、图 6-23 所示。

图 6-22　导入打印材料

图 6-23　分批导入文件

2. 3D 打印

3D 打印如图 6-24、图 6-25 所示。

图 6-24　内部不同模块的 3D 成型

图 6-25　外壳 3D 成型

（三）成墩——后期处理

后处理工序包含去除模型支撑、清洗、二次固化、打磨、上色等，如图 6-26~图 6-36 所示。

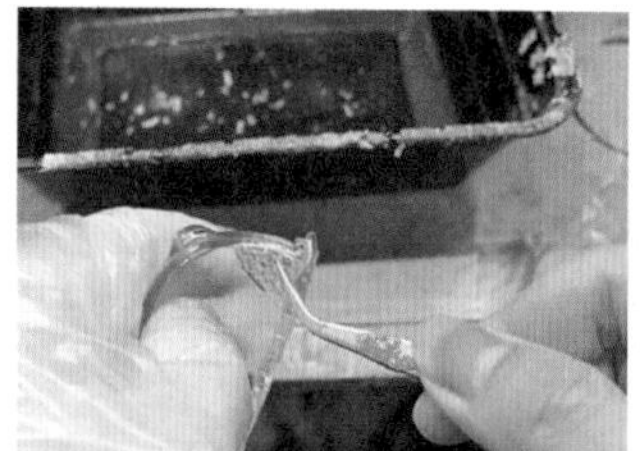

图 6-26　去除模型支撑

图 6-27　清洗

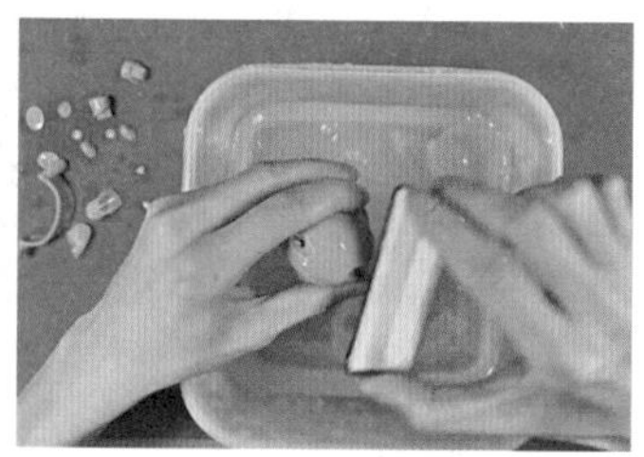

图 6-28　二次固化及打磨

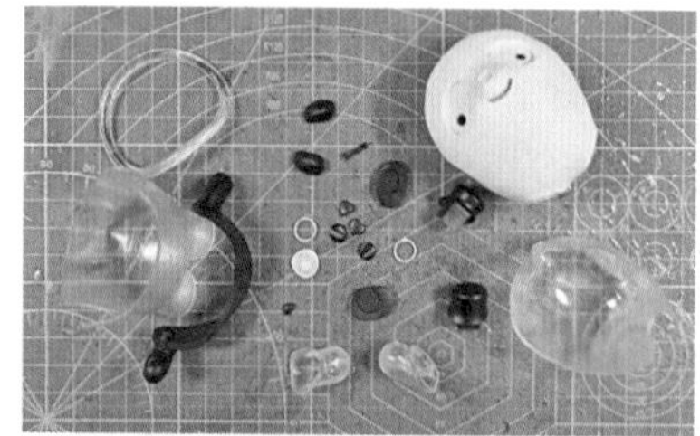

图 6-29　上漆前的模型模块

图 6-30　上色（1）

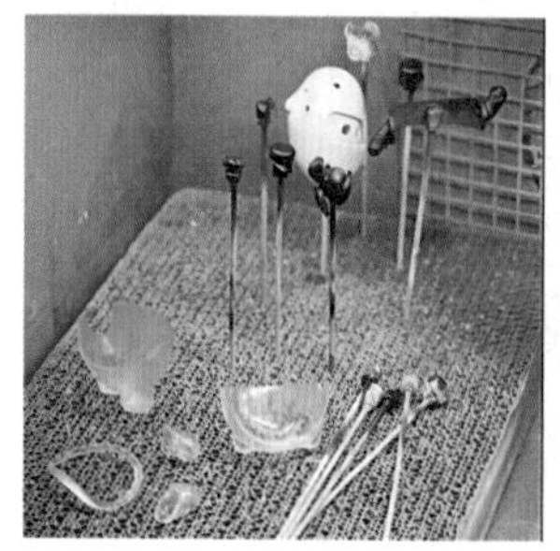

图 6-31　上色（2）

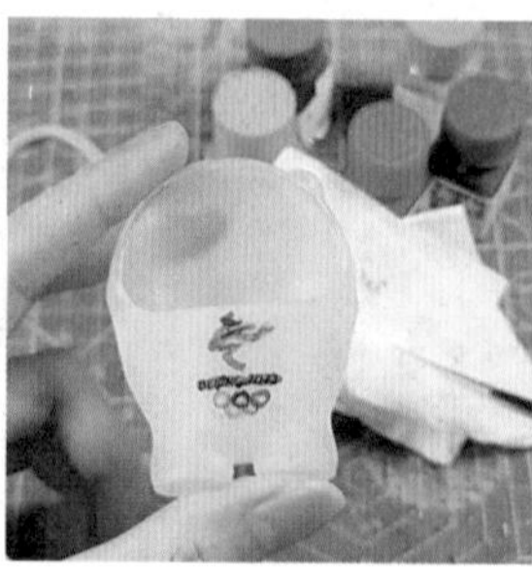

图 6-32　绘制 logo

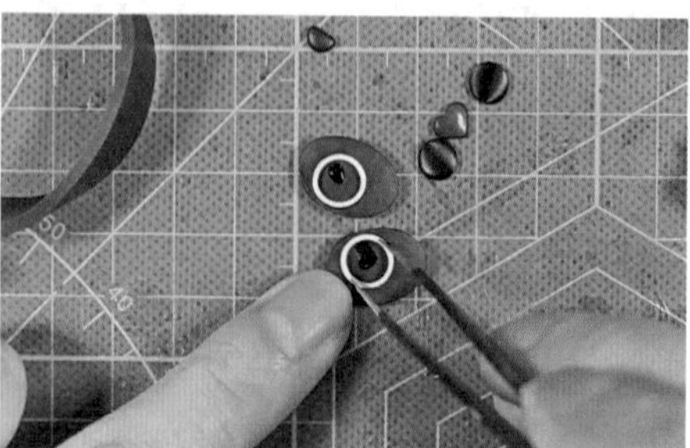

图 6-33　细节处理

图 6-34　拼接模型

图 6-35　完成模型 – 成墩

图 6-36　不同色彩效果

项目亮点

“奥运精神进课堂”活动，既增强了课程的情境性、趣味性、创意性、艺术性，又提高了学生的学习积极性和动手实践能力，激发了学生的爱国热情。3D 打印与创意设计实训室作为“劳动育人”重要的校内实践基地，一直以来十分重视学生动手能力与劳动精神的培养。

复习思考题

1. 如何用设计语言讲好中国故事？
2. 如何助力“中国制造”走向“中国创造”？
3. 如何将中国的历史文化融入设计的 DNA？

技能训练表

完成以上步骤后，可爱的冰墩墩 3D 打印制作完成，“冰墩墩与 3D 打印”技能训练表见表 6-1。

表 6–1 “冰墩墩与 3D 打印”技能训练表

<table>
<tr><td>学生姓名</td><td></td><td>学号</td><td></td><td>所属班级</td><td></td></tr>
<tr><td>课程名称</td><td colspan="2"></td><td>实训地点</td><td colspan="2"></td></tr>
<tr><td>实训项目名称</td><td colspan="2">冰墩墩与 3D 打印</td><td>实训时间</td><td colspan="2"></td></tr>
<tr><td colspan="6">实训目的：
“奥运精神进课堂”——冰墩墩与 3D 打印。</td></tr>
<tr><td colspan="6">实训要求：
1. 了解冰墩墩的造型设计解读。
2. 掌握冰墩墩数字三维模型的创建办法及流程。
3. 利用 DLP 光固化技术打印冰墩墩。
4. 对 3D 打印模型进行后处理铲下模型、去除模型支撑、清洗、二次固化、打磨、上色直至模型完成。</td></tr>
<tr><td colspan="6">实训截图过程：</td></tr>
<tr><td colspan="6">实训体会与总结：</td></tr>
<tr><td>成绩评定</td><td colspan="2"></td><td>指导老师
签名</td><td colspan="2"></td></tr>
</table>

项目二　创意制鞋与 3D 打印

导语

3D 打印技术作为鞋类快速定制化生产链条中的一种重要工艺，受到了鞋类制造商的重视。随着 3D 打印技术的发展，3D 打印鞋履逐渐实现了批量化生产应用，传统鞋类开发流程烦琐，往往要通过设计、试样、开模、切割、组装等制作工序，属于劳动密集型的产业，随着人力成本的不断上涨，3D 打印发挥其独特的优势。

内容提要

使用三维建模软件设计创意鞋中底，参考阿迪达斯 Futurecraft 造型，通过运动鞋晶格设计来改变不同鞋中底的设计美感和力学性能，借用鞋履 3D 打印技术将其制造出来，穿戴并测试其性能。

思维导图

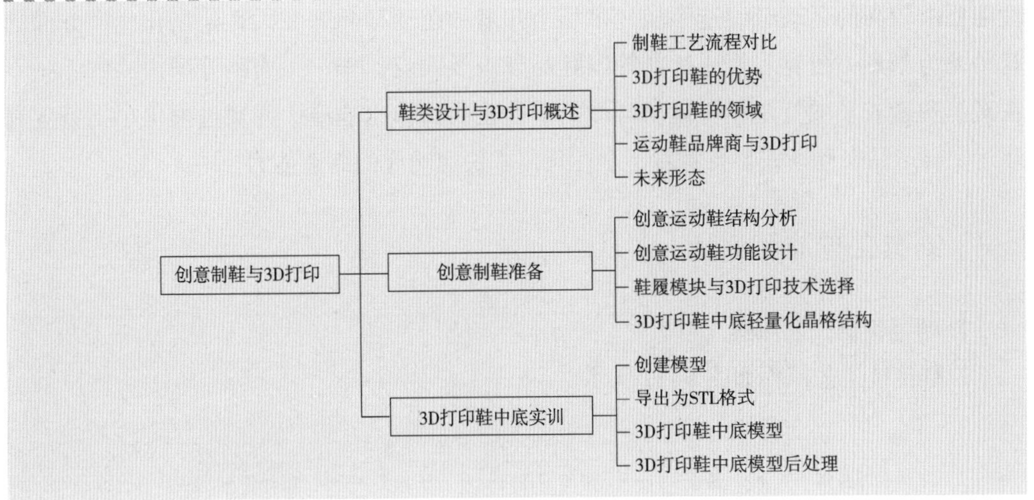

知识目标

1. 了解制鞋相关的增材制造技术；
2. 掌握创意设计鞋制品的流程；
3. 聚焦鞋业创新与增材制造。

思政目标

1. 培养新时代制造工程师的 3D 打印技术能力；
2. 培养学生求真、求实、求是的科学思维；
3. 培养团队合作能力，以及学生的探索精神。

相关知识

一、鞋类设计与 3D 打印概述

3D 打印技术在鞋制造领域的应用主要包括：鞋模快速制造，鞋中底、鞋垫的中小批量生产，鞋面配件的小批量生产。这些应用将随着鞋制造企业向数字化技术的转型升级而逐渐加强。特别是在运动鞋中底制造领域，3D 打印技术已经被应用到最终产品的生产中，成为新一代的中底制造技术。2017 年以来，带有 3D 打印鞋中底的运动鞋陆续登陆市场，如阿迪达斯 Futurecraft 4D。

快速定制化生产是运动鞋制造企业新一轮竞争的焦点。在对鞋子的舒适度和力学性能要求较高的运动鞋制造领域，市场上知名的运动鞋品牌在柔性定制化生产方面的竞争尤为激烈，耐克、阿迪达斯等国际品牌以及匹克、李宁、安踏等国内品牌无一不在对消费者或某项特定体育运动群体的个性化需求作出响应，并通过推出小批量定制化运动鞋产品来逐渐完善自身对于个性化需求快速响应的制造能力。

（一）制鞋工艺流程对比

1. 制鞋传统工艺流程

制鞋传统工艺流程如图 6–37 所示。

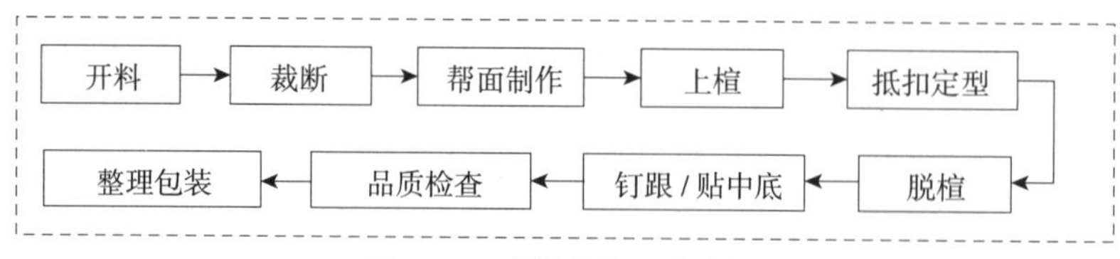

图 6–37　制鞋传统工艺流程

2. 3D 打印鞋类工艺流程

3D 打印鞋类工艺流程为：CAD 建模→ 3D 打印→后处理→成品。

（二）3D 打印鞋的优势

3D 打印为鞋制造商带来的不仅有无模具化和小批量定制化生产的能力，还有商业模式上的改变，包括 3D 打印、数字化设计、三维扫描在内的数字化技术催生了鞋制造商与消费者紧密结合的小规模、去中心化的制造模式，这与设计、制造与消费者相互独立的传统大规模生产模式有着显著的区别。

1. 无模制造

3D 打印无须使用传统模具实现制造，使用这项技术可以更加高效、快速地创建高性能运动鞋。

2. 复杂制造

3D 打印可以制造多孔网格复杂结构，该结构无法通过传统手段制造，3D 打印的这一优势在制鞋领域发挥得淋漓尽致：采用更加轻质的材料、轻量化的结构设计，在运动鞋制造方面掀起一场风暴。

3. 个性化制造

基于生物力学和步态的研究，人们对鞋类的个性化需求多种多样，然而当前多为新鞋上脚“削足适履”。而通过将 3D 扫描、成像等先进的技术融入脚部健康扫描仪，再进行 3D 打印，可实现“量脚制鞋”。

（三）3D 打印鞋的领域

3D 打印鞋履的领域主要分为消费和医疗。消费领域目前可打印鞋面、鞋底、鞋垫甚至整鞋；医疗领域以矫正鞋垫为主。

（四）运动鞋品牌商与 3D 打印

过去几十年，随着 3D 打印的成熟及打印材料的改进，各大运动鞋厂商（如阿迪达斯、耐克、安踏、李宁、匹克等）积极拥抱新技术，逐渐开发和推出了自己的 3D 打印鞋，市场售价位于 1 000 元以上。

在各类 3D 打印技术中，光固化 DLP 的衍生工艺 CLIP 尤其突出，如国内的清锋时代、苏州博理科技都有此类技术，其原理是利用打印材料光敏树脂的氧阻聚现象，通过使用高透氧离型膜，辅助置于高氧气氛环境来实现。通过此技术，鞋底的打印时间缩短至 20 min，实现了批量生产的可能性，如图 6–38、图 6–39 所示。

国产运动品牌匹克在 3D 打印鞋领域具有非常丰富的开发经验，匹克于 2012 开始从事相关研究，是最早研发 3D 打印鞋的品牌商之一。2021 年匹克科技大会，“普罗米修斯”洞洞鞋以其前卫的科幻造型、先进的增材制造技术而极具吸引力（图 6–40）。匹

图 6-38　光固化 DLP 3D 打印鞋底

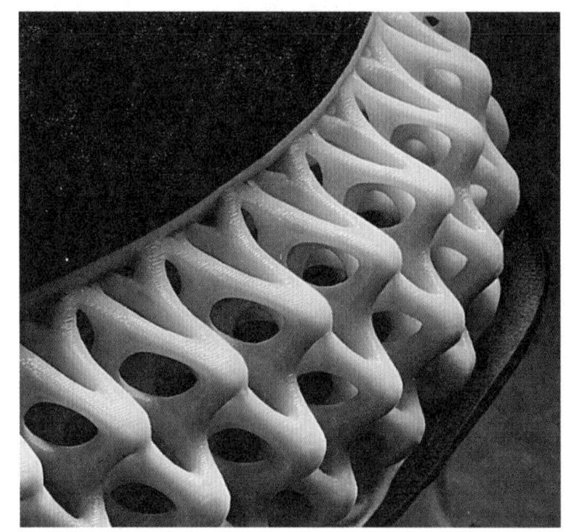
图 6-39　3D 打印鞋底细节

图 6-40　匹克的“普罗米修斯”洞洞鞋

克通过 3D 打印技术实现产品的快速迭代，发展 3D 打印鞋类 IP，制造科技卖点，突破传统鞋类生产，迅速响应市场需求。

（五）未来形态

3D 打印鞋结合足部 3D 扫描技术应用越来越广泛。鞋类结构的直接 3D 打印并不会很快取代注塑成型。但在一个不断增长的全球市场中，这两种类型的产品可能都有足够的施展空间。

二、创意制鞋准备

（一）创意运动鞋结构分析

运动鞋基本结构可分为鞋头、鞋面（前面、侧面）、大底、中底、后跟、里衬、鞋垫、鞋舌及各类配件。中底是外底与鞋身的层夹心，厚度 10~20 mm，起缓震的作用。

人体奔跑时，地面作用于身体震动将是步行的 8 倍，作为跑鞋中至关重要的结构，中底决定着一双跑鞋 60% 的性能和价格。鞋中底设计主要涉及生物力学、材料科学等。

（二）创意运动鞋功能设计

1. 吸震效果

运动时鞋底吸收脚部着地产生的震荡能量，如气垫、PU（聚氨酯）、MD（中底发泡材料）等缓冲结构或材质，结合 3D 打印，可设计晶格结构。

2. 扭转系统

运动者在不同运动姿态下（如转向、折返、侧移等），脚的不同部分会产生不同方向的扭转，容易发生扭伤，可在脚内侧及脚弓等部位采用高密度材料设计阻尼保护装置，防止脚向内翻转过度。

3. 能量回收

运动鞋鞋底一般设计高回弹材质或结构，运动受力时存储部分能量，抬脚时反弹释放助力。

4. 防滑效果

预防运动滑倒，增加鞋外底对地面的摩擦力，可对底材选用及鞋底纹路设计进行研究。

（三）鞋履模块与 3D 打印技术选择

鞋履模块与 3D 打印技术选择见表 6-2。

表 6-2　鞋履模块与 3D 打印技术选择

模块	3D 打印技术 & 材质
鞋模	光固化 Polyjet
鞋垫、中底	光聚合技术 [EPU（弹性聚氨酯树脂）]、SLS[TPU、TPE（热塑性弹性体）、尼龙]
鞋外底	SLS
鞋面	FDM（TPU）、SLS
整鞋	SLS、光固化

鞋面通常使用 FDM 3D 打印 TPU 等柔性 PLA 材质实现，中底晶格结构采用光固化 3D 打印工艺实现，整鞋一般应用 SLS 3D 打印尼龙粉末材料实现。根据不同模块的特性，利用不同的 3D 打印工艺及材料实现快速制造。3D 打印过程可分为预处理、3D 打印、后处理。假设使用光固化 3D 打印工艺，后处理工序则包含铲下模型、去除模型支撑、清洗、二次固化、打磨、上色等。

（四）3D 打印鞋中底轻量化晶格结构

3D 打印鞋中底是基于增材思维的数字设计、选择合适的 3D 打印原材料、结合 3D 打印快速成型技术制造出来的，其设计生产流程有别于传统制造的鞋中底设计生产流程。3D 打印鞋中底特殊的轻量化晶格结构设计将赋予鞋中底优良的缓震性、回弹性、轻便性与透气性，同时 3D 打印可制备传统制造流程无法制备的复杂结构，在结构上赋予 3D 打印鞋中底很大的自由度，进而设计出兼具美观时尚与优良性能的中底，如图 6-41 所示。

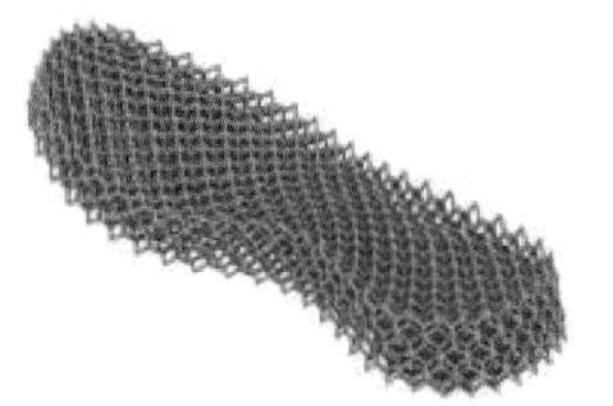
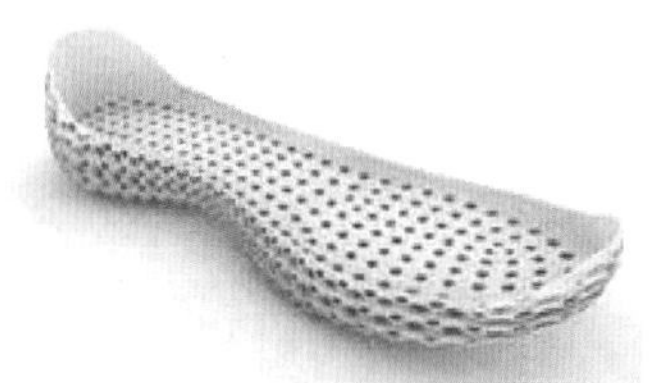
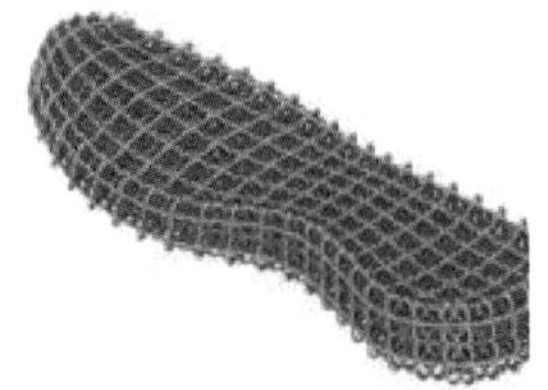

图 6-41　鞋中底模型示例

在设计鞋时，要考虑到的关键因素有减震、弹性、合身、牵引、透气、重量、鞋子寿命等。因此在个性化运动鞋定制中，需要采集个性化脚型数据、足底压力数据，并结合人体工程学及客户的穿鞋偏好建立鞋中底的三维模型及各部位所需填充的晶格单元类型及性能。

个性化定制设计完成的鞋中底可采用 SLS、SLA、DLP、FDM 等增材工艺进行制备，增材工艺制备鞋中底常用材料为 TPU。TPU 是一种成熟的环保材料，已广泛应用于医疗卫生、电子电器、工业及体育等方面，其具有强度高、韧性好、耐磨、耐寒、耐油、耐水、耐老化、耐气候等特性，因此近些年来广泛应用于鞋中底的制备。

三、3D 打印鞋中底实训

（一）创建模型

用 Rhino 或专业鞋类三维设计软件（如 3D 打印公司 Carbon 推出的 3D 打印晶格设计软件 Carbon Design Engine）建立 3D 数字模型，完成建模后用 KeyShot 软件渲染，并结合 PS 做出效果图。

1. 建模分析

运动鞋晶格结构设计有很强的灵活性，通过调整点阵的相对密度、单胞的构型、连杆的尺寸，可以达到结构的强度、韧性、耐久性、回弹性、缓震效果、静力学和动力学性能的完美平衡。

鞋垫上的晶格可以理解为在两个鞋面（曲面）之间生成若干个立方体单元，再把这种单元（如这里的放射状形状单元）对应到立方体单元上，如图 6–42、图 6–43 所示。而要在曲面之间生成若干个立方体单元，可以使用 Pufferfish 插件。

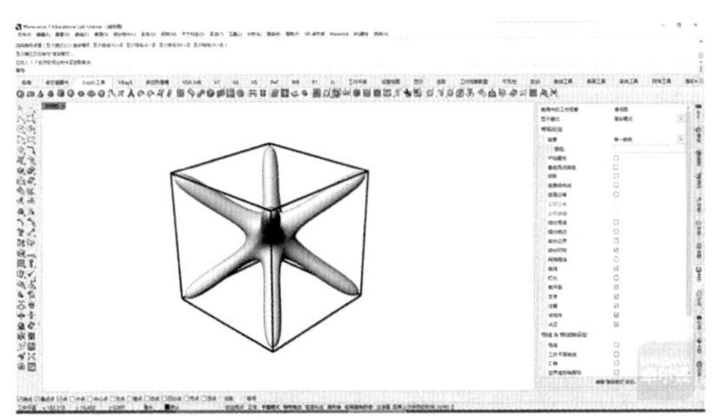

图 6–42 三维立方体单元

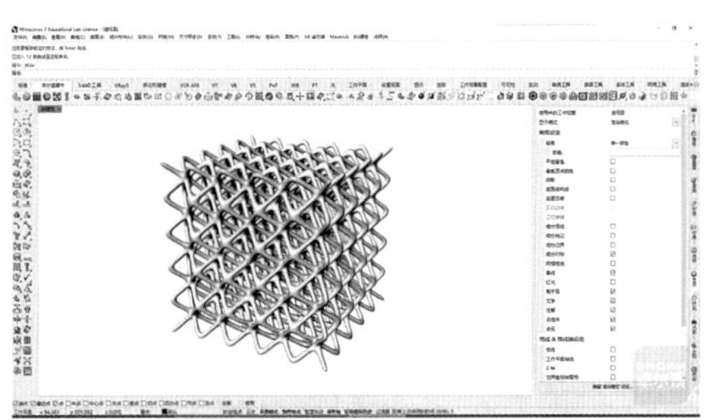

图 6–43 阵列后得到复杂的晶格纹理

2. 建立 3D 数字模型

（1）在 Rhino 中简单做好鞋垫的两个曲面，这里是通过挤出修剪出鞋垫的轮廓，如图 6–44、图 6–45 所示。

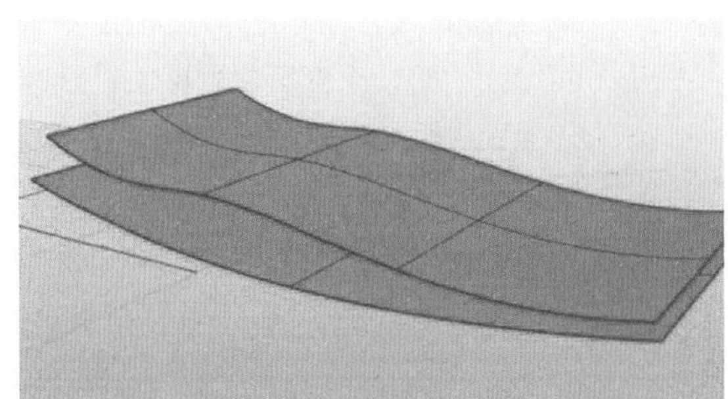

图 6–44 鞋垫的两个曲面

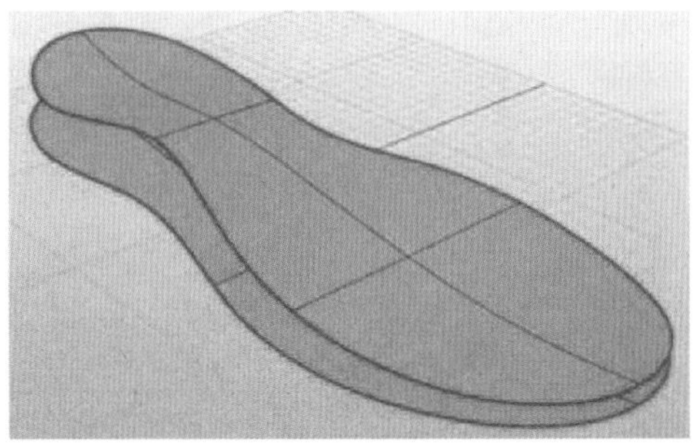

图 6–45 修剪出鞋垫的轮廓

（2）把曲面拾取进 GH 中，在 Pufferfish 的插件（绿色河豚图标）中的 Twisted Box（以下简称“TB”）栏下找到 Twisted Box Consecutive Surfaces 或者 Twisted Box Two Surfaces 电池组件。

这里以 Twisted Box Consecutive Surfaces 为例，把曲面连接到电池组件的 S 端口，会发现生成的立方体单元超出了鞋垫曲面的边界，如图 6–46 所示。

这是因为 TB 是根据曲面的 UV 生成的，而我们输入 GH 的是两个修剪的曲面，其 UV 分布仍然是修剪前的四边形。

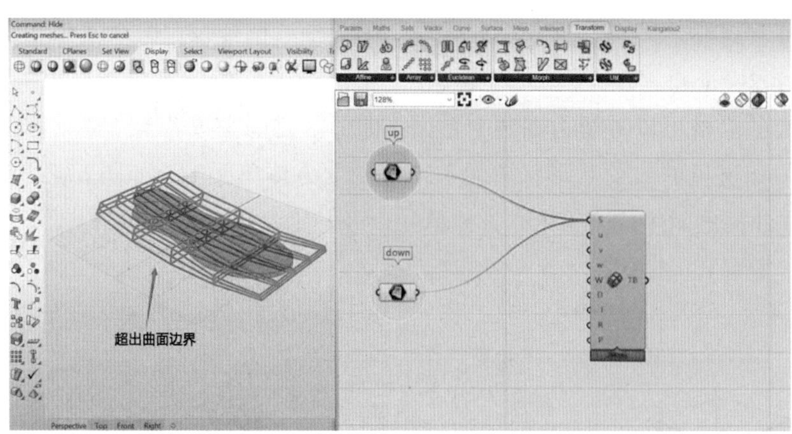

图 6-46　TB 超出了鞋垫曲面的边界

（3）为了解决这个问题（让 TB 贴合曲面边界），我们可以用网格曲面重新拟合原来的曲面。这一步可以在 Rhino 中完成，也可以在 GH 中完成。本书将在 GH 中完成这部分的操作。

首先，提取出曲面的边界线，以及曲面复原修剪后的 4 个角落点。把角落点拉回到曲面边界线上，对边界线进行分割，得到 4 根曲线，如图 6-47 所示。

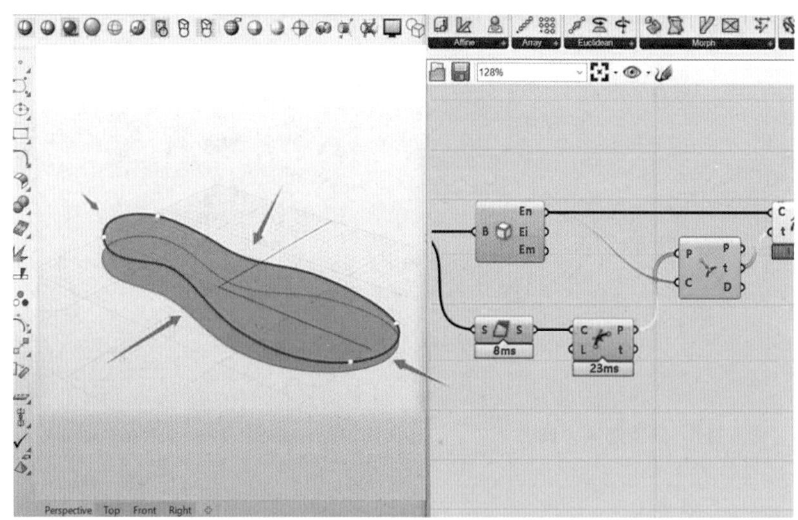

图 6-47　边界线进行分割得到 4 根曲线

（4）为了使网格曲面更加贴合原曲面，可以进一步提取原曲面上的中心线。接下来将得到的曲线分为两组，分别代表 U 向曲线与 V 向曲线。

利用网格生面的电池组件，分别输入 U、V 两组线条，生成拟合的网格曲面。这一步的目的是得到完整的未修剪的曲面造型。最后把整个生面逻辑同步复制给另一个鞋垫曲面即可。生成后的网格曲面效果如图 6-48 ~ 图 6-50 所示。

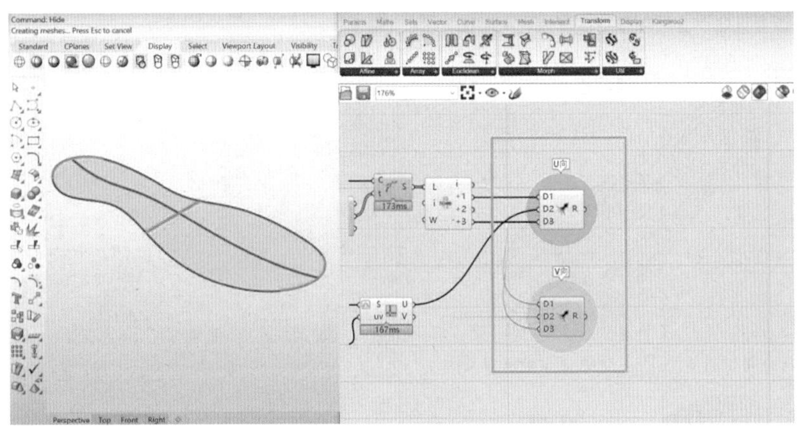

图 6-48　U 向曲线与 V 向曲线

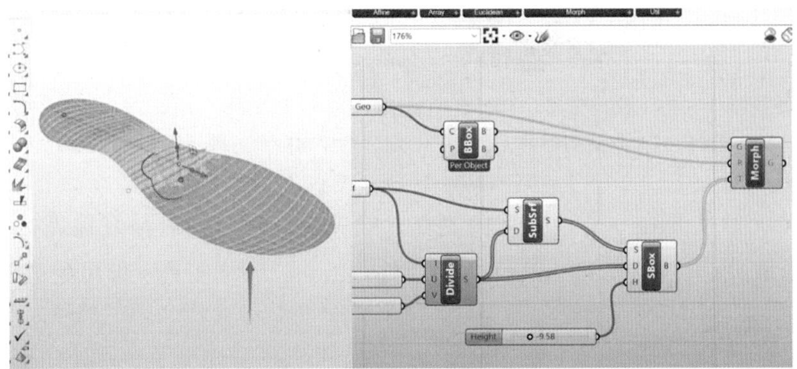

图 6-49　生成拟合的网格曲面

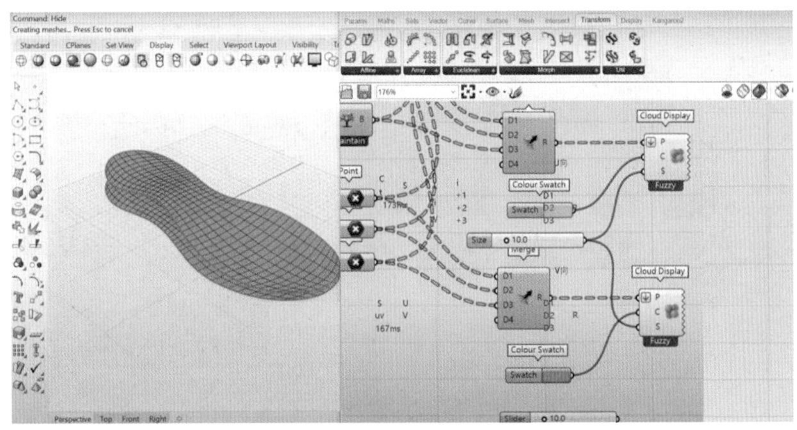

图 6-50　生成后的网格曲面效果

（5）再次接入 Twisted Box Consecutive Surfaces 电池组件，就会发现 TB 能很好地贴合曲面边界了。另外我们可以通过这个电池组件的 U、V、W 端分别控制各个方向上的 TB 数目，如图 6-51 所示。

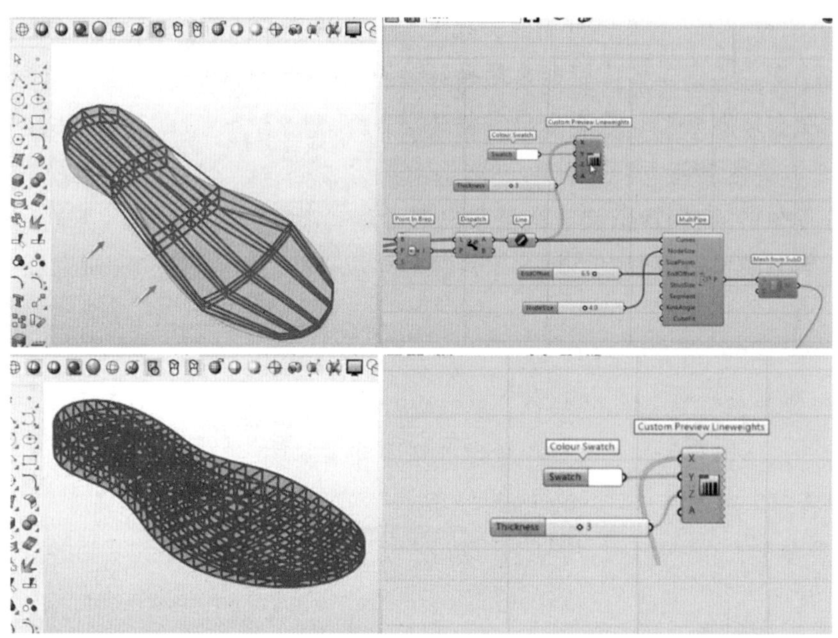

图 6-51　电池组件的 U、V、W 端分别控制各个方向上的 TB 数目

（6）单元形需要在一个正方体内制作，确保单元形阵列后很好地连接起来即可。把单元形拾取进 GH 连接至 MultiPipe 电池组件（Rhino7 新增工具）即可生成 SubD 圆管，如图 6-52 所示。

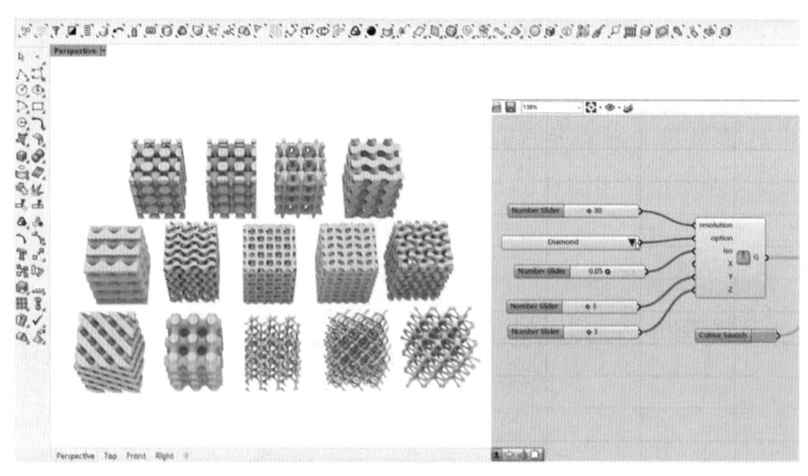

图 6-52　单元形的制作

（7）求出单元形的边界 Box（bounding box）并群组这些单元形线段。然后利用 BoxMorph 电池组件，把单元形一一对应到鞋垫曲面的 TB 上。

此时只需控制 U、V、W 端，增加曲面的 TB 数量，即可得到一系列的单元形线段，把线段解组后生成 SubD 圆管，就能得到鞋垫的晶格，如图 6-53 所示。

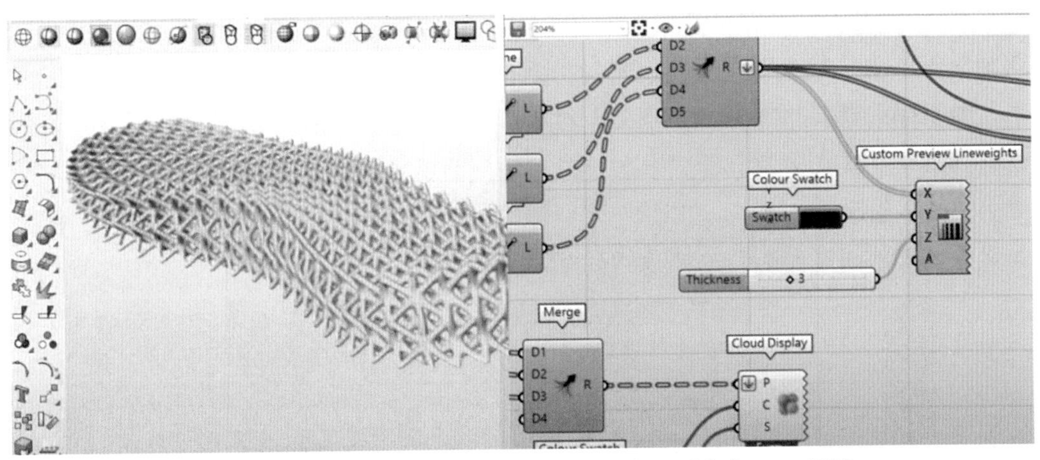

图 6-53　得到一系列的单元形线段再把线段解组后生成 SubD 圆管

（8）此时发现有孤立的线段（没有与其他线段相接）生成的 SubD 圆管。这是网格曲面的 4 个角点导致的。可以把线段烘焙至 Rhino 手动剔除，也可以在 GH 中剔除，如图 6-54 所示。

先提取出曲面的角点，根据线段到角点的距离来挑选，距离等于 0 的线段便是角点处的孤立线段了。剔除完后再次生成 SubD 圆管即可，如图 6-55 所示。

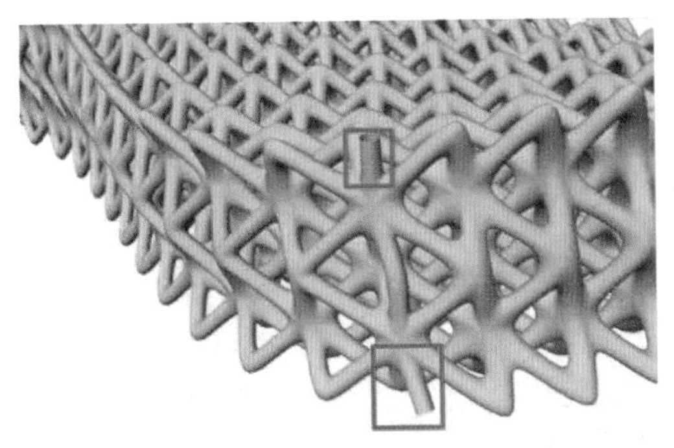

图 6-54　手动剔除孤立的线段

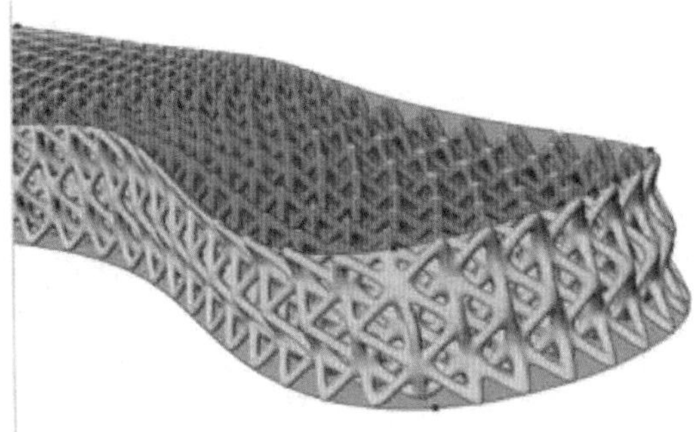

图 6-55　剔除完后再次生成 SubD 圆管

（9）这时鞋垫晶格的制作流程已经完成啦！也可尝试替换不同的晶格单元形来得到不一样的鞋垫晶格纹理，图 6-56 是不同的单元形得到的效果。

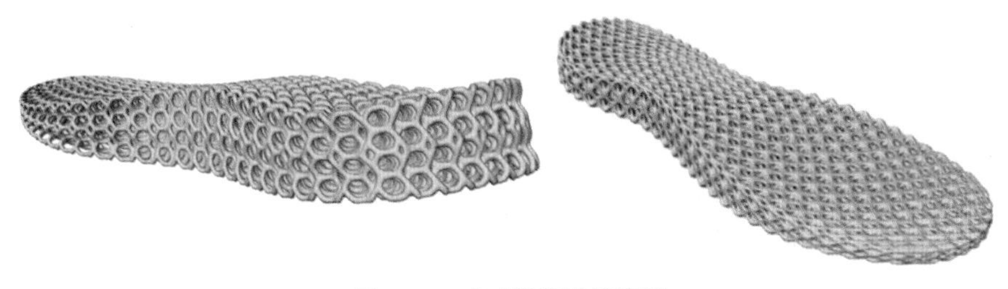

图 6-56　完成鞋垫晶格纹理

（二）导出为 STL 格式

把 3D 数字模型分模块输出为 STL 格式，如图 6–57 所示。

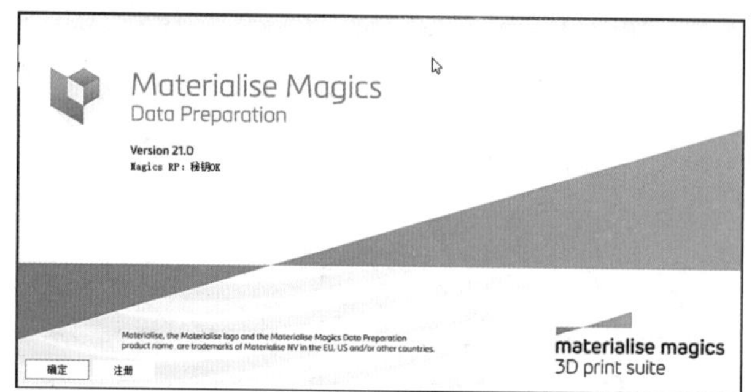

图 6–57　用 MaterialiseMagics 导出 STL 格式

（三）3D 打印鞋中底模型

本次实训采用 EOS 设备，利用 TPU 粉末材料实现鞋中底 SLS 3D 打印（图 6–58），采用 10 mm × 10 mm × 10 mm 晶格进行 SLS 打印。

1. 分层处理

采用分层软件在 *Z* 方向进行分层处理，得到分层截面，并将该层面信息转化为激光扫描时的轨迹，如图 6–59 所示。

图 6–58　实训设备：EOSP110

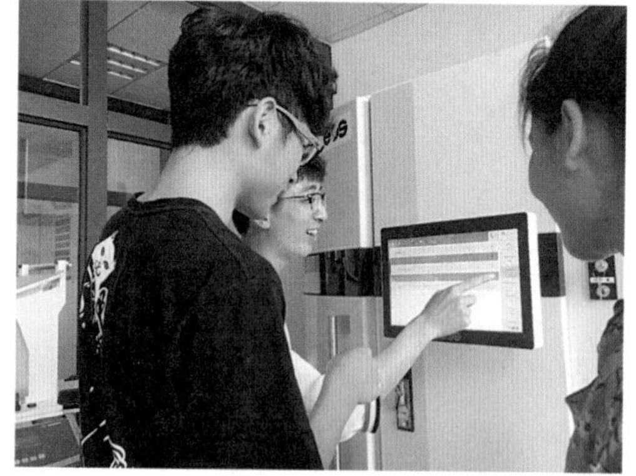

图 6–59　STL 模型进行分层处理

2. 烧结成型

先将成型缸下降一定厚度，然后使供粉缸升高一定的高度，铺粉辊从左边压到成型缸上。激光扫描第一层横截面及轮廓信息，激光扫描的粉末会在高温下迅速熔化并相互黏结；烧结完第一层后，铺粉，进行第二层激光扫描，如此重复，直到烧结完成，如图 6–60~ 图 6–63 所示。

图 6-60　铺粉

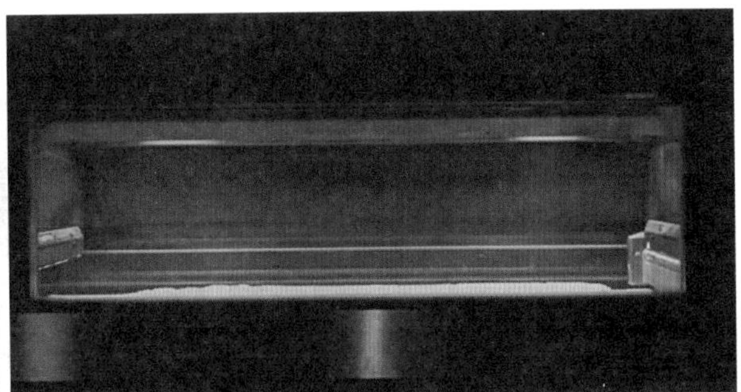

图 6-61　打印过程

图 6-62　逐层烧结

图 6-63　完成烧结

（四）3D 打印鞋中底模型后处理

模型烧结完成后，升起成型缸，取出模型，然后用气枪对模型表面残余的白色粉末部分进行清洁。激光烧结的模型强度相对较低，且多孔，应根据需要进行热激光固化和渗蜡等后处理，如图 6-64~ 图 6-67 所示。

图 6-64　取出模型

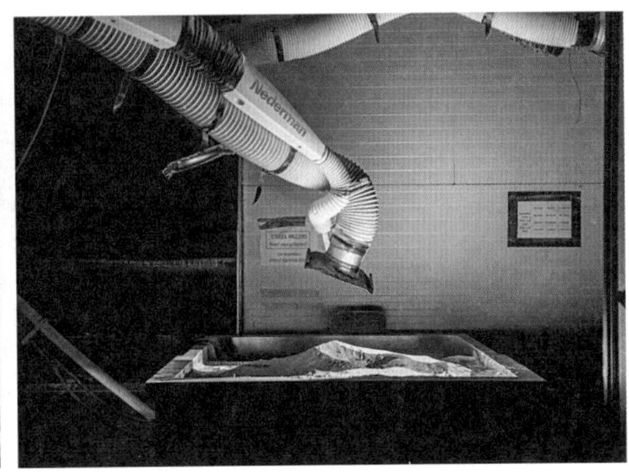

图 6-65　用气枪清除模型表面粉末

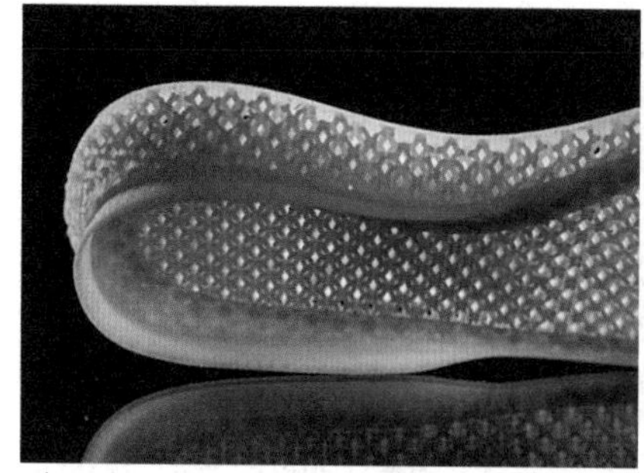

图 6–66　完成鞋中底打印

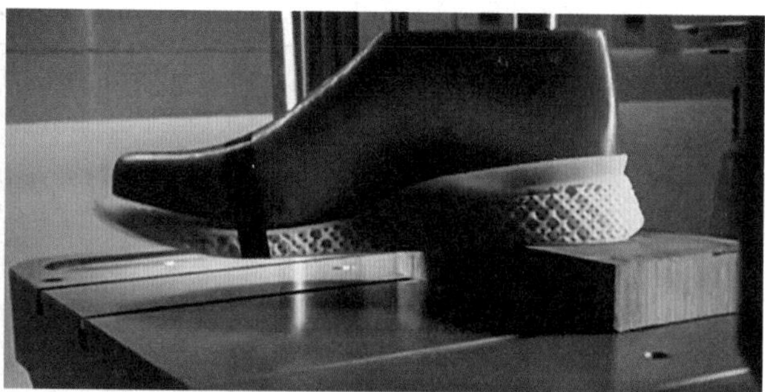

图 6–67　测试

最终完成鞋中底 3D 打印模型如图 6–68 所示。

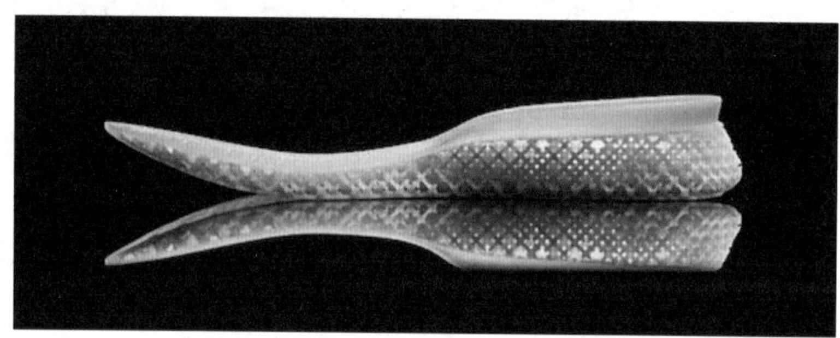

图 6–68　模型完成

项目亮点

学生通过创意鞋中底设计，结合选择性激光烧结技术完成创意运动鞋设计，既有创意又有乐趣。

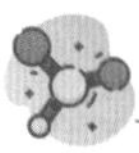

复习思考题

1. 选择性激光烧结技术的后处理方式有哪些？
2. 3D 打印制鞋工艺相比传统制鞋工艺还有哪些优势？
3. 3D 打印制鞋工艺未来改进的方向在哪里？如何改进？

技能训练表

完成以上步骤后，极具创意的运动鞋中底 3D 打印制作完成，“创意鞋中底与 3D 打印”技能训练表见表 6–3。

表 6-3 “创意鞋中底与 3D 打印”技能训练表

<table>
<tr><td>学生姓名</td><td></td><td>学号</td><td></td><td>所属班级</td><td></td></tr>
<tr><td>课程名称</td><td colspan="2"></td><td>实训地点</td><td colspan="2"></td></tr>
<tr><td>实训项目名称</td><td colspan="2">创意鞋中底与 3D 打印</td><td>实训时间</td><td colspan="2"></td></tr>
<tr><td colspan="6">实训目的：
掌握晶格结构模型创建并使用 EOS 设备选择性激光烧结打印技术。</td></tr>
<tr><td colspan="6">实训要求：
1. 了解 3D 打印鞋中底轻量化晶格结构的作用。
2. 掌握鞋中底晶格结构三维模型的创建办法及流程。
3. 利用 SLS 技术打印鞋中底。</td></tr>
<tr><td colspan="6">实训截图过程：</td></tr>
<tr><td colspan="6">实训体会与总结：</td></tr>
<tr><td>成绩评定</td><td></td><td colspan="2">指导老师
签名</td><td colspan="2"></td></tr>
</table>

项目三　食品设计与 3D 打印

导语

3D 打印技术应用于食品加工，可通过设备控制食品原料（甚至细胞级别）根据设计程序有序堆积，形成各种结构外形的食物。

目前，3D 食品打印工艺主要是把各类食物浆料挤出并堆叠，如煎饼及巧克力，利用加热或者冷凝将其形成固体食品，产生创意造型。其中，3D 打印巧克力设备及技术更易于推广和接受，商用食品 3D 打印设备起源于 3D Systems 公司于 2014 年开发的 ChefJet，可支持巧克力、糖果等零食打印。更为垂直的巧克力 3D 打印机则是由英国公司 Choc Edge 开发的。

内容提要

艺术来源于生活，回溯生命中的美食体验，从设计师的角度对其进行分解、混合及呈现。利用 CAD 三维建模软件设计贴合主题的食品造型，进行形态造型的创新，使用巧克力 3D 打印技术加工。

思维导图

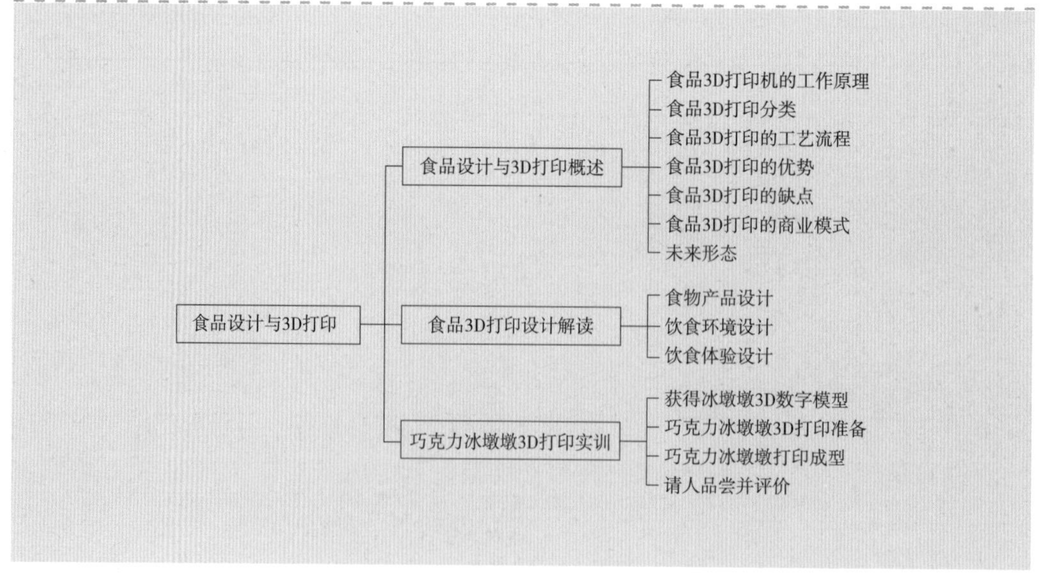

知识目标

1. 了解食品相关的增材制造技术；
2. 掌握食品创意加工的流程；
3. 深入食品创新设计与增材制造。

思政目标

1. 了解中国 IP 设计，学习用设计语言讲好中国故事；
2. 了解 3D 打印技术，助力“中国制造”走向“中国创造”。

相关知识

一、食品设计与 3D 打印概述

（一）食品 3D 打印机的工作原理

食品 3D 打印机的工作原理和传统的 FDM 3D 打印技术是相同的，只不过是把原料换为食材，再对 3D 打印机的挤出系统做升级改造。设备包括食品 3D 打印系统、操作控制平台和食品安全注射器三大部分。

首先，将食物绞碎、混合、浓缩成浆，制作成可食用的打印材料，将它装入注射器中；材料会被加热成可成型的形状。然后，根据创建并加载到打印机的数字文件或者由用户通过控制面板设计具有个性的造型，按下开启键，机器就会用某种柱塞压缩机或空气压缩机对熔化的食材进行挤压，通过喷头将它们以层层叠加的方式“打印”出来。

（二）食品 3D 打印分类

食品 3D 打印按材料可分为浆料、固体（糖基、脂肪基）、可食用墨水及生物肉四大类；食品 3D 打印按技术可分为热熔 / 室温挤出成型（巧克力、植物蛋白）、黏结剂喷射（糖果）、喷墨打印（咖啡拉花）、生物 3D 打印（动物肉）。

目前，热熔 / 室温挤压式为主流食品 3D 打印技术，热塑性食品原料发生相变，由软化状态变成固体状态，如巧克力；常温食品原料受到物理压力，从打印喷嘴挤出造型。

3D 食品打印食材归纳见表 6–4。

表 6–4　3D 食品打印食材归纳

种类	具体食材
碳水化合物	卡拉胶、果胶、淀粉、米粉、饼干、意大利面、土豆泥、紫薯泥、豆沙、奶黄、莲蓉、翻糖、蛋白糖霜、杏仁膏、口香糖、奶糖、软糖、果酱类、蜂蜜、枫糖浆等
脂肪	巧克力、奶酪、黄油、裱花淡奶油等
蛋白质	明胶、浓缩乳蛋白、鸡蛋白蛋白，酪蛋白酸钠、肉糜、昆虫蛋白、微藻蛋白、豆类蛋白、菌蛋白、植物基人造肉、酵素等
膳食纤维	果胶、果蔬混合物等
功能成分	柠檬汁（维生素 C）、益生菌、浓缩橙汁（维生素 D 添加）等

（三）食品 3D 打印的工艺流程

食品 3D 打印的工艺流程为：设计食品 3D 数字模型→计算机软件处理切片→食品墨水预处理→ 3D 打印制成 3D 食品→ 3D 食品后处理→食品呈现。

（四）食品 3D 打印的优势

1. 定制化风味及造型

3D 打印设备将食品挤压成复杂的形态，厨师通过改变食物设计来控制食物的质地甚至饱腹感，甚至创造出传统烹饪无法制作的新纹理及特殊造型。这个食谱是可批量复制的，且风味和形状都是一致的。

2. 功能性营养产品

多材料融合的食品墨水 3D 打印技术可为每餐提供精准的维生素、营养素，甚至卡路里，可设定制剂的释放时间，为儿童及减肥人士提供了一种高效的摄入方案。

3. 精准营养老人食品和特医食品

将食品原料切碎、混合、改性等预处理后，3D 打印最终将泥状食物制成固体 3D 食品，通过超声、微波、激光等高效加热后处理工艺，不仅使食品更容易咀嚼，而且视觉上更加吸引人。此举可造福患者及老龄人口。

4. 人造肉：减少资源浪费，提高生产效率

利用生物 3D 打印技术制造 3D 打印人造肉，可以减少畜牧业对环境的污染，杜绝肉类抗生素和激素类添加物，使肉品更为安全；另外，缩短了肉类供应链，提高了生产效率，未来可满足全球对肉类的需求增长。

3D 食品打印作为一个新兴且快速发展的行业，在打印速度、产品保质期测定，以及相关食品的营养性及口感等方面都存在巨大的挑战性。

（五）食品 3D 打印的缺点

尽管时间会因打印机和正在打印的食物而异，但打印的时间确实还比较长，一个非常简单的六层设计可能需要 7 min 才能打印出来，而更细致的 3D 模型每个则需要超过 45 min。在这样的速度下，客户缺乏等待的耐心，批量化、规模化生产受到限制，商业化能力相对较弱。设备和消耗品的成本也是我们接下来将看到的障碍。此外，这些机器中使用的食品需预处理才能达到挤出所需的一致性。因此，3D 打印食品的可靠性在很大程度上取决于这些材料的正确制备。这里又涉及安全性，打印选用的相关食材、打印出的食品的微生物检测、剩余原料的保藏和产品贮藏等问题需要进一步探索研究。

（六）食品 3D 打印的商业模式

位于浙江的杭州盼打科技有限公司结合新零售的概念，创造了 3D 打印巧克力的线下场景式销售模式，利用其开发的 3D 打印巧克力自动售货机，投放于各大人流量集中（尤其是儿童）的商场、博物馆、科技馆、主题乐园等线下场馆，借助手机扫描二维码，选择食材及造型，并支付相应的价格，等待 3~5 min 即可获取 3D 打印的巧克力模型，消费者不仅可以体验 3D 食品打印，而且可以品尝美味。

英国公司 REM3DY Health 推出 Nourished 功能性软糖，从而引领个性化的 3D 打印营养。其利用多种功能成分作为原料，包含 β－葡聚糖、辅酶 Q10、5-HTP（5-羟基色氨酸）、叶酸等，进行 3D 软糖打印。食品科技公司 MOODLES 借助分子料理和增材制造技术，创造出动物蛋白基的复合营养素食品，并模拟传统主食的形态和口感。如使用牛肉制作的通心结构的粗面，高蛋白、低 GI（glycemic index，升糖指数），可降低热量摄入。

当然，3D 食品打印现在最火的概念之一是人造肉。人造肉大致分成植物肉和动物肉，植物肉将植物蛋白、色素、添加剂等通过挤压的 3D 打印方式聚合在一起；动物肉则是用生物细胞组织重建技术培养。但其目前存在两大问题：一是生产成本，二是生产效率。

在供应端，以色列公司 Aleph Farms 推出 3D 打印牛肉，美国公司 BlueNalu 推出 3D 打印鱼肉，国内公司 CellX 推出 3D 打印猪肉，美国公司 Eat Just 推出 3D 打印鸡肉等。在消费端，汉堡王、肯德基、麦当劳等餐饮巨头也纷纷入局，如图 6-69 所示。

（七）未来形态

未来，人类只需根据需求在 App 选择配料组合，口味甚至加工温度，DIY 或者设计自己想要的食品，甚至加入各类营养粉及药物，营养粉原料可为昆虫、草和水藻。药物可为儿童生长所需维生素、钙片及治疗化学药等。

全球第一家 3D 打印餐厅 Food Ink 位于伦敦，其所有食物及用品均用到 3D 打印技术，旨在为消费者提供一种新的未来用餐体验，不断碰撞前沿科技及灵魂美食，如图 6–70 所示。

图 6–69　3D 打印汉堡

图 6–70　英国 Food Ink 餐厅的 3D 打印食物

二、食品 3D 打印设计解读

（一）食物产品设计

食物产品设计是指以融化、吹、拉、泡沫、混合和重组食品作为原料，通过一致性、温度、颜色和纹理方面的设计，创新设计食品，并保鲜、存储及展示食物。

（二）饮食环境设计

饮食环境设计的对象包括设计饮食环境中的一切元素，如内饰、材质、色彩、室温、照明和音乐，以及雇员服饰和服务行为。

（三）饮食体验设计

饮食体验设计可设计人与食物之间的任何互动，如任何吃的步骤及形式。

三、巧克力冰墩墩 3D 打印实训

（一）获得冰墩墩 3D 数字模型

根据冰墩墩项目创建的三维数字模型，将三维模型导出 STL 格式。

（二）巧克力冰墩墩 3D 打印准备

1. 巧克力准备

不同的巧克力会有不同味道和口感，与可可脂的溶化和凝结过程有关系，因为在不同的熔点下，脂肪可能呈现出各种不同的结构。巧克力的晶体结构不同，就会造就不同的口感。

巧克力有六种不同的晶体形式，每种都有自己的机械性能和熔点。其中第 V 型（第 5 型）晶体最为理想，它的特定熔点约为 34 ℃，并且螺旋形状的巧克力在咬下时发出更多“咔嗒”的声音。

先将巧克力加热至 45 ℃完全融化，当温度降至第 V 型晶体的熔点（34 ℃）以下时，就可以开始准备打印巧克力了。将巧克力装入注射器，然后插入 3D-Bioplotter 的加热盒中，加热盒保持在 32 ℃。为确保沉积后尽快固化，将打印底座保持在 12 ℃，并使用风扇促使巧克力尽快凝固，如图 6-71~ 图 6-74 所示。

图 6-71　准备巧克力

图 6-72　将整块巧克力切碎以便放进容器

图 6–73　巧克力融化

图 6–74　将巧克力装入打印设备

2. 导入 STL 文件并进行切片

将冰墩墩模型导入切片软件并设置好参数对其进行切片，转换成 Gcode 代码文件发送至巧克力 3D 打印机。

（三）巧克力冰墩墩打印成型

把代码加载到巧克力 3D 打印机上进行打印，等待最终的成品。

巧克力打印的主要原理：巧克力原料加热至液态后，吸入容器；通过步进电机收缩挤压容器；巧克力被挤出后，冷凝塑形，如图 6–75~ 图 6–80 所示。

图 6–75　巧克力冰墩墩开始打印

图 6–76　巧克力冰墩墩腿部完成

图 6–77　巧克力冰墩墩打印过程

图 6–78　可以吃的巧克力冰墩墩完成了

图 6–79　3D 打印米老鼠棒棒糖

图 6–80　3D 打印恐龙巧克力

（四）请人品尝并评价

可以吃的冰墩墩就这样完成了。

食品从最初的填饱肚子、提供能量上升到视觉、嗅觉、触觉等全方位的精神体验，每个人对食品的感受都是有差异的，请邀请你的好友品尝并客观地评价 3D 打印的食品，交流与分享你的美食。

项目亮点

本实训内容的学习，使学生深刻理解到食品 3D 打印的工作原理；同时，通过一个完整项目的实施认识并深化整个 3D 打印巧克力流程，基本掌握了食品 3D 打印技术的应用。

复习思考题

1. 哪些食品可 3D 打印？食品 3D 打印的应用场景在哪里？
2. 食品 3D 打印对医疗健康有哪些影响？
3. 食品 3D 打印如何设计未来展望？

技能训练表

完成以上步骤后，可爱的巧克力冰墩墩 3D 打印制作完成，“可以吃的冰墩墩与 3D 打印”技能训练表见表 6–5。

表 6-5 “可以吃的冰墩墩与 3D 打印”技能训练表

<table>
<tr><td>学生姓名</td><td></td><td>学号</td><td></td><td>所属班级</td><td></td></tr>
<tr><td>课程名称</td><td colspan="2"></td><td>实训地点</td><td colspan="2"></td></tr>
<tr><td>实训项目名称</td><td colspan="2">可以吃的冰墩墩与 3D 打印</td><td>实训时间</td><td colspan="2"></td></tr>
<tr><td colspan="6">实训目的：
掌握食品 3D 打印的工作原理及工作流程。</td></tr>
<tr><td colspan="6">实训要求：
1. 根据本主题设计可以打印的三维模型，可选择冰墩墩模型。
2. 选择口感最好的巧克力配比及造型，深化 3D 打印巧克力的趣味。
3. 完成可以吃的冰墩墩 3D 打印模型。</td></tr>
<tr><td colspan="6">实训截图过程：</td></tr>
<tr><td colspan="6">实训体会与总结：</td></tr>
<tr><td>成绩评定</td><td></td><td colspan="2">指导老师
签名</td><td colspan="2"></td></tr>
</table>

项目四　珠宝设计与 3D 打印

导语

3D 打印技术蓬勃发展，延伸到时尚领域，给珠宝产品带来革命性变化。珠宝 3D 打印技术使珠宝设计更加精细、美观，同时降低了珠宝制造的成本，提高了生产效率。珠宝首饰设计除了珠宝、钻石与宝石外，还有聚合物、饰品、陶瓷等制品。借助数字化设计及生产工具，珠宝个性化定制服务市场正在迅速崛起。

内容提要

为你生命中最重要的人设计并制作一款只属于他的未来品牌珠宝首饰，珠宝、宝石、表带、眼镜、耳钉、项链，利用各种珠宝 3D 打印技术实现你疯狂而又唯一的设计。

思维导图

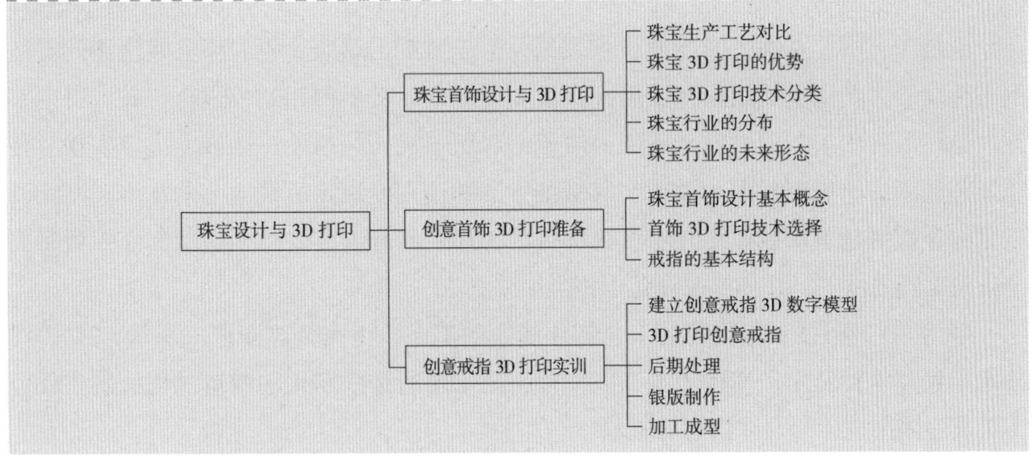

知识目标

1. 了解珠宝相关的增材制造技术；
2. 掌握珠宝 3D 打印相关流程；
3. 研究珠宝创意设计与增材制造。

思政目标

1. 培养学生求真、求实、求是的科学思维；
2. 培养团队合作能力，以及学生的探索精神。

相关知识

一、珠宝首饰设计与 3D 打印

随着 3D 打印技术的飞速发展，3D 打印在珠宝首饰等专业领域的创新应用不断取得突破，为珠宝首饰行业的个性化和智能化创造了有利的契机。如今，全球珠宝首饰行业正处于升级转型阶段，传统渠道的珠宝销售已经很难满足年轻消费者个性化的需求。许多追逐潮流的年轻消费者热衷于彰显个性，所以，根据个人喜好、品位进行珠宝首饰定制也就成为当下年轻消费群体一种消费方式。

（一）珠宝生产工艺对比

传统工艺中，首饰工匠参照设计图纸、手工雕刻出蜡版，再利用失蜡浇铸的方法倒出金属版，利用金属版压制胶膜并批量生产蜡模，最后使用蜡模进行浇铸，得到首饰的毛坯。传统工艺通过设计图纸→雕蜡、起版→浇铸→执模→镶嵌→电镀实现。传统工艺起版的蜡版制作尤为重要，其精细程度和美观度决定后续工艺的水准。制作高质量的金属版是首饰制作工艺中最为关键的工序，而传统方式雕刻蜡版制作银版将完全依赖工匠的水平，并且修改设计也相当烦琐。

采用 3D 打印技术替代传统工艺制作蜡模的工序，将完全改变这一现状。3D 打印技术不仅使设计及生产变得更为高效便捷，更重要的是数字化的制造过程使制造环节不再成为限制设计师发挥创意的瓶颈。

光固化珠宝 3D 打印的应用，代替了人工雕蜡，结合珠宝 3D 设计软件，实现了前端工艺的自动化，尤其是起版几乎实现了机械化。SLM 珠宝 3D 打印技术则直接代替了失蜡铸造工艺，经过后处理直接镶嵌和电镀，效率更高，但设备及材料成本较高。

珠宝生产工艺对比如图 6-81~ 图 6-83 所示。

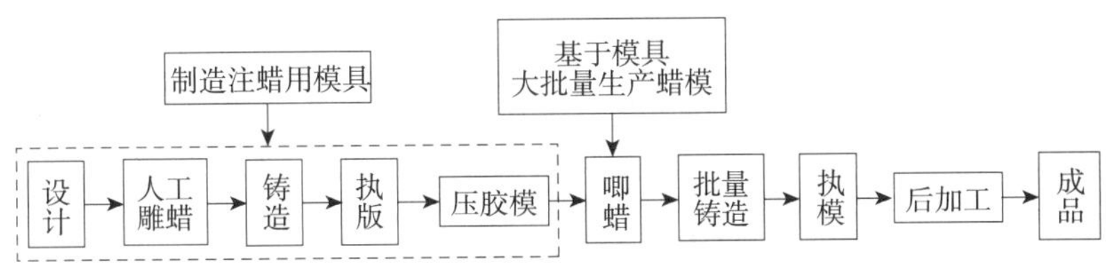

图 6-81 传统珠宝首饰制造流程

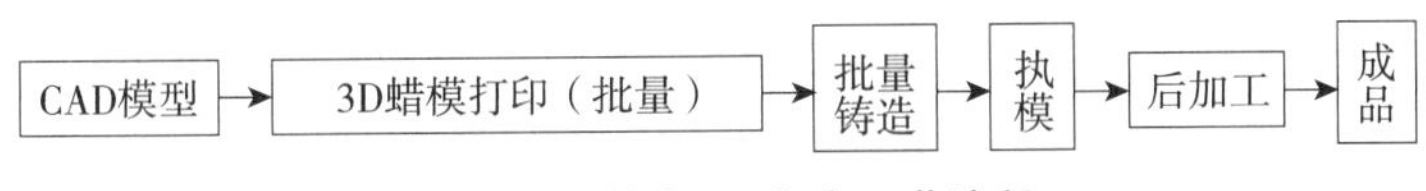

图 6-82 整合 3D 打印工艺流程

图 6-83 整合 3D 打印技术的首饰设计

（二）珠宝 3D 打印的优势

1. 个性化定制，设计自由

个性化定制珠宝产品的成本不再受复杂结构的影响，也无须关心手工雕刻工艺的实现问题，通过专业的珠宝 3D 设计软件，将灵感兑现。同时对于日益注意差异化的消费者来说，定制化珠宝的成本也不再高居不下，使珠宝消费快速而经济地发展。

2. 简化工作流程，降低成本

珠宝首饰由于其外形尺寸并非很大，可使用桌面级珠宝 3D 打印设备批量制作蜡版，实现了经济的制造方式和批量生产。另外，把工匠从烦琐而费工费时的雕刻工序解放出来，对于企业来说，减少了人员的需求，由珠宝 3D 设计软件进行数字化设计，便于修改和数据保存。

3. 提高制造效率，快速上市

传统珠宝产品设计制作周期较长，往往会错过市场热点，而 3D 珠宝打印可线上定制平台设计，由数字化珠宝中心设计，渲染确认效果，运用3D 打印技术快速生产交付，甚至零库存销售。

（三）珠宝 3D 打印技术分类

珠宝 3D 打印可分为 3D 间接打印与 3D 直接打印。

1. 3D 间接打印

3D 间接打印通常会 3D 打印蜡模以用于铸造，而不是采用直接金属 3D 打印机工艺。3D 间接打印技术分为两种：①应用光固化 3D 打印（LCD、DLP、SLA）技术，打印材料是铸造性光敏；②喷蜡（ProJet）3D 打印，再经过失蜡铸造工艺实现；使用蜡质材料由高精度的 3D 打印机打印出来。把蜡质模型放入一个容器，在容器中倒入液体石膏充满并覆盖住蜡模。当石膏凝固后，取出模型并放入熔炉将蜡材料熔化，剩下的石膏部分就变成了倒模。再将熔融的饰品金属倒入石膏倒模，待金属凝固，将石膏部分敲碎去除。这种方式相比传统的开模方式已经大大丰富了首饰的设计，缩短了首饰制造的流程，提高了首饰制造的效率。除了蜡，还可使用树脂来完成熔模铸造。

2. 3D 直接打印

3D 直接打印可使用贵重金属或塑料。直接打印金属粉末的技术也包含两种：一种是选择性激光熔化技术，这种技术尤其适合用来打印黄金；另一种是选择性激光烧结技术，通过高能量的激光束将微米级金属粉末烧结成三维立体模型，可实现铜、金、银、钛合金等金属或尼龙等聚合物的快速制造，但其性价比较低，不适合批量生产。另外，对于陶瓷饰品，一般经过光固化 3D 打印技术制作陶瓷生坯，再经过上釉、烧窑实现。珠宝首饰 3D 打印技术如表 6-6 所示。

表 6-6　珠宝首饰 3D 打印技术

ProJet 技术	光固化技术（LCD/DLP/SLA）	SLM 技术	SLS 技术
3D 打印蜡	3D 打印树脂、陶瓷	3D 打印黄金	3D 打印聚合物

（四）珠宝行业的分布

全世界 30% 的珠宝产自广州番禺珠宝基地，经过 40 多年的发展，利用 3D 打印技术赋能番禺珠宝品牌，占据了国内 70%~80% 的高端珠宝，珠宝生态圈也发生了巨大的变化，番禺珠宝基地从最早的海外珠宝代加工制造地发展成集原创设计、原料采购、铸造、交易、鉴定、贸易于一体的全球性综合珠宝聚集地。值得一提的是，珠三角地区也是光固化设备与材料厂家最多的地方，为珠宝 3D 打印提供有力的技术支撑。

3D 打印设备由国外设备垄断逐渐发展到国产设备完全替代，得益于行业细化分工，专业化的 3D 打印珠宝设计及打印的中心成立，甚至大部分工厂外协起版。

（五）珠宝行业的未来形态

珠宝首饰与高科技的结合具有让珠宝回归其核心的作用，即美观和装饰。高科技可让珠宝的制作过程更加精细、让珠宝显得更加特别。

二、创意首饰 3D 打印准备

（一）珠宝首饰设计基本概念

首饰是指用各类金属、宝石、有机及仿制品制成的装饰人体及其相关环境的装饰品。其中，金属材质分为贵金属和常见金属，贵金属有金、铂、银等；常见金属有钢铁、镍合金、铝合金、铜合金等。非金属材质有皮革、丝织品、塑料、宝石、彩石、玻璃、陶瓷等。

首饰绘图即造型能力，可分为三种：①草稿（sketch）灵感；②快速绘画（speed painting），可展示其设计细节、色彩，清晰传达设计理念；③产品渲染图，其可用于产品制成前展示设计方案最终效果，十分写实地表现宝石光泽、金属机理、反光等效果，使用 CAD 软件可提高效率。

通过观看视频学习铸造、执模、镶嵌、抛光、电镀等基本工艺，了解花丝、珐琅、3D 打印、木纹金等不同工艺，为设计提供更大的可能性，拓展设计思路。

（二）首饰 3D 打印技术选择

DLP 技术已经广泛应用于珠宝首饰行业，大多数采用失蜡铸造制作。本次实训将采用 DLP 光固化技术替代传统工艺制作蜡模的工序，不仅可使设计及生产变得更为高效便捷，更重要的是数字化的制造过程使制造环节不再成为限制设计师发挥创意的瓶颈。

（三）戒指的基本结构

以装饰和功能相对复杂的镶嵌戒指为例，戒指分为戒面、戒肩、通花、戒圈、指圈、围底几个部分。戒面一般是戒指的主石镶嵌区域，（两侧）戒肩是配石的主要镶嵌区域。戒面和戒肩通常是戒指的主要装饰部分。通花是在戒指的侧面或镶口部位制作的镂空花纹，制作通花不仅可以减轻戒指整体的重量，还可以增加与提升戒指的层次和装饰功能。戒圈是戒指的围圈部分，它的大小由内圈即指圈来决定。指圈即手指的粗细，指圈号也称圈口号。围底是指戒指的底部。

三、创意戒指 3D 打印实训

（一）建立创意戒指 3D 数字模型

以学生作品创意戒指为例，创建通花戒指为主要实训内容，模型为网格镂空结构，基本思路是绘制好线框，将其生成圆管，从而得到这种效果。戒圈的部分用曲面流动做出镂空网格效果，戒圈上方镂空网格绘制出基底曲面，从而得到线框生成网格。设计制作过程如图 6-84~ 图 6-97 所示。

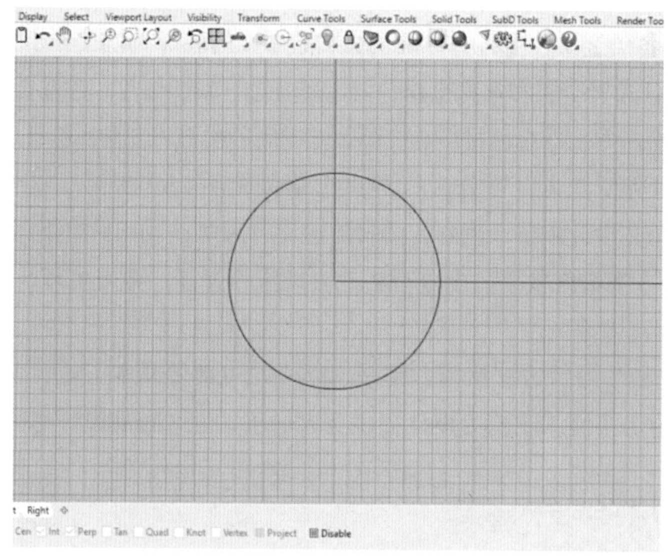

图 6-84　利用圆曲线绘制基础圆

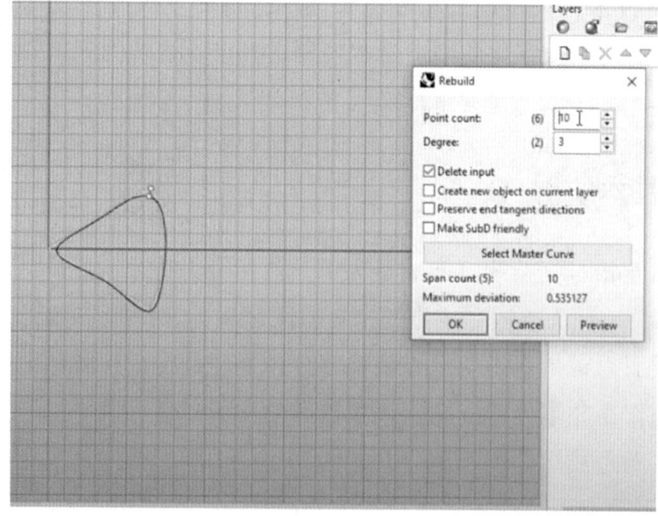

图 6-85　将圆六等分得到花瓣基础形状

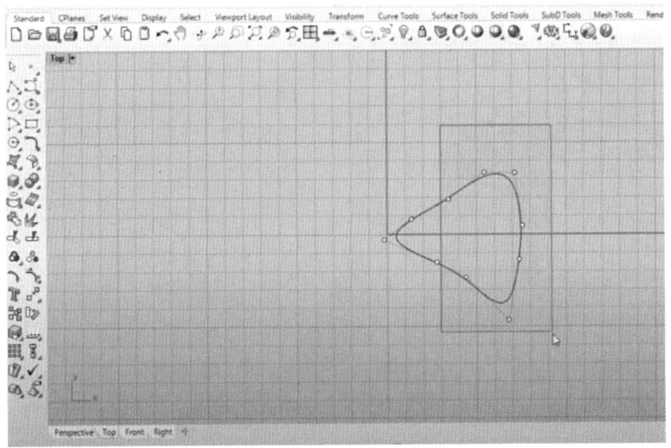

图 6-86　编辑花瓣顶点

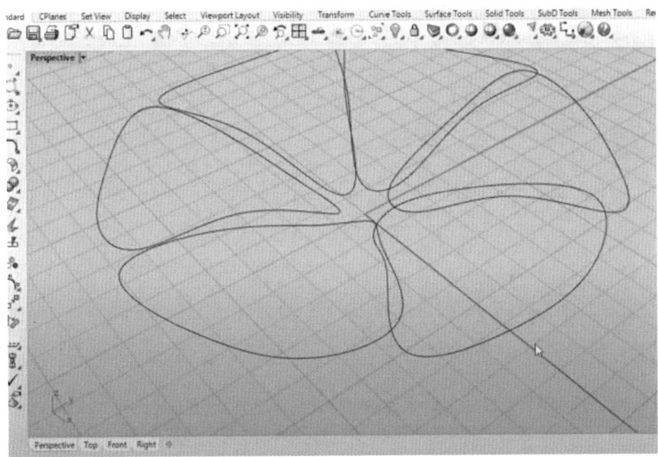

图 6-87　利用环形阵列得到花形

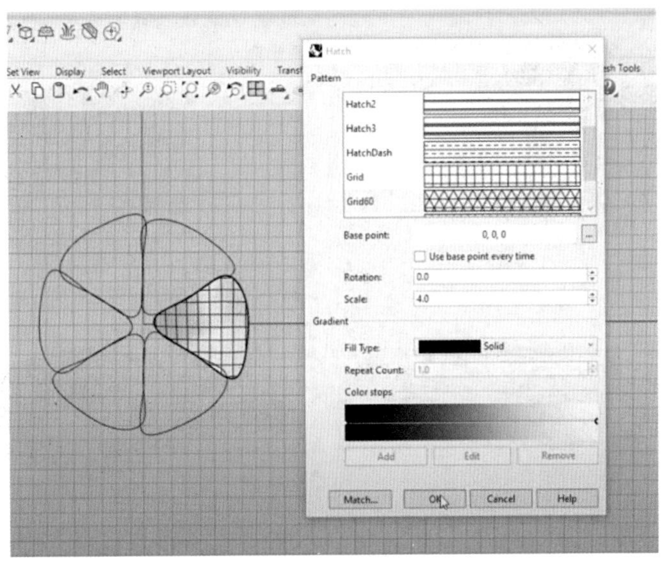

图 6-88　材质填充，选择米格纹样

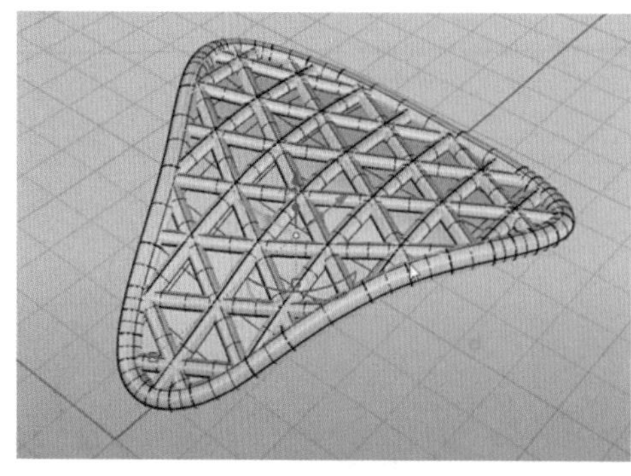

图 6-89　得到单片花瓣

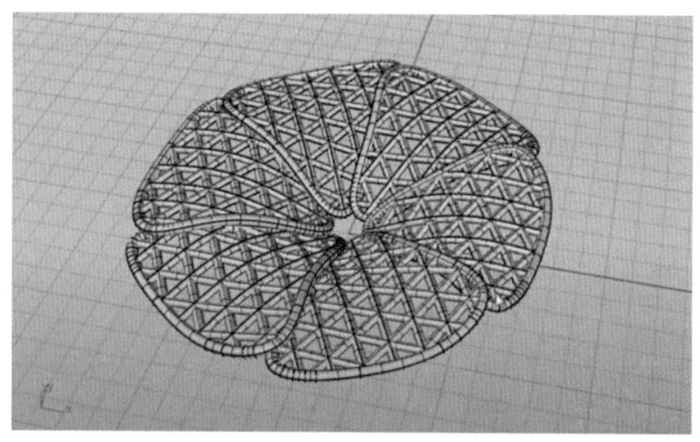

图 6-90　环形阵列，调整方位关系并倾斜

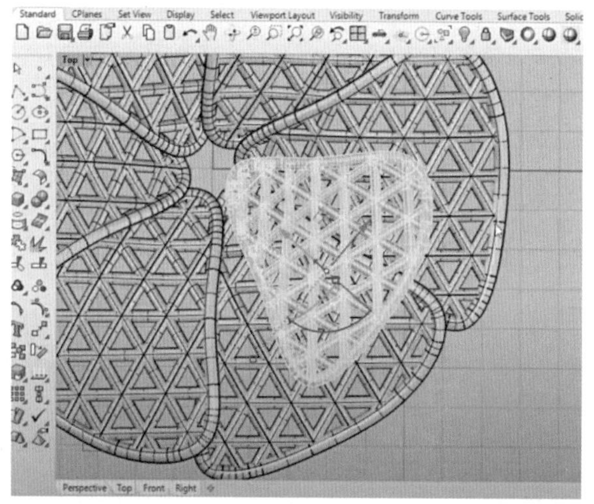

图 6-91　复制花瓣并同比例缩小得到上次花瓣

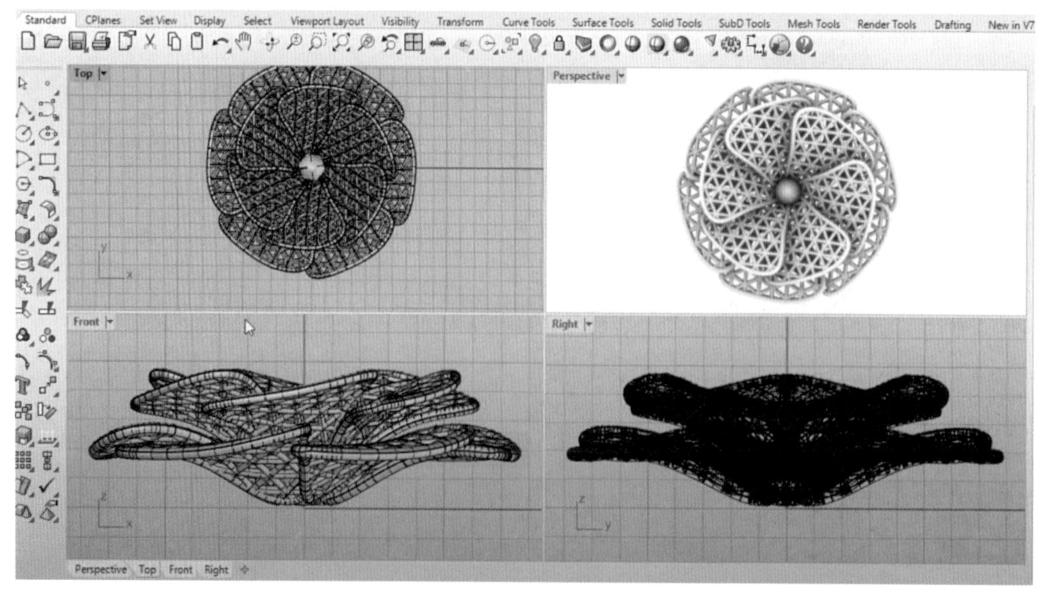

图 6-92　环形阵列，调整方位关系并倾斜

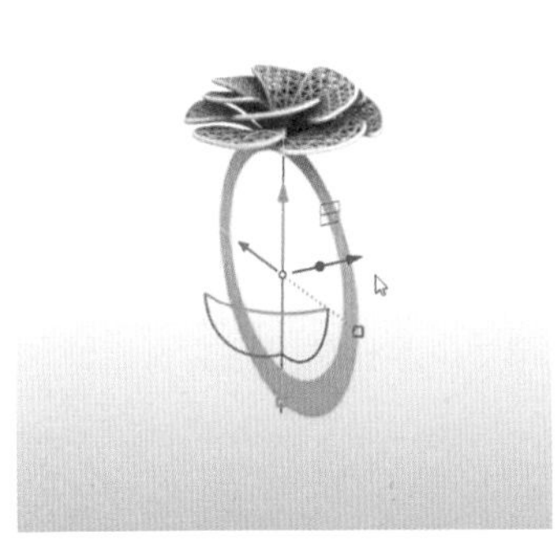

图 6–93　环形阵列，调整方位关系并倾斜

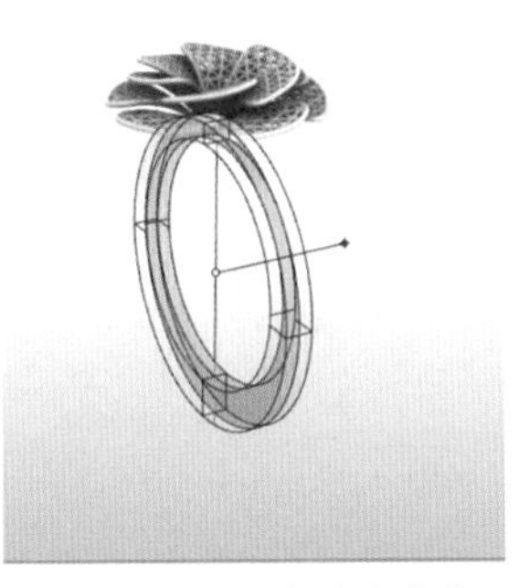

图 6–94　利用内差点曲线，分别在四分点作连线

图 6–95　利用双轨扫掠做出曲面，注勾选封闭扫掠

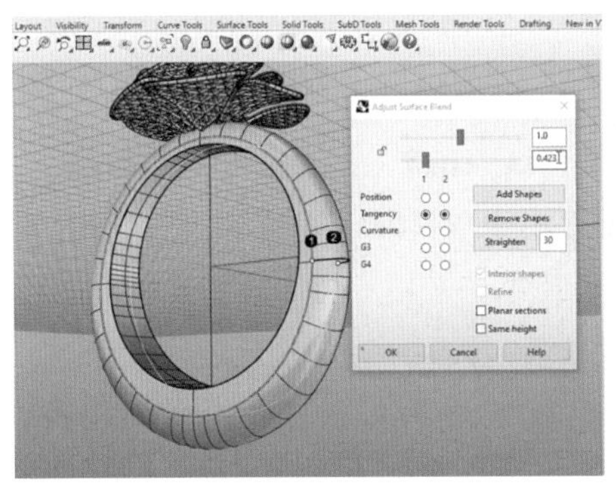

图 6–96　填充井字格，利用圆管将两根圆曲线生成圆管

图 6–97　创意通花戒指数字模型完成

（二）3D 打印创意戒指

1. DLP 打印设备操作

浙江迅实科技有限公司研发的 DLP 设备 MoonRay 使用操作如图 6–98 所示。

2. 软件打印参数设置

（1）材料曝光时间设置：

[已选 XY 像素分辨率] 检查默认设置是否为 100 μm；

[基层固化时间] 设置一般为 10~15 s（推荐 15 s）；

[基层打印层数] 市值一般为 5~10 层（推荐 15 s）；

[基础时间] 和 [补偿时间] 设置根据模型切片厚度选择 [20 μm] 或 [50 μm] 选项，具体参数设置参考模型信息和材料特性。

例如：模型切片厚度为 50 μm，则 50 μm 的基础时间可设置为 7 s，补偿时间为 0.5 s。

（2）单击 [材料目录] 窗口底部【保存全部】按钮。

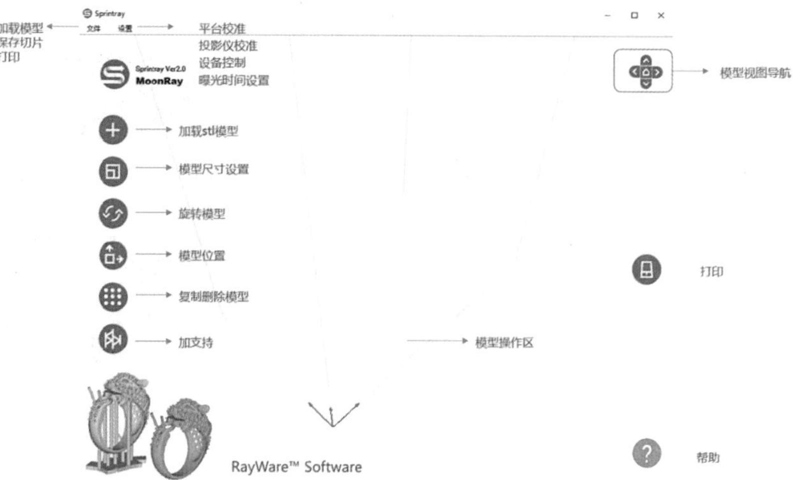

图 6-98 浙江迅实科技有限公司研发的 DLP 设备 MoonRay 使用操作

3. 3D 打印蜡模

珠宝材质通常是贵金属，金属 3D 打印机还不适合这类精密、复杂、小产品的制作，目前仍然使用失蜡铸造工艺，其中最为关键的蜡模使用 3D 打印技术制作。使用 DLP 光固化 3D 打印机，光固化是目前精度最高的 3D 打印技术，采用专用的液态光敏树脂蜡耗材，就可以制作出一个完美的蜡模，精度可达微米级，从而纤毫毕现地还原设计。

（三）后期处理

1. 超声波清洗

超声波清洗如图 6-99~ 图 6-101 所示。

图 6-99 倒入洗液

图 6-100 放入模型

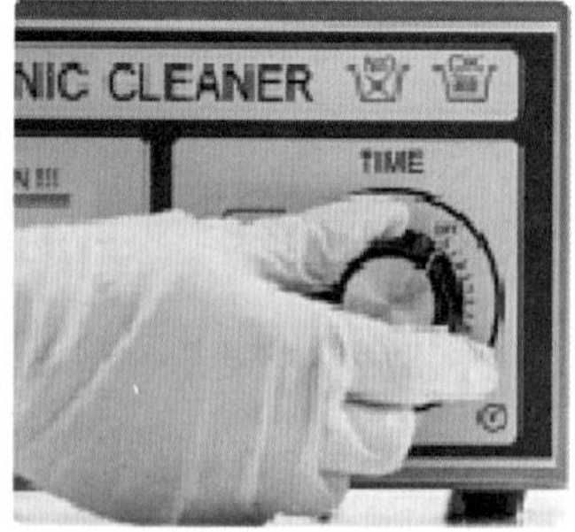

图 6-101 定时 3~5 min 超声

2. 去除支撑

模型清洗好之后吹干或晾干，再用模型剪、镊子等工具进行去除支撑处理，如图 6-102、图 6-103 所示。

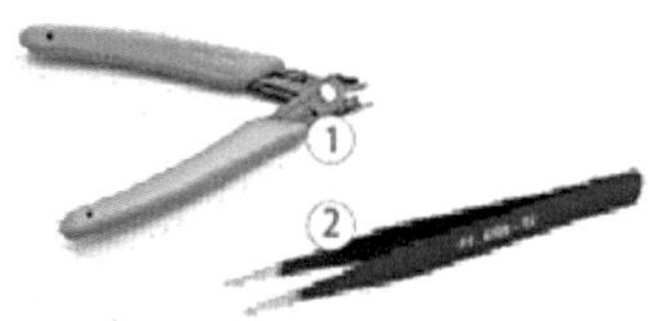

图 6–102　去除支撑的工具
①模型剪（去除外部支撑）；②镊子（去除内部支撑）

图 6–103　去除支撑

3. 紫外线曝光模型

将模型放到阳光下曝光；如果有条件，可用紫光灯固化箱照射（波长 405 nm），每次 3~5 min 检查模型表面效果，多次照射，直到模型达到最佳状态，如图 6–104 所示。

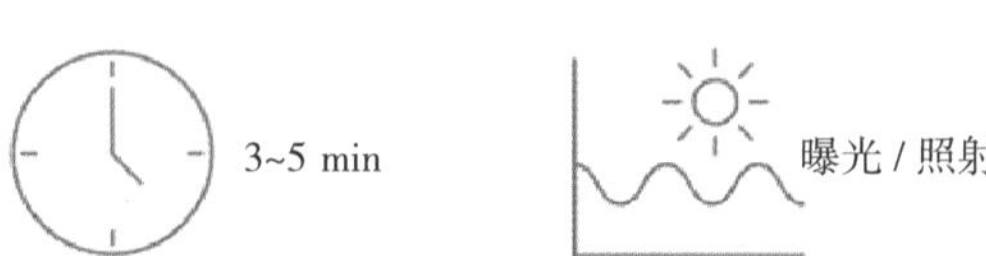

图 6–104　紫外线曝光模型

（四）银版制作

1. “种蜡树”

为了保证失蜡铸造良品率和效率，通常是多个成品一起铸造，接下来的步骤就是将模型集中在一起。

3D 打印好的蜡模需要剪掉多余的支撑线条，然后使用异丙醇震荡清洗，去除残余的树脂后，即可安装水口蜡并开始上树。种树时遵循轻薄件在上、厚重件在下的原则。使用烙铁在蜡条一头熔化粘在戒指上，另一头熔化粘在主干的蜡条上，这一步在珠宝行业中俗称“种蜡树”，如图 6–105~ 图 6–107 所示。

图 6–105　3D 打印戒指支撑修整

图 6–106　焊接支撑

图 6–107　“种蜡树”

2. 制作铸造模具

在开始这个步骤之前，需要将蜡树称重，以便估算后续铸造需要的金属量，如图 6-108~ 图 6-116 所示。

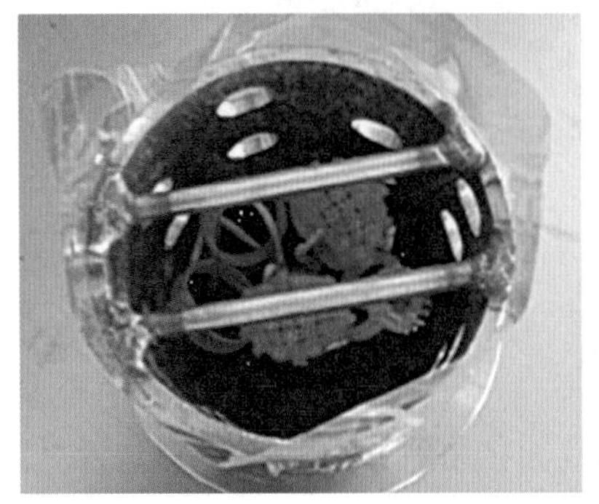
图 6-108 把蜡树放入钢盅，用胶纸粘好

图 6-109 调树脂粉抽真空

图 6-110 倒入钢盅

图 6-111 抽真空

图 6-112 等待树脂固化

图 6-113 去掉胶纸和整理树脂膜

图 6-114 种蜡树

图 6-115 把钢盅放入 650 ℃烤炉内，升温 750 ℃烘烤 5 h，最后降温到 650 ℃准备吸尘，回烤炉 650 ℃烤 1 h 即可浇铸

图 6-116 倒适量银粒放入熔炉升温到 1 020 ℃即可浇铸

3. 浇注铸造

将之前计算好的金属量熔化抽真空后，使用中频倒模机加压注入石膏模具中，取出放置自然冷却 5~10 min，置入水中完全冷却后即可取出铸件，如图 6-117~ 图 6-121 所示。

图 6–117　把钢盅放入铸造机，抽真空到底后倒入银水

图 6–118　倒满银水稍后取出放置冷却

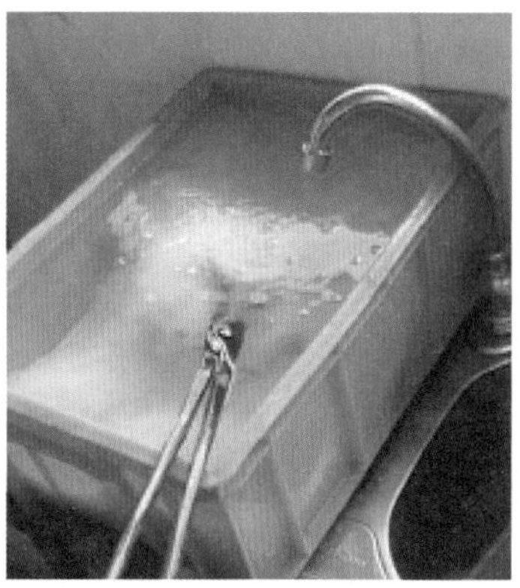

图 6–119　冷却稍后用钢盅钳夹入水中爆冷炸树脂粉

图 6–120　冲洗完树脂粉，取出银件

图 6–121　把银件放入氢氟酸浸泡 5 min，稍后取出用清水清洗

（五）加工成型

将戒指从树干上剪下来，经过打磨、抛光、镶钻等处理，一颗属于自己亲手设计的戒指就这样大功告成了，如图 6–122 所示。

图 6–122　3D 打印通花戒指成品

项目亮点

本实训内容的学习，使学生深刻理解到珠宝首饰的完整流程，通过一个完整的设计、打印、加工过程让学生认识并深化了整个设计流程，基本掌握了珠宝 3D 打印技术的应用。

复习思考题

1. 除了饰品行业，时尚领域还有哪些 3D 打印的应用？
2. 饰品 3D 打印是否能完全替代手工珠宝工艺？
3. 数字化饰品设计会对行业造成颠覆性的影响吗？

技能训练表

完成以上步骤后，本次独一无二的创意戒指 3D 打印制作完成，“创意首饰与 3D 打印”技能训练表见表 6–7。

表 6–7 “创意首饰与 3D 打印”技能训练表

<table>
<tr><td>学生姓名</td><td></td><td>学号</td><td></td><td>所属班级</td><td></td></tr>
<tr><td>课程名称</td><td colspan="2"></td><td>实训地点</td><td colspan="2"></td></tr>
<tr><td>实训项目名称</td><td colspan="2">创意首饰与 3D 打印</td><td>实训时间</td><td colspan="2"></td></tr>
<tr><td colspan="6">实训目的：
“独一无二”——创意首饰与 3D 打印。</td></tr>
<tr><td colspan="6">实训要求：
1. 了解珠宝首饰的设计流程。
2. 掌握通花戒指三维模型的创建办法及流程。
3. 利用 DLP 光固化技术打印蜡模。
4. 对 3D 打印模型进行后处理铲下模型、去除模型支撑、制作银版直至模型完成。</td></tr>
</table>

续表

<table>
<tr><td colspan="4">实训截图过程：</td></tr>
<tr><td colspan="4">实训体会与总结：</td></tr>
<tr><td>成绩评定</td><td></td><td>指导老师
签名</td><td></td></tr>
</table>

项目五　逆向设计与 3D 打印

导语

逆向设计就是基于逆向工程技术获取的三维重构模型进行创新设计，逆向工程技术是使用 3D 测量设备（如 3D 扫描仪）获取实物原型的点云数据，经过数据优化处理、三维重构数字模型。其目的是快速获取实物的可编辑数字模型，基于实物而进行创新设计，尤其是对文物、艺术品的保护、修复，及其医疗领域的护具，义体的设计制作，是极其有效的手段。

内容提要

本项目要求对逆向工程技术有一定的认知，利用 3D 扫描仪测量身边的一件有意义的物品，利用逆向设计软件 Geomagic 等对扫描数据处理，专用设计软件修改创造新的产品形态，最后导出 STL 格式，用 3D 打印机实现创意产品设计。

思维导图

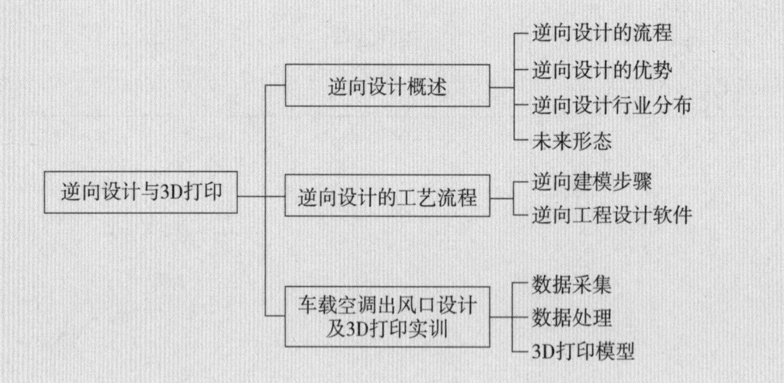

知识目标

1. 了解逆向工程技术；
2. 熟悉逆向工程技术的工作流程；
3. 认知逆向工程技术的设备分类；
4. 了解逆向工程技术的应用领域。

思政目标

1. 培养学生分析、解决生产实际问题的能力，提升学生的职业技能和专业素质；
2. 提升学生的学习能力，养成良好的思维和学习习惯；
3. 激发学生的好奇心与求知欲，培养学生的团队合作精神。

相关知识

一、逆向设计概述

逆向工程也称反求工程、反向工程，是对产品设计过程的一种描述。

（一）逆向设计的流程

传统产品设计是一个“从无到有”的过程（图 6–123）：设计人员首先构思产品的外形、性能和大致的技术参数等，然后利用 CAD 技术建立产品的三维 CAD 模型，最终将模型转入制造流程，完成产品的设计制造。这样的产品设计可以称为“正向设计”。

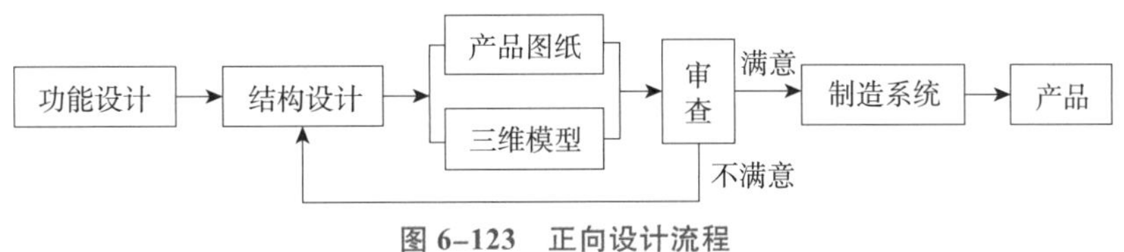

图 6–123　正向设计流程

逆向工程则是一个“从有到无”的过程。简单地说，逆向工程就是根据已经存在的产品模型，反向推出产品的设计数据（包括设计图纸或三维模型）的过程，如图 6–124 所示。通过逆向工程技术，可以获得与研究对象功能相近，但又不完全一样的产品。

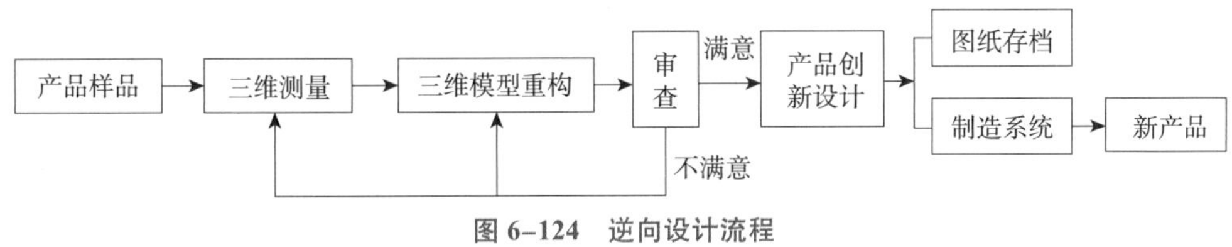

图 6–124　逆向设计流程

（二）逆向设计的优势

1. 缩短产品设计时间

逆向工程技术直接对实物进行三维建模，在模型基础上进行产品创新，加快产品更新换代速度，节省时间。

2. 降低产品设计难度

对于一些结构复杂的产品，正向工程设计的难度大，而逆向工程技术直接在模型基础上修改和创新，缩短了实验过程并降低了产品设计的难度。

3. 降低产品设计成本

每件产品在研发设计过程中，都需要进行反复实验，最终得到最优数据的产品。正向工程技术中如绘制图纸，测量数据并建立模型、产品实验等方面会耗费巨大的人力和金钱，逆向工程技术则解决了这个问题。逆向工程直接对现有实物模型进行修改，这在一定程度上降低了产品研发设计的成本。

4. 降低企业研发风险

企业在开发新产品时，如果发明一款新产品，耗费的成本巨大，市场需求不够则增大企业破产风险，逆向工程能够对经过市场检验的产品进行创新，降低了企业研发风险。

5. 满足个性化批量制造

逆向工程不需要正向建模，也不需要依赖传统磨具生产，与 3D 打印技术相结合还能实现私人定制，满足顾客的个性化要求；同时生产速度较快，能够批量生产。

6. 提高医院的科技水平

逆向工程技术能够反映出 X 光、CT、MRI 等医学图像无法展现的信息。术前按照模型提供的信息确定假体尺寸结构，帮助医师更直观、全面、准确化地制订手术方案、术前演练及手术模拟操作等，从而提高骨科中高难度手术的成功率和科技化水平，让手术更安全。

（三）逆向设计行业分布

逆向工程技术作为消化吸收已有先进技术并进行创新开发的重要手段，日益成为逆向工程技术关注的主要对象。通过综合利用 RE 技术和 CAD 技术，形状复杂产品的数字化建模质量和效率将大大提高，并且能显著地降低成本，从而有力地支持了新产品的创新开发与再设计。目前逆向设计主要应用于汽车、医疗、文物、工业及消费等领域，从汽车厂商流线型车身设计到深度车友的汽车配件定制修改。在医疗领域，逆向设计可用于齿科、康复辅具、骨骼植入物和义体制作。在文物艺术品领域，逆向设计可用于文物修复、数据存储复制及文创。在工业领域，逆向设计可用于零件修复、精准测量。在消费领域，逆向设计可用于商品展示。

（四）未来形态

逆向设计使用 3D 扫描数据对影视明星进行人体数据的获取，进行二次创作，结合 CG（计算机图形学）建模技术，未来甚至不需要明星本人出镜。当然也需要对隐私的人体数据进行安全保护。对于文保领域，利用其文物三维数据进行二次文创的产品，及其利用 VR 技术 360 度展示文物。在医疗领域，3D 打印的义体以其快速制造及其相比传统技术的低成本已经被广泛应用。也许你在科幻影视作品中见过改造人或生化人，利用人体数据改造你的身体，获得更强大的身体机能，在不远的将来或许可以成为现实，或者完全由 3D 打印的机器人，载入你的思想意识，成为你的复制人。

电商平台可通过手机 App 拍照建立人体 3D 数据库，实现线上试穿。

通过 3D 扫描获取商品的形状、纹理及色彩，在线购物可以实时查看商品三维信息。3D 扫描仪技术分类如图 6–125 所示。

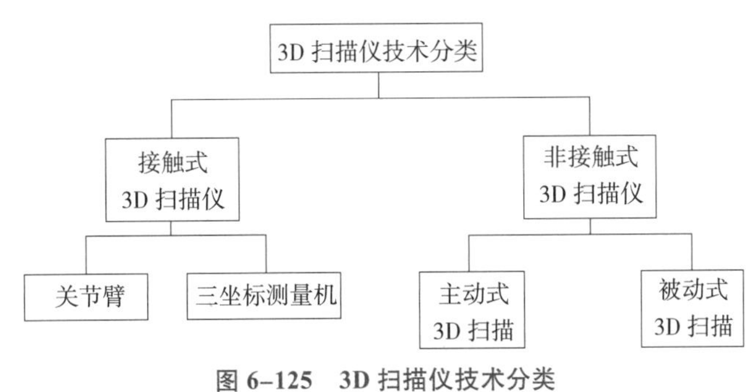

图 6–125　3D 扫描仪技术分类

二、逆向设计的工艺流程

（一）逆向建模步骤

逆向设计主要包括三维逆向建模及产品加工制造两个环节，其中逆向建模最为关键。逆向建模主要包括三个步骤：点云（point cloud）数据采集、点云数据预处理、点云数据建模。点云数据采集是指采用反求设备获取物体表面的点云数据。反求设备的测量视场大小有限，一次测量往往只能获得一个视角的点云数据，为了构建被测物体完整的三维 CAD 数字模型，需要移动反求设备或被测物体，从多个视角进行点云数据的采集，获得多视角点云数据。点云数据预处理是指对采集的多视角点云数据进行对齐、融合、去噪、采样等处理，去除所采集点云数据中的冗余与噪声，获得完整的、单层的、光顺的、保持细节特征的点云数据模型。点云数据建模是指根据预处理后的点云数据构建流形的多边形（如三角形、四边形等）网格模型或 NURBS 曲面模型。

1. 点云数据

点云数据是指采用各种反求设备采集的物体表面离散点数据的集合。每个点数据包含的基本信息是它的三维坐标（*X*、*Y*、*Z* 坐标）及法向量，也可包含离散点处物体表面的其他属性（如颜色、光照强度、纹理特征等）。通常，将使用三坐标测量机等测量设备采集的数量较少、点间距较大的点云数据称为稀疏点云数据，将使用三维激光扫描仪或照相式扫描仪得到的数量较多、点间距较小的点云数据称为密集点云数据。

按照是否包含栅格线信息，点云数据可分为结构化点云数据和散乱点云数据。栅格线信息即采集点云数据时的扫描线信息，一条扫描线上的点数据位于一个平面内。结构化点云数据即采集的点数据有序地位于系列栅格线上，采用激光线结构光或光栅投影式面结构光扫描设备采集的点云数据。散乱点云数据中点数据呈现无序分布状态。

2. 点云数据采集

逆向建模的首要任务是采集产品实物或模型表面的三维点云数据，只有获得三维点云数据，才能实现自由曲面的重构。近年来，出现了各种各样的三维点云数据采集技术。根据点云数据采集过程中测量设备是否接触被测量物体表面，三维点云数据采集技术可分为接触式采集技术和非接触式采集技术两大类，如表 6-8 所示。

表 6-8　逆向设计中常用的数据采集方法对比

数据采集方法		精度	采集速度	材料限制	设备成本	采集范围影响	复杂曲面处理效果
接触式	三坐标接触测量设备	≥ ±0.6 μm	慢	部分有	较高	大	较差
非接触式	激光三角法测量设备	≥ ±5 μm	较快	无	一般	较小	较好
	结构光测量设备	≥ ±15 μm	较快	部分有（需贴标志点）	较高	较小	较好
	CT 测量设备	1 mm	较慢	无	高	一般	一般
数据采集方法		优点			缺点		
接触式	三坐标接触测量设备	适用性强、精度高；不受物体光照和颜色的限制；适用于没有复杂型腔、外形尺寸较为简单的实体的测量			探头和被测物表面易受损，不能测量软质物体；测量速度慢、效率低		
非接触式	激光三角法测量设备	速度快；无损伤，可测量柔软工件；数据采样率高；高分辨率			精度相对低；环境要求高；无法测量激光无法照射的地方；测量精度受工件光照和颜色限制		
	拍照测量设备	对环境要求低；对材料颜色和透明度有限制			精度低；对材料颜色和透明度有限制		
	CT 测量设备	可测量含内腔结构的复杂件			测量速度慢，重建计算量大		

（1）接触式三维点云数据采集技术。接触式三维点云数据采集方法利用连接在测量设备上的探针接触被测物体表面，根据测量设备的空间几何结构得到探针的三维坐标，计算出被测物体表面各个待测点的三维坐标。典型的接触式三维点云数据采集设备包括三坐标测量机（coordinate measuring machine，CMM）及关节臂（articulated arms）等，如图 6–126、图 6–127 所示。接触式三维点云数据采集方法可获得物体表面测点的高精度三维坐标，但其每次测量只能采集一个测点的数据，测量效率低下。

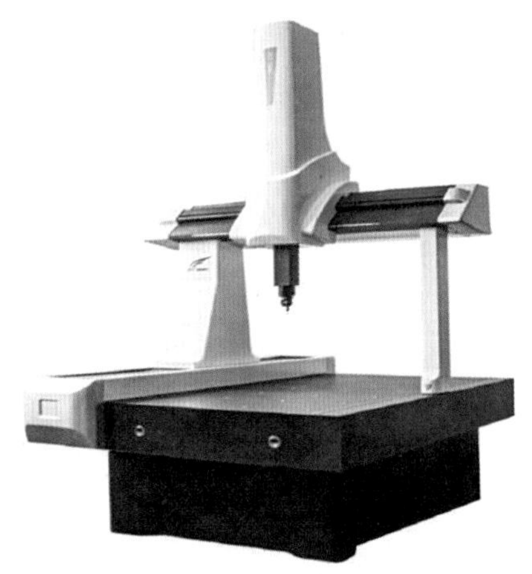

图 6–126　三坐标接触测量设备

图 6–127　关节臂扫描设备

资料来源：广州华阳机电科技有限公司 [EB/OL]. https：//www.yapro.com.cn。

（2）非接触式三维点云数据采集技术。非接触式测量设备可以在数秒内获得物体表面成千上万个测点的三维坐标数据，具有非常高的测量效率。目前，市场上的非接触式测量设备主要包括光学测量设备、声学测量设备、磁学测量设备及其他测量设备等。

3. 点云数据预处理

通过反求设备采集的点云数据往往规模庞大，并且包含大量离群点、噪声、冗余和孔洞等，影响后续的建模质量。因此，需要对采集的点云数据进行预处理操作，从而获得完整的、单层的、光顺的点云模型。点云数据预处理包括离群点检测和去除，以及点云拼接、配准、融合、去噪、精简等。

4. 点云数据建模

点云数据建模就是对预处理后的点云数据采用逼近或插值的方式来构造曲面，最终得到三维 CAD 数字模型。点云数据建模的理论与算法多种多样，按照建立的模型的表示方法，可以分为两类：第一类是多边形建模方法，这类建模方法通过算法将点云数据中的各点数据直接连接起来，形成多边形（如三角形、四边形等）表示的曲面模型；第二类是曲面建模方法，这类建模方法采用逼近的方式建立曲面片（如 NURBS 曲面片、Bezier 曲面片等）表示的数字模型。

（二）逆向工程设计软件

逆向工程软件有 Mimics、UG、Imageware、Geomagic、CopyCAD、Surface Reconstruction、Rapidform 等。这些逆向工程软件有不同的功能及自身特点，但都具有三角面处理、网格划分、曲面优化、曲面编辑和拟合等基本功能以及能够将模型输出成多种格式。在医学工程领域比较有名的逆向工程技术软件有全球 3D 打印龙头 Materialise 公司的 Mimics 软件、德国西门子公司的 UG 软件、美国 3D Systems 公司的 Geomagic Studio 软件。Mimics 软件是基于 CT、MRI 等医学图像进行逆向重建的软件，具有分割 CT 医学图像和图像编辑的功能。Geomagic Design X 是业界最全面的逆向工程软件、集成了正逆向参数化设计流程。UG 和 Geomagic Studio 软件是 CAD 软件，它们具有强大的数据处理和编辑功能。

三、车载空调出风口设计及 3D 打印实训

（一）数据采集

1. 扫描前的准备工作

（1）标定校准。三维扫描仪进行扫描前，有一个重要环节，那就是校准，要扫描出准确的三维数据，校准就显得尤为重要，在校准过程中，要根据三维扫描仪预先设置的扫描模式，计算出设备和工件的位置距离。校准扫描仪时，根据工件来调整设备系统设置的三维扫描环境。正确的相机设置关系到扫描数据的准确性，严格按照制造商的说明进行校准工作，校准后，可通过用三维扫描仪扫描已知三维数据的测量物体来检查比对，如果发现扫描仪扫描的精度无法实现，则需要重新校准扫描仪，如图 6-128 所示。

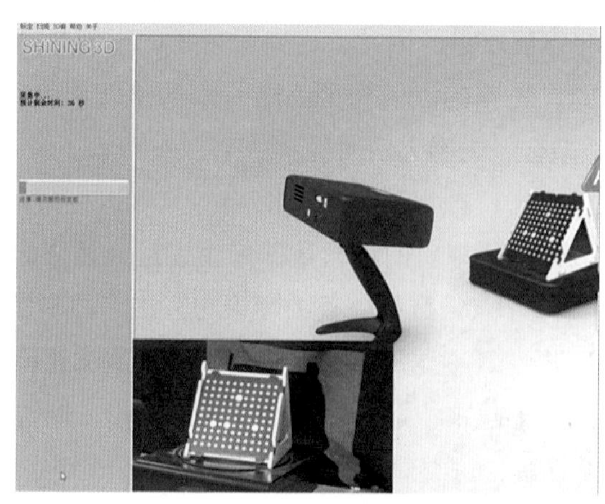

图 6-128　标定校准

（2）被测物体的表面处理。三维扫描对物体的表面也是有要求的，对于半透明或材料（如玻璃制品、反光物体）或颜色较暗的工件扫描起来是比较困难的。这时就需要在工件表面喷上薄薄的一层显像剂（显像剂不会对物体表面及人体造成损害，扫描完成后用清水洗掉即可），其目的是使之后扫描出的物体的三维特征数据更准确。但需要注意的是，显像剂喷洒过多，会造成物体厚度叠加，对扫描精度造成影响，因此只需薄薄一层即可，如图 6–129 所示。

图 6–129　使用显像剂提高物体的扫描精度

2. 采集数据

使用高精度 3D 扫描仪捕获零件的重要部分。桌面结构光或激光扫描仪是完成这项工作的正确工具，精度可达 ±100 或更高。注意如果对象有很深的凹处，你可能需要对你的对象进行几次定位和重新扫描，如图 6–130~ 图 6–133 所示。

图 6–130　将模型放入转台中心并进行扫描

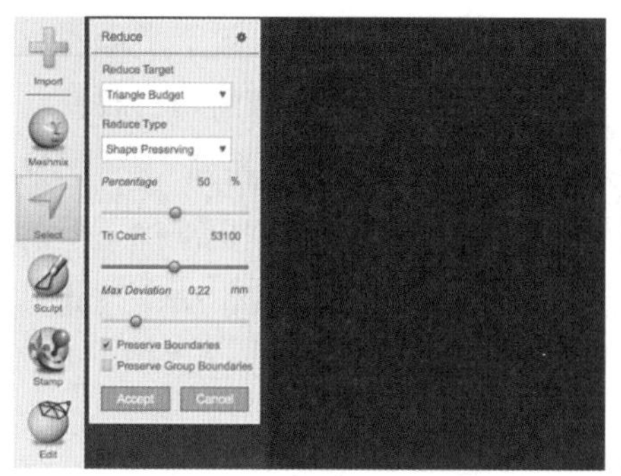

图 6–131　扫描器软件修复

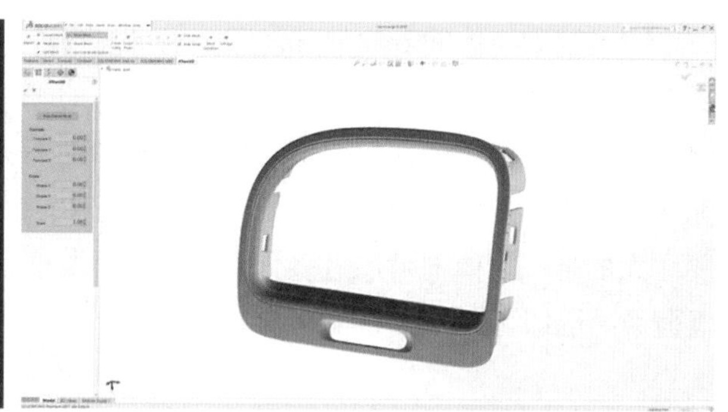

图 6–132　旋转和调整扫描件，使模型扫描更细化

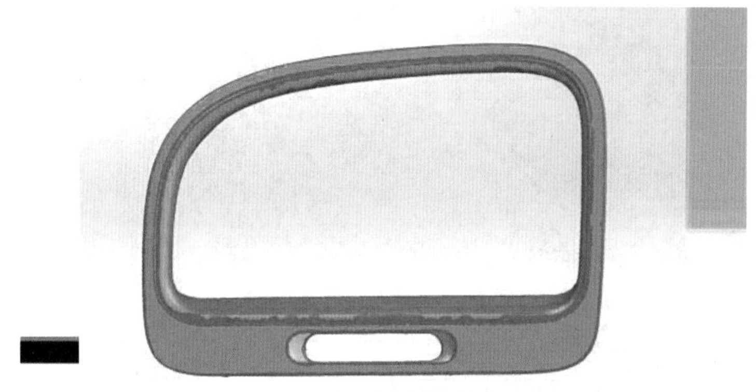

图 6–133　自动铺面完成模型扫描

（二）数据处理

三维扫描仪软件系统可以对扫描出的点云数据进行自动拼接，不需要手动拼接。扫描后系统会自动生成三维点云图形，但后期操作人员需要对扫描得到的点云数据除噪点以及进行填补空洞和光顺处理。点云处理完后要对数据进行转换，目前都是系统软件自动将点云数据直接转换成客户需求的网络格式（如 STL，OBJ）等，生成的数据可以与市面上通用的 3D 软件对接，如图 6–134、图 6–135 所示。

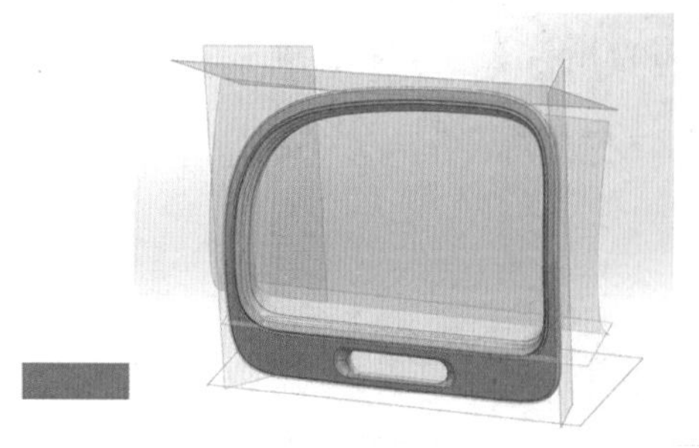

图 6–134　半自动的表面重新创建弯曲的形状

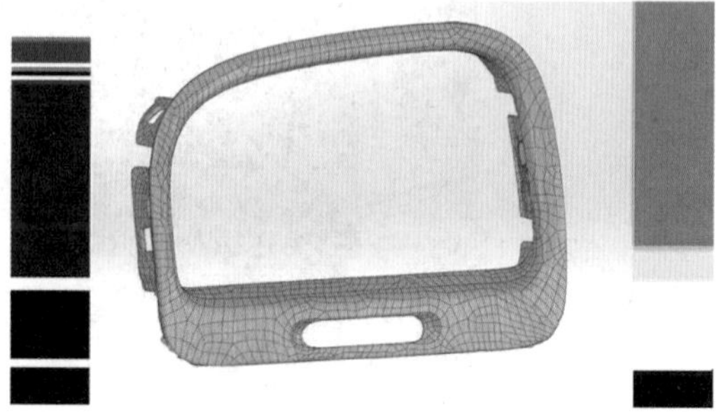

图 6–135　数据处理后模型

复杂的曲面很难手动绘制，所以可以选择使用半自动的表面，通过改变表面检测函数的灵敏度找到不同的表面。

（三）3D 打印模型

1. 导入模型

通过模型调整轮对导入的模型进行编辑，主要包括旋转、移动、缩放、视图、显示模式、切平面、镜像、自动摆放、回退、类别 10 个功能，将模型摆放到打印空间中的合适位置，可通过鼠标右键进行模型的复制与删减，查询模型的属性等，做好模型制作准备。

2. 初始化打印机

每次开机首次使用 3D 打印机均需要进行初始化，单击“ ”，3D 打印机自动回到坐标轴最大位置，建立机床坐标系，构建三维加工空间的相互位置关系。

3. 设置打印参数

打印参数的设置是 3D 打印加工工艺的核心，基本原则是在满足产品质量和性能的要求前提下，使用合理的打印参数，从而保证产品的表面质量、节省打印时间和节约打印材料。

4. 模型打印及后处理

打印时，3D 打印机根据生成的程序，在计算机（单片机）的控制下，喷头按各截面轮廓信息做扫描运动，在工作台上一层一层地堆积材料，各层相黏结，最终得到三维产品模型。打印的过程中需要注意材料是否出现断裂、打结等现象，若出现这些现象则需要及时处理，如图 6–136 所示。

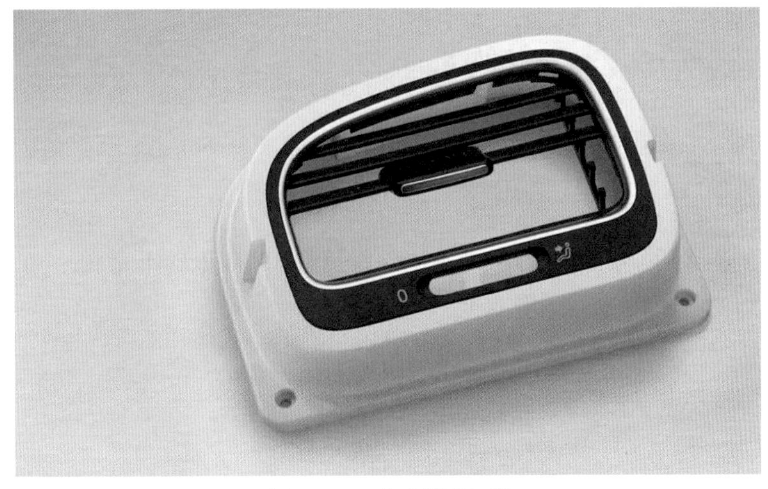

图 6–136　完成模型打印

5. 后处理

1）打磨

打磨是平滑打印的最简单方法。需要的只是砂纸（400~1 000 砂砾，具体取决于打印的粗糙度）。同样，去除支撑物的区域通常会有少量的材料不能完全脱落。砂纸可以很好地清除这些缺陷，并且可以降低图层线条的可见性。

2）喷漆

最终要完成 3D 打印模型，绘画可以完全隐藏层线，并使打印的零件看起来像注塑成型。这个过程很简单，尽管有点重复，有五个基本步骤。

（1）用砂纸打磨所有明显的污点。

（2）用外用酒精清洁零件，然后将零件黏合在一起（如果适用）。

（3）使用 Bondo 之类的产品填充缝隙和接缝，然后打磨光滑。

（4）先喷上气雾剂底漆，然后喷砂。重复此步骤几次以获得最佳效果。

（5）用你喜欢的任何颜色的气雾剂喷涂，建议两三层。

项目亮点

本实训内容的学习，使学生深刻理解逆向设计的流程，通过对身边物体的逆向设计制作 3D 打印成品，掌握逆向设计的具体步骤，并使用 FDM 桌面 3D 打印设备打印产品，基本掌握了 FDM 桌面 3D 打印设备的使用及技术应用。

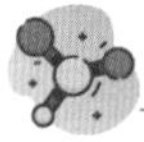

复习思考题

1. 思考人体 3D 扫描仪对医疗及消费领域的影响。
2. 逆向设计适合哪些领域的产品创作？
3. 数字化产品设计如何对行业产生影响？

技能训练表

完成以上步骤后，车载空调出风口逆向设计与 3D 打印制作完成，“车载空调出风口逆向设计与 3D 打印”技能训练表见表 6–9。

表 6–9 “车载空调出风口逆向设计与 3D 打印”技能训练表

<table>
<tr><td>学生姓名</td><td></td><td>学号</td><td></td><td>所属班级</td><td></td></tr>
<tr><td>课程名称</td><td colspan="2"></td><td>实训地点</td><td colspan="2"></td></tr>
<tr><td>实训项目名称</td><td colspan="2">车载空调出风口逆向设计与 3D 打印</td><td>实训时间</td><td colspan="2"></td></tr>
<tr><td colspan="6">实训目的：
掌握逆向设计：车载空调出风口逆向设计与 3D 打印。</td></tr>
<tr><td colspan="6">实训要求：
1. 了解逆向设计的流程。
2. 了解逆向设计数据采集方式与设备具体操作。
3. 选择适合的 3D 打印技术实现设计。</td></tr>
<tr><td colspan="6">实训（设计）截图过程：</td></tr>
<tr><td colspan="6">实训体会与总结：</td></tr>
<tr><td>成绩评定</td><td></td><td colspan="2">指导老师
签名</td><td colspan="2"></td></tr>
</table>

项目六　智能家电与 3D 打印

导语

消费市场竞争愈演愈烈，产品更新换代加速。如今产品设计已经不只是设计团队的事了。企业为了让产品更好地符合市场需求，会要求市场销售人员提供意见，与设计师及工程师共同研发新产品。不少企业逐步把 3D 打印融入整个产品开发过程中，设计师为了及早明白自己的设计观念在现实中是否可行，会一边设计、一边打印产品部件，如果发现问题，他们就立刻批改设计，而不是等到整个产品设计出来了才批改。同时，不懂产品设计的市场销售人员也能够投入产品开发的行列。

内容提要

此项目给学生定的主题为“智能家电产品”，要求学生围绕这一主题来进行产品设计和开发，并最终完成设计产品的 3D 打印工作，实现产品的模型化呈现。

思维导图

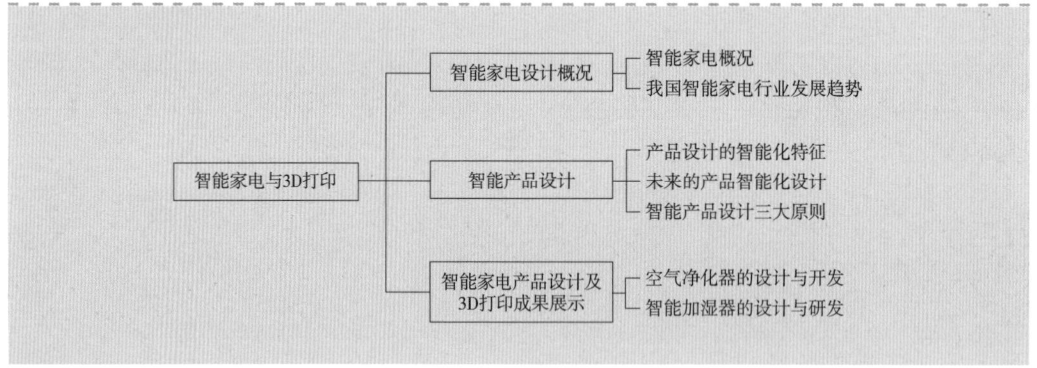

知识目标

1. 了解创意产品设计的流程；
2. 掌握智能产品的设计方法及流程；
3. 选择适合的 3D 打印技术实现设计。

思政目标

1. 了解中国家电行业发展趋势，理解做有用的产品设计；
2. 了解 3D 打印技术，助力“中国制造”走向“中国创造”。

相关知识

一、智能家电设计概况

（一）智能家电概况

智能家电就是将微处理器、传感器技术、网络通信技术引入家电设备后形成的家电产品，能够自动感知住宅空间状态和家电自身状态、家电服务状态，自动控制及接收用户在住宅内或远程的控制指令；同时，智能家电作为智能家居的组成部分，能够与住宅内其他家电和家居、设施互联组成系统，实现智能家居功能。

随着网络技术和通信技术的快速发展和广泛运用，物联网技术被越来越多的人所接受，其在人们的日常生活中日益普及，智能家电的覆盖面和产业规模也在不断壮大。市面上常见的智能家电主要有常规市场和新晋市场。其中，常规市场包括智能家居、智能电视、智能空调、智能洗衣机、智能电饭煲、智能吸尘器等，新晋市场包括智能辅教产品、智能母婴产品等。只要是家电，通过现有的物联网技术，就基本上可以实现智能操控。

随着我国电子信息技术的不断发展，智能家电和智能住宅的内涵将不断发生变化，智能家电的市场前景被广泛看好。

（二）我国智能家电行业发展趋势

1. 市场需求不断扩大

随着人们生活水平的不断提高、家电智能化的发展，未来智能家电市场将不断加速发展，市场需求持续扩大。特别是近年来受农村市场的开拓、家电下乡等影响，农村智能家电市场规模也不断扩大。未来几年，农村智能家电市场仍有扩大的空间。

2. 产业融合发展加速

在“加快构建以国内大循环为主体、国内国际双循环相互促进的新发展格局”[①] 的

① 习近平：高举中国特色社会主义伟大旗帜为全面建设社会主义现代化国家而团结奋斗——在中国共产党第二十次全国代表大会上的报告 [EB/OL].（2022-10-25）. http：//www.qstheory.cn/yaowen/2022-10/25/c_1129079926.htm.

背景下，我国应当加快实现智能化产品和智慧生活解决方案的兑现与增值，重视新兴数字技术与产业的融合，引导产业高质量发展，继续稳固国际竞争力。

3. 产品健康化

随着消费者更深层次的需求被释放，健康概念产品是消费者最为关注，也是厂商推广力度最大的一类产品。在白电市场上，冰箱的除菌概念、分类存贮，洗衣机的双桶分类洗、高温杀菌，空调的自清洁等与健康高度相关的产品将受到更多消费者的青睐。

二、智能产品设计

（一）产品设计的智能化特征

产品的物质功能是由使用者的物质性需求决定的，同时受到技术的制约。以往的产品具有安全性、可靠性、经济性、便捷性、舒适性和协调性等特征，信息时代的产品还有一些新的数字特征。

1. 智能性

智能性是指产品自己会“思考”，会作出正确判断并执行任务。如伊莱克斯智能吸尘器三叶虫，每天在无人指挥的情况下，自动完成清洁任务，如果感觉电力不足，三叶虫会自动前往充电，充完电后还会沿着原来的路线，继续完成未结束的清扫工作。市场上的智能产品如图 6–137 所示。

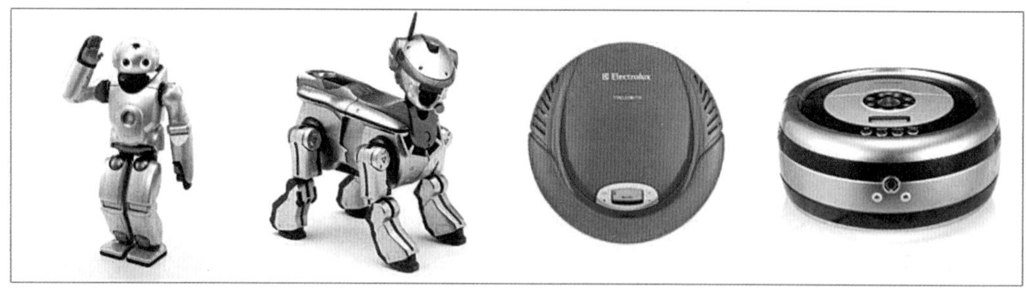

图 6–137　市场上的智能产品

2. 网络性

网络性是指产品可以随时和人通过网络保持联系。这种联系超越了空间的限制，人可以随时随地控制产品，产品之间也是互相联系的。西门子公司已经研制出能与互联网连接的家用电器，如冰箱、电炉、洗碗机、洗衣机以及洁具，如图 6–138 所示。

3. 沟通性

沟通性是指产品和人主动交流、形成互动。这种互动是积极的，一方面产品接受

图 6-138　智能家居产品网络展示

人的指令并作出判断；另一方面产品可以觉察人的情绪的变化，主动和人沟通。比如未来的洁具可以随时化验使用者的排泄物，并将化验数据送给家庭的保健大夫；电脑会在适当的时候提示你的健康状况，提供休息娱乐方案；宠物会觉察主人的情绪，根据判断用不同的沟通方式取悦主人，如图 6-139 所示。

图 6-139　智能产品沟通能力展示

（二）未来的产品智能化设计

计算机和网络技术对人类的影响才刚刚开始，未来会有更加广阔和深入的应用，将渗透到人们生活中的每个环节。

无论是吃穿住行，还是学习娱乐，都会发生革命性的变化。

未来的产品将显示出更多的数字特征，产品智能化的程度更高，会根据情境判断作出不同的选择。网络系统将更加有利于人的生活，家庭生活网络系统会让家电更加和谐地工作，社会网络系统让工作和娱乐的界限模糊。产品网络化扩展的趋势越来越快，由单体变为系统，由线状变为网状，由封闭变为开放。

（三）智能产品设计三大原则

1. 外观人性化设计

设计师使用三维绘图软件进行三维建模，经过设计合理化论证之后，外形用工业

油泥造型，与人体接触部位利用快速成型制作多个人机测试模型，以获得与人体曲线最佳吻合曲面，再将各个造型产品组装论证，最终使产品外观的时尚性和人体舒适程度满足最高要求。

2. 细节差异化设计

针对数据市场的前端和后端，以及用户和产品使用的痛点进行分析，明确要做的产品定位和目标人群，通过头脑风暴和讨论来验证产品的可行性与意义，深度考虑产品内外设计的美感和功能的平衡。

3. 安全设计

设计师充分考虑产品的安全性，采用了高性能微处理芯片，使产品在任何情况下都能够实现自我诊断，并能够通过声光一体化报警；此外，还采用语音报警，使产品真正做到了全智能化，使用户充分享受高科技品质带来的生活乐趣。

三、智能家电产品设计及 3D 打印成果展示

（一）空气净化器的设计与研发

案例一　折叠空气净化器设计（顾玲燕）

折叠空气净化器在外观上为圆柱形的，侧面为金属的。其在技术上实现了智能除菌，配色上白色和金色相呼应，给使用者简单大方、舒适的印象，为使用者提供了健康的生活环境，如图 6–140、图 6–141 所示。

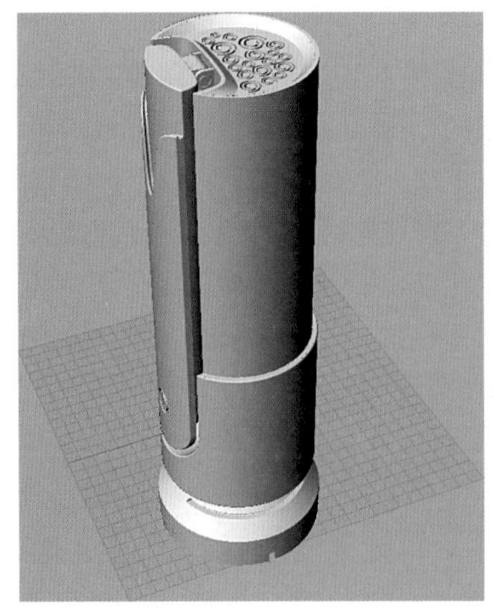

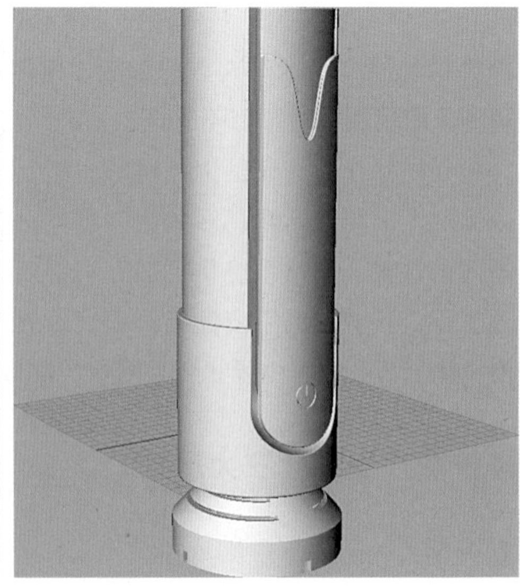

图 6–140　空气净化器设计过程

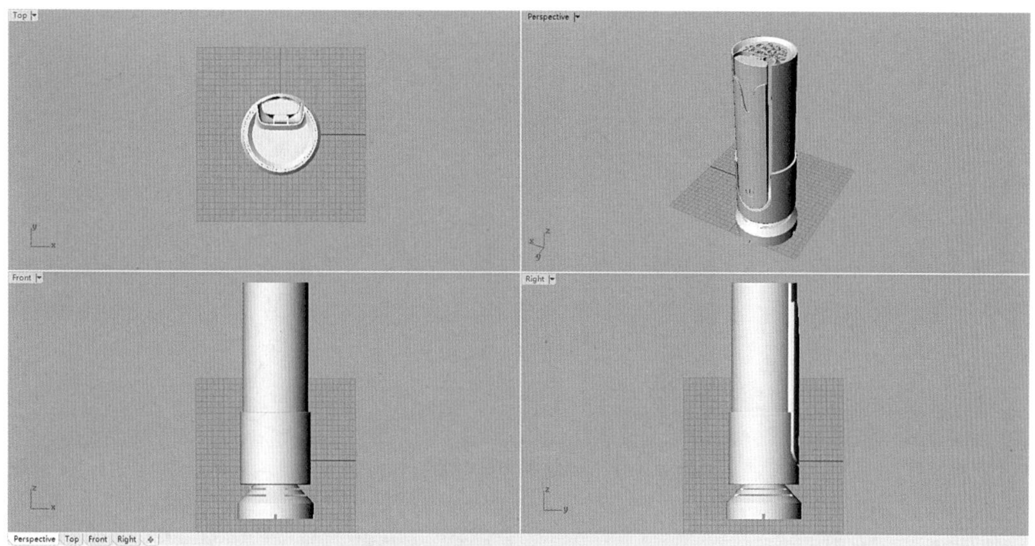

图 6–141　空气净化器 3D 数字模型

模型建立完成后，进入 3D 创意设计实训室，首先进行模型的完善和确认。模型确认没问题后，采用 SLS 技术选择烧结尼龙材料快速成型，耗时 10 h，这款空气净化器模型打印完毕。最终效果如图 6–142 所示。

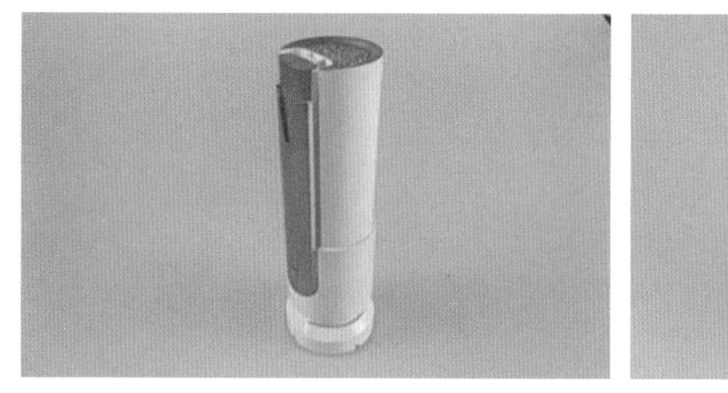
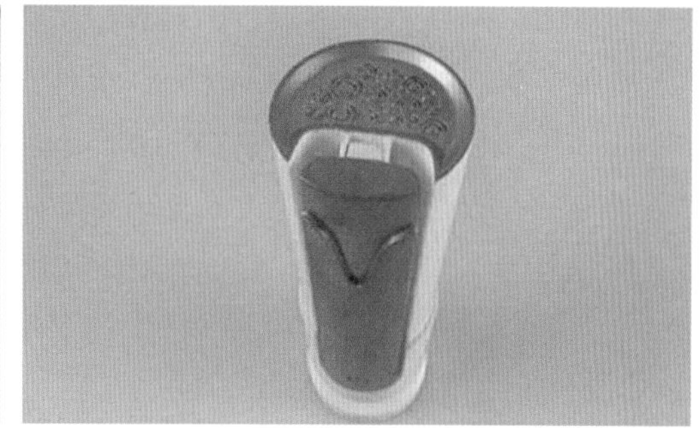

图 6–142　空气净化器产品展示

案例二　艺术空气净化器（胡冲）

区别于常规空气净化器的单一功能，本净化器加入光照效果。在造型上，其与常规的空气净化器有着较大的区别，更像一个工艺品，上半部分的树枝半透明，整个树枝部分可发光。下半部分作为一个空气净化器，没有过度的按钮，操作简单。其在配色上没有过多的颜色，整体为纯白色，简洁大方。空气净化器正面的两个按钮，小的圆形按钮是光照开关，大的是空气净化器的开关，如图 6–143 所示。

模型建立完成后，进入 3D 创意设计实训室，首先进行模型的完善和确认。模型确认没问题后，DLP+SLS 烧结快速成型，耗时 16 h，这款树状空气净化器模型打印完毕。最终效果如图 6–144 所示。

图 6-143　树状空气净化器设计过程

图 6-144　树状空气净化器成品展示

（二）智能加湿器的设计与研发

案例一　山水加湿器设计（吴佳豪）

此款加湿器以山水文化为基础和原型来设计。山水，是人类的安身立命之所，构成生态环境的基础，为人们提供了生活资源；山水，又是人们实践的主要对象。山水文化作为人类特有的创造，是人与自然环境交互作用的结晶。

模型建立完成后，首先进行模型的完善和确认，模型确认没问题后，尼龙烧结快速成型，耗时 10 h，这款山水加湿器模型打印完毕。最终效果如图 6-145 所示。

案例二　便携式多功能加湿器（童恋菲）

本设计考虑人们随时随地都能使用加湿器；出门放入包包就行，不需要占很大空间。消费人群定位为年轻消费者，造型设计为方便手拿的造型，简约、有趣味；加湿

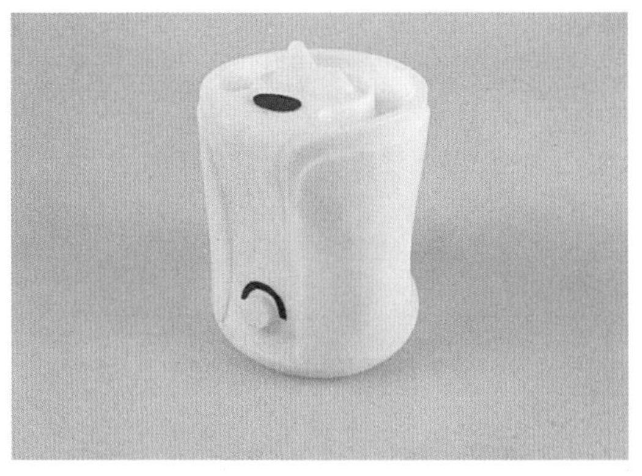

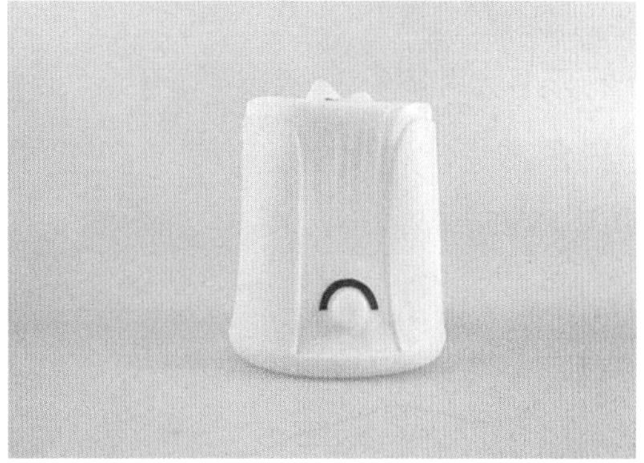

图 6–145　山水加湿器设计

器由水箱、主题、喷头、开关组成；功能定位：加湿补水、检测皮肤、LED 感应灯，蓝牙连接等，满足多功能的设计理念，如图 6–146~ 图 6–152 所示。

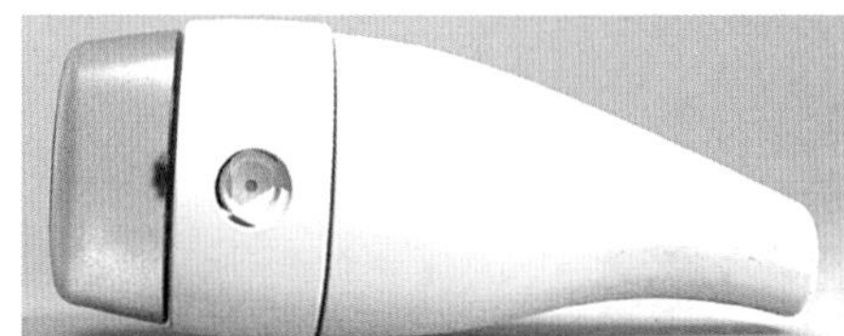

图 6–146　便携式多功能加湿器设计 – 数字模型效果图

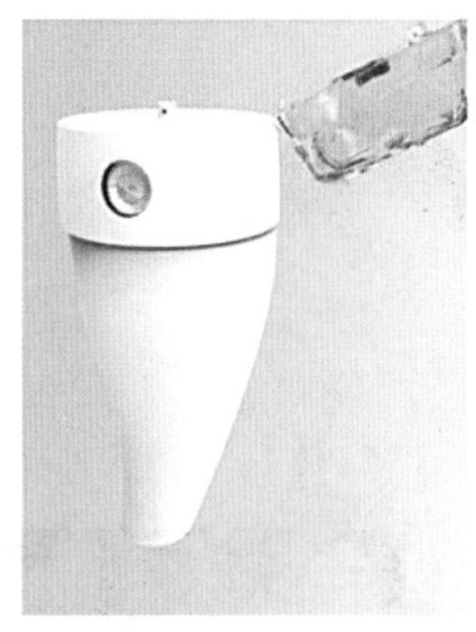

图 6–147　便携式多功能加湿器——设计展开

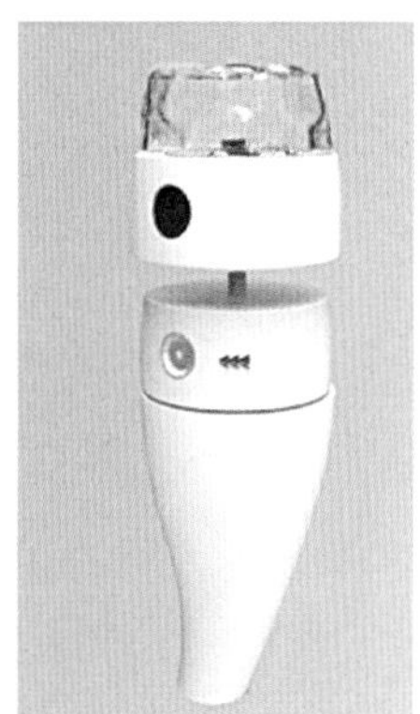

图 6–148　便携式多功能加湿器——结构

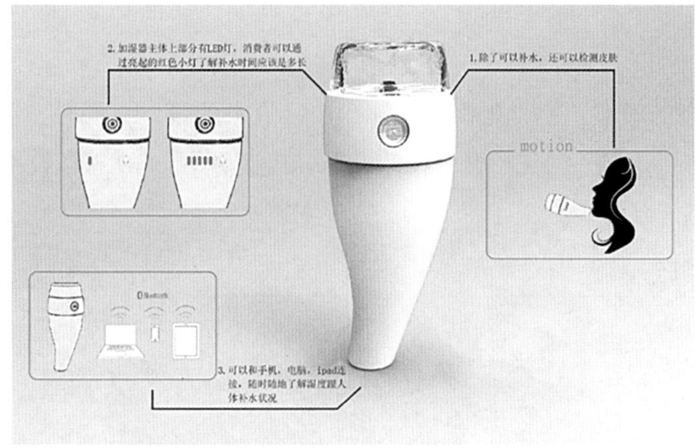

图 6–149　便携式多功能加湿器——细节展示

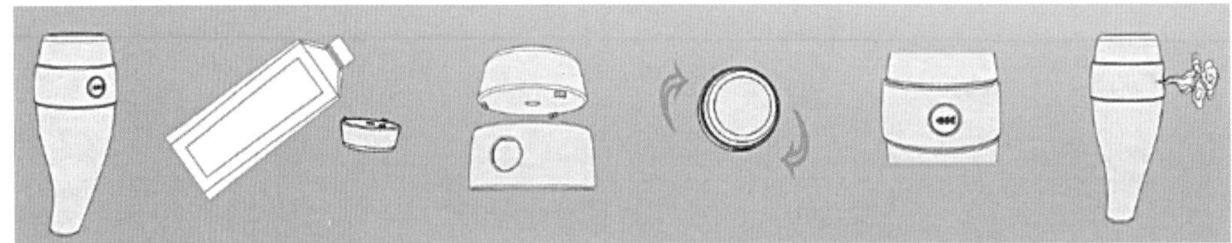

图 6–150　便携式多功能加湿器——使用过程

图 6–151　便携式多功能加湿器——色彩方案

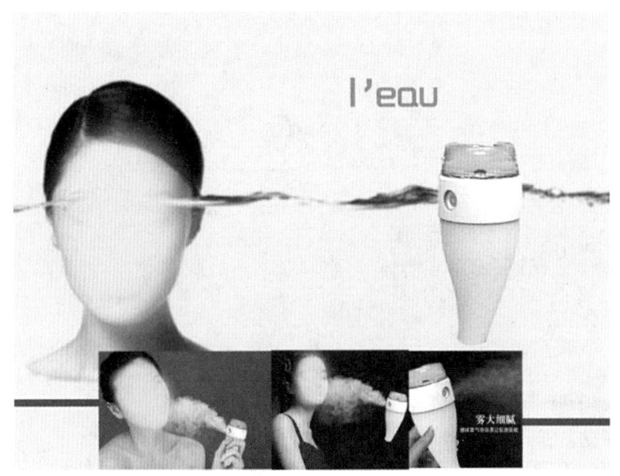

图 6–152　便携式多功能加湿器设计——广告海报

项目亮点

本实训内容的学习，使学生深刻理解到产品形态的设计，同时，通过一个完整项目的设计、实施，认识并深化了整个设计流程，基本掌握了 3D 打印技术的应用。

复习思考题

1. 简述 3D 打印在产品创新设计中的应用。
2. 简述智能家电产品的创新设计的发展趋势。
3. 如何通过不同 3D 打印技术的选择实现产品设计？

技能训练表

完成以上步骤后，智能家电产品的创新设计与实施制作完成，“智能产品设计与 3D 打印”技能训练表见表 6–10。

表 6–10 “智能产品设计与 3D 打印”技能训练表

<table>
<tr><td>学生姓名</td><td></td><td>学号</td><td></td><td>所属班级</td><td></td></tr>
<tr><td>课程名称</td><td colspan="2"></td><td>实训地点</td><td colspan="2"></td></tr>
<tr><td>实训项目名称</td><td colspan="2">智能产品设计与 3D 打印</td><td>实训时间</td><td colspan="2"></td></tr>
<tr><td colspan="6">实训目的：
“智能家居”——智能产品设计与 3D 打印。</td></tr>
<tr><td colspan="6">实训要求：
1. 了解创意产品设计的流程。
2. 掌握智能产品的设计方法及流程。
3. 选择适合的 3D 打印技术实现设计。</td></tr>
<tr><td colspan="6">实训（设计）截图过程：</td></tr>
<tr><td colspan="6">实训体会与总结：</td></tr>
<tr><td>成绩评定</td><td></td><td colspan="2">指导老师
签名</td><td colspan="2"></td></tr>
</table>

模块七
3D 打印的就业岗位

导语

3D 打印技术正逐渐进入人们生活的方方面面，未来人们将利用这项技术直接打印出各式各样的生活用品，彻底改变人们的生活方式。或许同学们对这个专业及其未来的就业方向还不太了解，接下来将带领大家逐渐深入地了解 3D 打印，希望同学们能够在有限的时间里掌握相关的专业技能，塑造 3D 打印行业职业能力，具备一定的职业素养，并且确立自己的职业生涯规划，了解并热爱自己将要从事的 3D 打印职业。

思维导图

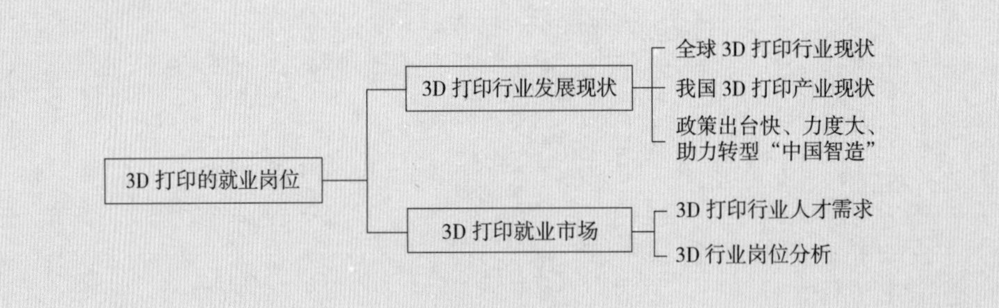

知识目标

1. 解读 3D 打印相关政策，助力转型中国制造；
2. 了解 3D 打印的相关工作岗位以及岗位相应的工作内容；
3. 了解 3D 打印从业人员应具备的职业素养；
4. 了解产品创新专利与知识产权的相关法规以及标准；
5. 能够做好自己的职业规划。

思政目标

1. 学习《中国制造 2025》，领会我国从工业大国到工业强国转变的规划目标；
2. 树立正确的价值观，弘扬中国科技精神；
3. 立足时代精神，树立中国梦的理想信念。

建议学时

2 学时。

相关知识

一、3D 打印行业发展现状

（一）全球 3D 打印行业现状

Wohlers Associates 是权威的全球 3D 产业研究机构，据 Wohlers Report 2021 数据，2020 年，全球 3D 打印产业结构中，来自 3D 打印服务的收入约 74.54 亿美元，占比达 59.29%，同比增长了 20.3%；全球 3D 打印设备实现销售额 30.14 亿美元，占比达 23.97%，与 2019 年的 30.13 亿美元基本持平；全球 3D 打印材料销售额为 21.05 亿美元，相比 2019 年的 19.16 亿美元，增长 9.9%，如图 7–1、图 7–2 所示。

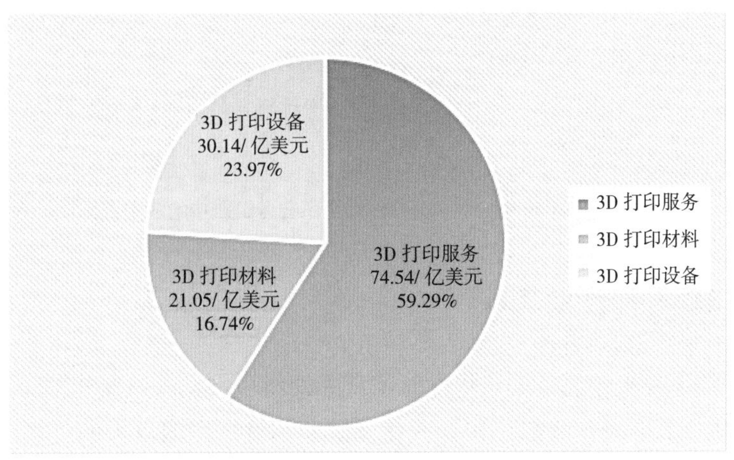

图 7–1　2020 年全球 3D 打印细分产业结构

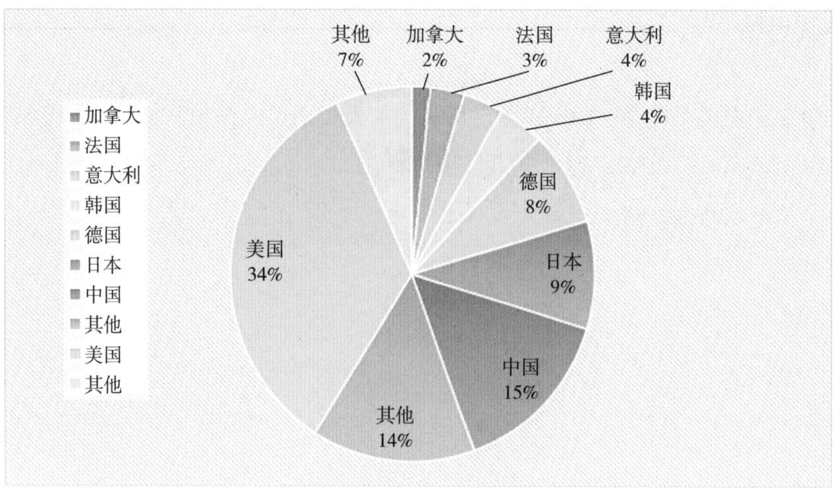

图 7–2　全球 3D 打印产业规模区域结构分布

2020 年工业中使用 3D 打印最多的行业是汽车工业，占比遥遥领先，为 17%。消费领域 / 电子领域和航空航天则紧随其后，分别为 16% 和 15%，如图 7–3 所示。图中标注为其他的领域是指栏目中没有列出的较宽范围的其他工业领域，如矿物加工、化工、水处理、木材 / 纸张以及其他目前还没能单独列出的行业。

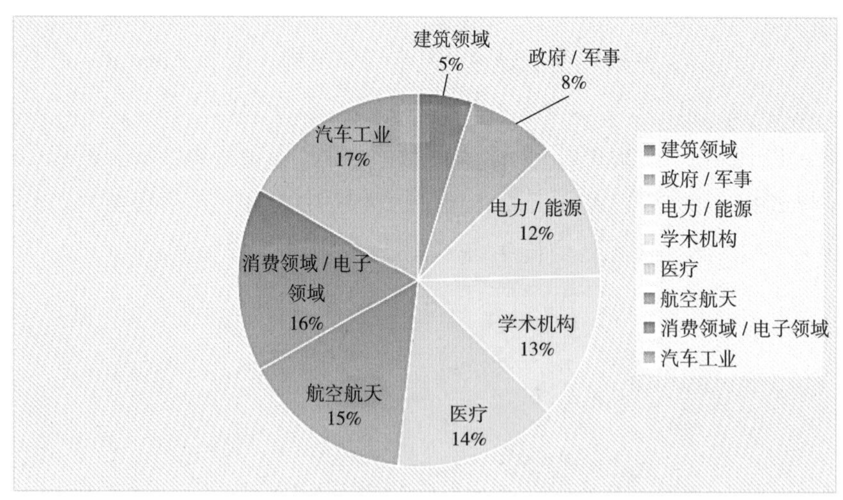

图 7–3　2020 年全球 3D 打印机产品在各工业中的应用占比

（二）我国 3D 打印产业现状

我国 3D 打印起步较晚，近几年，抓紧自主创新和研发，虽然和国外的技术还有一定差距，但也一步步朝着精细化和专业化发展。当然，国内巨大的市场潜能，也吸引了不少国外 3D 打印行业巨头的目光和投资，进一步推动了我国 3D 打印产业的发展。

从行业发展规模看，我国 3D 打印产业经过初创期，已经进入加速推广阶段，产业发展快速增长，产业链条基本形成，从国家到省、区、市各级政策保障有力，推动了我国 3D 打印行业的快速发展。2021 年我国 3D 打印产业产值 265 亿元，2022 年为 330 亿元，2023 年则为 400 亿元。预计 2024 年将达到 500 亿元（数据来源：前瞻产业数据研究院）。行业整体上仍呈现“小、散、弱”的状态。2016—2023 年中国 3D 打印产业产值统计如图 7–4 所示。

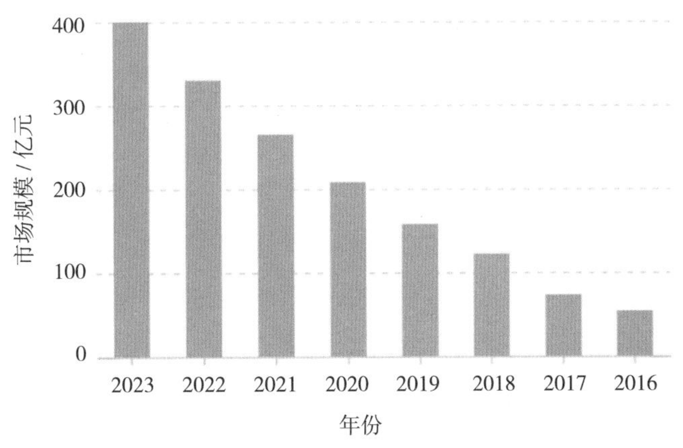

图 7–4　2016—2023 年中国 3D 打印产业产值统计

1. 产业上游配套能力不断提高

上游产业包括专用材料、关键零部件的研发生产和软件配套等环节。专用材料方面，我国已经开发出钛合金、高强钢、尼龙粉末等近百种牌号专用材料，材料品质和性能稳定性逐步提升，基本满足 3D 打印产业需要，钛合金等专用材料打破国外垄断，实现在 3D 打印技术中的突破性应用。中航迈特、无锡飞而康、西安赛隆、亚通焊材、华曙高科、银禧科技、光华伟业等在专用材料研发生产领域具备较强实力。关键零部件方面，虽然大功率激光器、电子束枪、扫描振镜、高精度阵列式喷头等核心部件尚依赖进口，但低功率激光器、打印喷头、电机、控制电路、排线等部件基本实现国产化，大族激光、深圳创必得、广州智显电子、博宏电器等公司能够为产业提供相应配套服务。软件配套方面，其主要包括 3D 打印软件系统、三维扫描仪等，杭州先临三维、北京天远三维、天津微深科技等企业在扫描仪领域实力较强；郑州普瑞捷电子、中望龙腾软件能够为中游设备制造商提供工业控制软件系统、嵌入式系统和 CAD 建模等软件服务。

2. 产业中游设备制造能力突出

中游 3D 打印设备制造商创造了产业链的大部分产值，包括消费级设备制造商和工业级设备制造商。消费级 3D 打印设备制造领域的企业数量众多，整体呈现“小、散、弱”的状态，行业竞争激烈，但涌现出太尔时代、联泰科技、珠海西通、北京汇天威、大连优克多维等代表性企业，在国际上具备较强的竞争力。工业级 3D 打印设备方面，我国在激光和电子束 3D 打印技术领域均具备较强实力，基本实现 SLM、SLS、LENS、EBM 等工艺技术的全覆盖，工艺装备性能稳步提升，部分技术达到国际先进水平。西安铂力特、杭州先临三维、北京易加三维、北京隆源、华曙高科、西安赛隆、陕西恒通、中科煜宸、北京鑫精合、永年激光等公司在激光 3D 打印领域具备较强竞争力；天津清研智束在电子束 3D 打印领域储备了一批自主知识产权和技术，相关设备已量产。

3. 产业下游应用服务持续拓展

下游产业包括平台服务商、行业应用客户等。近年来，3D 打印技术在航空航天、汽车、铸造、医疗、文化创意、创新教育等众多领域培育了一大批用户企业。航天科工、航天科技、中航工业、中国商飞、爱康医疗等企业利用 3D 打印技术培育新型消费模式，或将其作为技术转型方向，用于突破研发瓶颈或解决设计难题，助力智能制造、绿色制造等新型制造模式。行业服务商方面，南极熊、3D 科学谷、青岛三迪时空、重庆虎和科技、北京易速普瑞等提供产业资讯平台、专业培训、社区论坛等 3D 打印公共服务，促进了 3D 打印技术的推广和应用。

4. 行业支撑体系逐步健全

行业支撑体系包括政策体系、行业组织、检测体系、标准体系和科研机构等。政策体系方面，我国高度重视 3D 打印产业发展，近年来，一系列规划政策密集发布，推动 3D 打印产业创新发展。据中国 3D 打印产业联盟统计，截至 2021 年 6 月，国务院及工业和信息化部、科学技术部等各部委发布涉及 3D 打印的政策达 20 余项，重点聚焦核心技术攻关与创新示范应用，加大财政支持力度。同时，地方政府纷纷出台促进 3D 打印产业发展的政策，以期抢抓机遇，占领 3D 打印产业高地。截至 2022 年，我国对接国际的增材制造新型标准体系基本建立，已推动 3 项我国增材制造技术标准为国际标准，增材制造国际标准转化率达到 90%。行业组织方面，中国 3D 打印产业联盟致力于支撑行业管理、聚拢行业资源、促进交流合作，搭建行业交流与合作平台。此外，广东省增材制造协会、四川省增材制造技术协会等地方组织发挥作用越来越大。

（三）政策出台快、力度大，助力转型“中国智造”

1. 3D 打印技术对中国制造业的冲击

全球正在出现以信息网络、智能制造为代表的新一轮技术创新浪潮。而在这一浪潮中，传统的行业界限将消失，并会产生各种新的领域和业态。这个新型的产业链将使制造业不再仅仅是硬件制造的概念，而更多地融入软件技术、自动化技术、现代管理技术与新的服务模式。这个过程，美国叫工业互联网，德国叫工业 4.0，而中国则称为“中国制造 2025”。

制造业是国民经济的主体，是立国之本、兴国之器、强国之基。在“中国制造 2025”战略规划中，3D 打印被列为关键技术之一，将为中国制造业注入新动能。作为智能制造的主要支撑技术，3D 打印已经从快速原型制作发展到金属零件制造，从增材制造到增材和切削加工集成，从单一材料到多种材料，为制造业提供了新的选择和路径。3D 打印将在产品设计及制造环节带来新的创新，为国内制造业转型升级提供助力。《中国制造 2025》九项任务如图 7–5 所示。

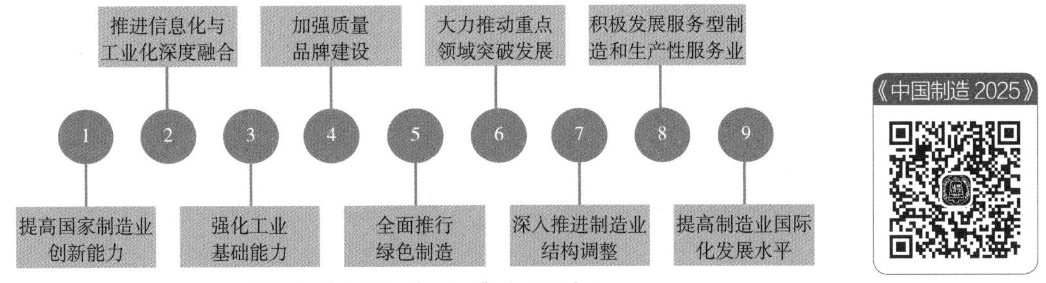

图 7–5 《中国制造 2025》九项任务

2. 3D 打印相关政策梳理

目前政策重点主要集中在 3D 打印材料、技术提升与标准建设等方面（表 7–1）。2015 年，我国 3D 打印产业在“中国智造”引导下迎来高速发展契机，《中国制造 2025》等一系列政策描绘了 3D 打印行业的发展路径。2016 年国务院印发的《“十三五”国家战略性新兴产业发展规划》标志着产业化的落地。中国 3D 打印发展以来，行业扶持政策发力迅速。从整体战略，应用领域、关键技术再到企业标准，政策指导不断细化，促进行业发展。

表 7–1 3D 打印政策梳理

政策名称	颁布主体与时间	相关内容	指导意义
《中国制造 2025》	国务院 2015 年	重点攻克 3D 打印材料制备，智能软件等瓶颈，突破适用于 3D 打印材料的产业化制备技术，建立相关材料产品标准体系	对 3D 打印的重点发展方向作出具体规划，促进行业高速发展
《工业强基工程实施指南（2016—2020 年）》	工业和信息化部 2016 年	公示高性能、难熔、难加工合金大型复杂构件 3D 打印一条龙应用计划；瞄准航空航天、交通运输和核电等重大装备开发和生产用户，形成上下游产业对接的应用示范链条	针对重要应用领域的基础材料、工艺和装备，推动重点项目建设和技术突破
《“十三五”国家战略性新兴产业发展规划》	国务院 2016 年	打造 3D 打印产业链，开发智能材料；利用 3D 打印等新技术，加快组织器官修复建设 3D 打印等领域大数据平台与知识库	打造 3D 打印产业链；突破 3D 打印专业材料技术难点

续表

政策名称	颁布主体与时间	相关内容	指导意义
《增材制造产业发展行动计划（2017—2020 年）》	工业和信息化部、国家发改委等十二部门 2017 年	设立 2020 年 3D 打印产业年销售收入超过 200 亿元、年均增速在 30% 以上的目标。提出关键核心技术达到国际同步发展水平，工艺装备基本满足行业应用需求，在部分领域实现规模化应用	对 3D 打印关键技术、工艺装备等具体方面的未来发展要求进行详细阐述
《战略性新兴产业分类（2018）》	国家统计局 2018 年	战略性新兴产业共分为九大领域。其中高端装备制造产业、新材料产业、数字创意技术设备制造、相关服务业四大领域包含 3D 打印	阐明 3D 打印四大领域
《增材制造标准领航行动计划 2020—2022 年）》	工业和信息化部、科学技术部等六部门 2020 年	提出到 2022 年，对接国际的 3D 打印新型标准体系基本建立：3D 打印专用材料、工艺、设备、软件、服务等领域“领航”标准数量达到 80~100 项，3D 打印国际标准转化率达到 90%	充分发挥标准对 3D 打印技术创新和产业发展的引领作用，提升我国 3D 打印标准国际竞争力
《中华人民共和国国民经济和社会发展第十四个五年规划和 2035 年远景目标纲要》	国务院 2021 年	明确 3D 打印在制造业核心竞争力提升与智能制造技术发展方面的重要性	将 3D 打印作为未来规划发展的重点领域
《2021 年度实施企业标准“领跑者”重点领域》	国家市场监督管理总局 2021 年	3D 打印装备企业标准被列入重点领域，涉及 3D 打印领域的主要产品为 3D 打印装备，属于通用设备制造业	将 3D 打印企业标准列入“领跑者”重点领域

二、3D 打印就业市场

党的二十大报告提出：“必须坚持科技是第一生产力、人才是第一资源、创新是第一动力，深入实施科教兴国战略、人才强国战略、创新驱动发展战略，开辟发展新领域新赛道，不断塑造发展新动能新优势。”在我国制造业向智能制造转型升级、产品附加值提升、运行效率提升的大背景下，先进的机器人技术和 3D 打印、AI、机器学习、云计算、虚拟现实和增强现实、数据分析等技术应用于供应链、生产过程、客户产品和服务中，为制造业注入强劲的内生动能。

对于 3D 打印技术而言，人才数量仍无法满足市场需求。根据教育部办公厅起草的《关于“十三五”期间全面深入推进教育信息化工作的指导意见（征求意见稿）》，3D 打印专业人才培养为一项重要的任务。

近年来，我国中等职业教育、高等职业教育以及普通高等教育领域，面向不同层次的 3D 打印人才培养体系正在完善，在中、高等职业教育和本科教育中均已设立了 3D 打印专业，与此同时，高等院校与中国科学院等体系中的科研机构开展了大量增材制造工艺、新材料、前沿应用相关的科学研究工作，基础研究工作不仅推动着 3D 打印技术走向成熟，更为制造业高端人才的培养作出了积极贡献。

人力资源和社会保障部在《关于做好 2016 年技工院校招生工作的通知》中提出，将 3D 打印技术应用列为技工院校新增专业，此举意义重大，将为 3D 打印普及提供人才上的支持，为我国成为创新型大国提供人才。

（一）3D 打印行业人才需求

1. 3D 打印行业人才需求分析

目前，我国 3D 打印行业的专业人才缺口超过千万，制造行业对 3D 应用人才需求最大，缺口约为 800 万人，且需求还在不断攀升。

3D 打印的技术特点决定了 3D 打印行业对综合性人才的特殊性要求。如 3D 打印的技术研究和材料开发所需的是主要来自国内的技术实验室及其团队和高校培养的硕、博士研究生等的高层次专业技术人才；3D 打印设备的研发生产所需的是更多涉及机械加工制造领域的人才；3D 打印应用服务则需要具备一定的工业设计、计算机软件编程等能力的技术应用人才，这些人才主要来自普通高等院校和职业院校，如图 7–6 所示。

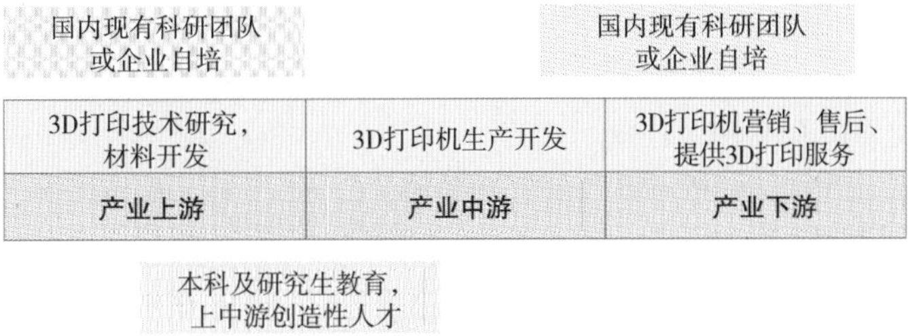

国内现有科研团队或企业自培		国内现有科研团队或企业自培
3D打印技术研究，材料开发	3D打印机生产开发	3D打印机营销、售后、提供3D打印服务
产业上游	产业中游	产业下游
本科及研究生教育，上中游创造性人才		

图 7–6　3D 打印行业人才来源

2. 3D 打印行业人才所需技能

我国 3D 打印行业企业所需人才按企业所处的行业层次可以分为三类：一是上游技术和材料研发企业所需的 3D 打印技术研究、材料开发人才；二是中游设备生产商所需的 3D 打印机生产研发人才；三是下游服务商所需的 3D 打印机营销、售后服务以及 3D 打印服务等方面的技术应用人才。这三类人才所需掌握的技术技能如表 7–2 所示。

表 7–2　3D 打印行业人才技能需求

行业层次	人才类型	所需技能
上游企业	技术研究、材料开发	熟悉 3D 打印技术、计算机软件设计，构建三维数据模型
		熟悉材料研发技术
中游企业	设备研发	熟悉机械制造、模具制造等相关知识
		熟悉 3D 打印、具备一定的工业设计能力
下游企业	营销、售后、维修、服务等	熟悉 3D 打印机的工作原理、具备一定的市场营销能力
		为 3D 打印相关企业提供所需的配套服务、培训、咨询、售后、宣传

3. 3D 打印行业工作薪资

据 3D 打印资源库 2021 年 3D 打印就业市场调研报告统计，超过 61% 的 3D 打印就业人员工资在 3 000~8 000 元 / 月。薪资超过 1.5 万元的工作岗位，主要为材料工程师、软件工程师、机械设计工程师等技术岗位，其中还有少量销售工程师，但无疑高薪资依旧是以有经验的技术人员为主。3D 打印工作薪资如图 7–7 所示。

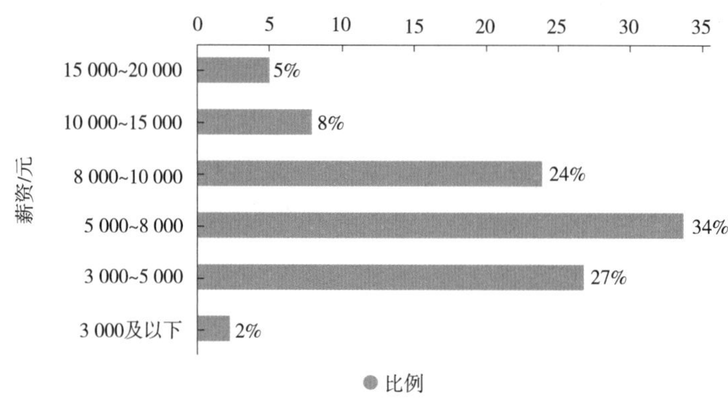

图 7–7　3D 打印工作薪资

（二）3D 行业岗位分析

1. 3D 打印行业招聘企业

3D 打印行业招聘需求正在迅速增长。设备商在 2021 年发布职位占比高达 35%，同时，材料商、服务商招聘分别排名第二、第三，如图 7–8 所示。

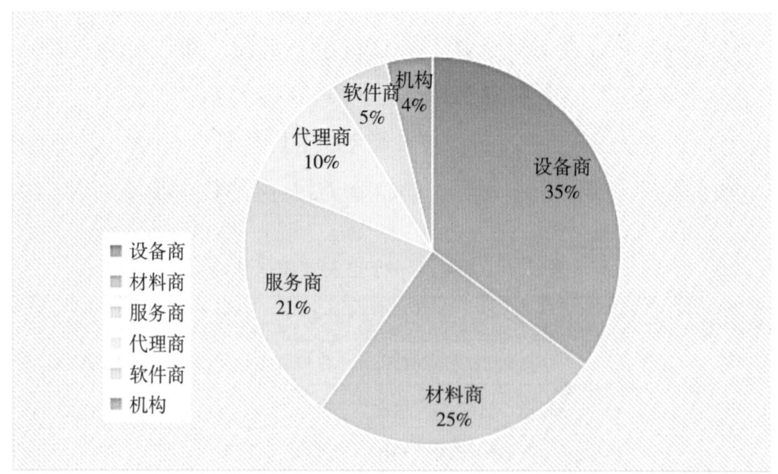

图 7–8　3D 打印招聘企业

资料来源：2021 年 3D 打印人才市场趋势报告 [EB/OL].(2021–05–02). https://www.nanjixiong.com/forum.php?mod=viewthread&tid=146249&highlight=2021%C4%EA3D%B4%F2%D3%A1%C8%CB%B2%C5%CA%D0%B3%A1%C7%F7%CA%C6%B1%A8%B8%E6。

2. 3D 打印招聘地区划分

从地域划分来看，广东、上海、北京三地的招聘职位总数占比 63%，如图 7-9 所示，这与我国国情也基本符合。3D 打印属于高端工业的一种，企业也大多是抱团在发达地区，形成一定的规模后，又反过来吸引更多 3D 打印人才的加入。

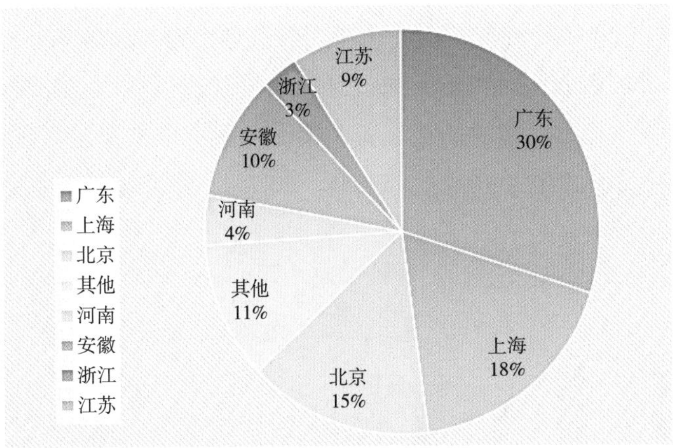

图 7-9　3D 打印招聘地区划分

3. 3D 打印行业从业人员岗位占比

根据《2021 年 3D 打印人才市场趋势报告》，从事 3D 打印专业的职位有部分供需两旺，但整体人才供给明显不足，特别是有工作经验的中高级人才匮乏。按照 3D 打印技术应用和生产工艺流程，3D 打印领域的岗位主要集中于研发设计、产品营销、产品三维模型设计、设备操作、工艺制定与实施、装配调试、服务与推广等。在面向技术技能的岗位中，产品三维模型设计占比 4.84%，工艺制定与实施占比 4.2%，设备操作占比 9.04%，装配调试占比 7.58%，如图 7-10 所示。

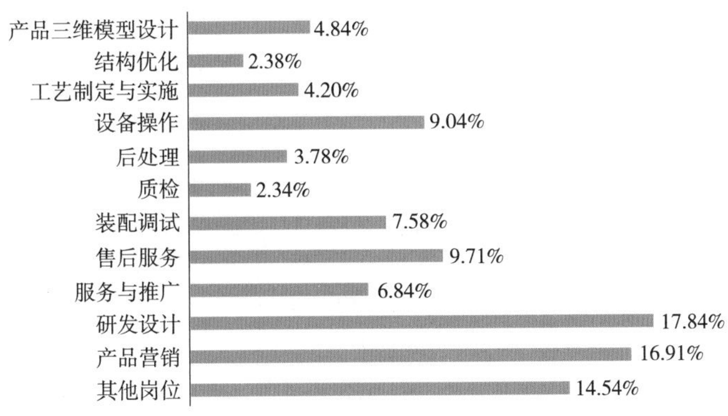

图 7-10　3D 打印行业从业人员岗位占比

资料来源：2021 年 3D 打印人才市场趋势报告 [EB/OL].(2021-05-02). https://www.nanjixiong.com/forum.php?mod=viewthread&tid=146249&highlight=2021%C4%EA3D%B4%F2%D3%A1%C8%CB%B2%C5%CA%D0%B3%A1%C7%F7%CA%C6%B1%A8%B8%E6。

4. 3D 打印行业岗位专业知识要求

3D 打印行业今后发展重点是工业级 3D 打印广泛应用、增减材复合应用、增材新材料新工艺，要求 3D 打印技术技能人才全面了解 3D 打印技术及相关应用。3D 打印资源库的文章《从专业到职业：中国 3D 打印人才培养全面落地》指出，除了企业最为看重的 3D 打印工艺及应用、产品三维模型设计、3D 打印设备操作与维护等专业能力，对于增材制造材料应用和增材制造结构优化能力要求占比为 67.1% 和 53.7%；除此之外，在专业基础能力要求方面，对产品逆向设计、增材制造后处理、先进制造技术、分析与检验、数控编程与加工、增材制造装备装调、专业英语及质量管理体系与认证等专业基础能力要求较高，占比为 76.8%、69.5%、45.1%、39.0%、34.1%、58.5%、18.3%、26.8%。如图 7-11 所示。

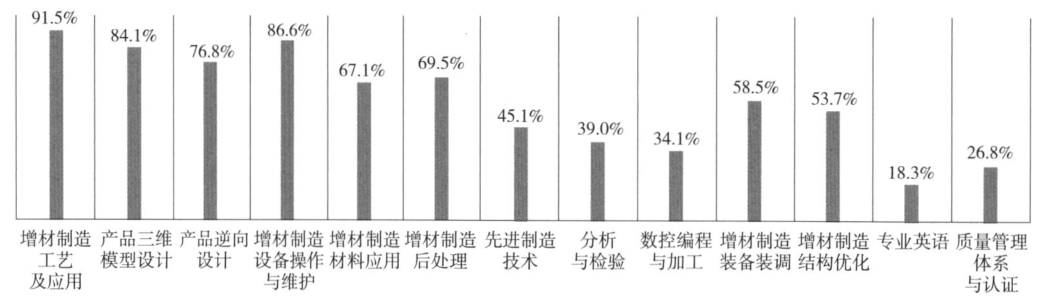

图 7-11　3D 打印行业岗位专业知识要求占比

资料来源：从专业到职业：中国 3D 打印人才培养全面落地 [EB/OL].(2023-03-31). https://zhuanlan.zhihu.com/p/618375989.

企业对职业院校毕业生职业素养满意和较为满意的前三名能力分别为岗位适应能力、团队合作能力、安全生产意识能力；企业对职业院校毕业生满意度靠后的能力分别为文字表达能力、创新能力和自主学习能力，尤其是对于集成化设计、点阵结构、梯度材料性能等 3D 打印创新思维培养需要加强。

复习思考题

1. 简述短期内自己的工作计划。
2. 简述对我们现有的打印机提出改进建议。

教师服务

感谢您选用清华大学出版社的教材！为了更好地服务教学，我们为授课教师提供本书的教学辅助资源，以及本学科重点教材信息。请您扫码获取。

教辅获取

本书教辅资源，授课教师扫码获取

清华大学出版社

E-mail: tupfuwu@163.com

电话：010-83470332 / 83470142

地址：北京市海淀区双清路学研大厦 B 座 509

网址：https://www.tup.com.cn/

传真：8610-83470107

邮编：100084